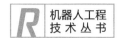

机器人工程
技术丛书

FUNDAMENTALS OF ROBOTICS

Third Edition

机器人学基础

第3版

蔡自兴 谢斌 编著

机械工业出版社
CHINA MACHINE PRESS

图书在版编目（CIP）数据

机器人学基础 / 蔡自兴，谢斌编著 . —3 版 . —北京：机械工业出版社，2020.12（2024.8
重印）
（机器人工程技术丛书）

ISBN 978-7-111-67149-7

I. 机…　II. ①蔡…　②谢…　III. 机器人学　IV. TP24

中国版本图书馆 CIP 数据核字（2020）第 266510 号

　　本书是一部比较系统和全面的机器人学导论性著作，主要介绍机器人学的基本原理及其应用，反映
了国内外机器人学研究和应用的最新进展。全书共 8 章，主要内容包括机器人学的起源与发展、机器人
学的数理基础、机器人运动学的表示与求解、机器人动力学方程、机器人的控制原则和控制方法、机器
人传感器、机器人轨迹规划、机器人编程、机器人的研究和应用领域等。

　　本书特别适合作为普通高校和职业高校本科生的机器人学教材，也适合从事机器人学研究、开发和
应用的科技人员参考。

出版发行：机械工业出版社（北京市西城区百万庄大街 22 号　邮政编码：100037）
责任编辑：姚　蕾　　　　　　　　　　　　　　责任校对：殷　虹
印　　刷：固安县铭成印刷有限公司　　　　　　版　　次：2024 年 8 月第 3 版第 7 次印刷
开　　本：185mm×260mm　1/16　　　　　　印　　张：13.75
书　　号：ISBN 978-7-111-67149-7　　　　　　定　　价：59.00 元

客服电话：（010）88361066　68326294

代　序

机器人学——自动化的辉煌篇章[⊖]

现代自动控制技术的进步，为科学研究和探测工作开辟了新的可能性，开拓了靠人力所不能胜任的新科学事业。20世纪90年代实现了6000米到10 000米深海探测，实现了对太阳系的金星、火星、木星及一些卫星和彗星的探测。哈勃空间望远镜的轨道运行给天文学家研究宇宙提供了前所未有的工具和机会。1997年美国科学家研制的探路者号（Pathfinder）小车胜利地完成了火星表面的实地探测，是20世纪自动化技术的最高成就之一。

机器人学的进步和应用是20世纪自动控制最有说服力的成就，是当代最高意义上的自动化。仅仅花了20年，机器人从爬行学会了两腿走路，成为直立机器人，而人类从爬行到直立花了上百万年。机器人已能用手使用工具，能看、听、用多种语言。它安心可靠地干着最脏、最累的活。据估计，现在全世界已有近100万个机器人在生产线上工作。有近万家工厂在生产机器人，销售额每年增长20％以上。机器人们正雄心勃勃，准备在21世纪进入服务业，当出租车司机，到医院去当护士，到家庭去照顾老人，到银行去当出纳。

如果微电子学再进一步，就可以把IBM/6000SP挤进它的脑袋里，运行深蓝（Deep Blue）软件，像1997年5月击败世界冠军加里·卡斯帕罗夫（Gary Kasparov）那样，使世界象棋大师们望而生畏。艾萨克·阿西莫夫（Isaac Asimov）曾设想"机器人有数学天赋，能心算三重积分，做张量分析题如同吃点心一样"，这些已不难做到。

20世纪60年代出现过的恐惧以及反对自动化和机器人的社会心态已被证明是没有根据的。今天，一些应用机器人最多的国家失业率并没有明显升高，即使有，也没有人指责控制论科学家和工程师，那是金融家和政治家的过错。相反，智能技术广泛进入社会，有

⊖　这是国际自动控制联合会（International Federation of Automatic Control，IFAC）第14届世界大会主席、全国政协副主席、中国工程院院长宋健院士在大会开幕式上所做学术报告《智能控制——超越世纪的目标》（1999年7月5日，北京）的摘录。

利于提高人民生活质量，提高劳动生产率，提高全社会的文化素质，创造更多的就业机会。

站在进入 21 世纪的门槛，回顾人类文明进步的近代史，如果说 19 世纪实现了社会体力劳动机械化，延伸了人的体力，那么 20 世纪的主要特征是实现了劳动生产自动化，极大地提高了社会劳动生产率，创造了比过去任何时期都多得多的社会财富，彻底改变了人类的生产和生活方式，提高了人们的生活质量，延长了人类的平均寿命。这完全是现代科学技术的功劳。我们可以感到骄傲的是，控制论科学家和工程师们为此做出了重要贡献。预计 21 世纪，自动化技术仍将是高技术前沿，继续是推进新技术革命的核心力量。制造业和服务业仍然是它取得辉煌成就的主要领域。

在生命科学和人工智能的推动下，控制理论和自动化领域出现了提高控制系统智能的强大趋势。1992 年成立了一个新学术团体——国际智能自动化联合会（International Federation on Intelligent Automation，IFIA），标志着智能控制研究已进入了科学前沿。对这门新学科今后的发展方向和道路已经取得了一些共识，可以列举以下诸点：

第一，研究和模仿人类智能是智能控制的最高目标。所以，人们把能自动识别和记忆信号（图像、语言、文字）、会学习、能推理、有自动决策能力的自动控制系统称为智能控制系统。

第二，智能控制必须靠多学科联合才能取得新的突破。生命科学和脑科学关于人体及脑功能机制的更深入的知识是不可缺少的。揭开生物界的进化机制以及生命系统中自组织能力、免疫能力和遗传能力的精确结构对建造智能控制系统极为重要。这主要是生物化学家和遗传学家的任务，但控制论科学家和工程师们能够为此做出贡献。

第三，智能的提高，不能全靠子系统的堆积。要做到"整体大于组分之和"，只靠非线性效应是不够的。智能越高，系统将越复杂。复杂巨系统的行为和结构必定是分层次的。子系统和整体的利益和谐统一是有机体得以生存发展的基本原则。每一个层次都有自己的新特征和状态描述，要建立每个层次能上下相容的结构和与周边友好的界面。统计力学中从分子热运动到气体宏观状态参数抽取是层次划分的范例，这就是物理学家们称之为"粗粒化"抽取（Coarse-graining extraction）的最好说明。

第四，世界上的一切生物进化都是逐步的，人类从新石器时代到机器人经历了一万年，从机械自动化到电子自动化仅花了 100 年。要做到智能自动化，把机器人的智商提高到智人水平，还需要数十年。这是科学技术进步不可逾越的过程。20 世纪后半叶，微电子学、生命科学、自动化技术突飞猛进，为 21 世纪实现智能控制和智能自动化创造了很好的起始条件。为达到此目标，不仅需要技术的进步，更需要科学思想和理论的突破。很多科学家坚持认为，这需要发现新的原理，或者改造已知的物理学基本定理，才能彻底懂得和仿造人类的智能，才能设计和制造出具有高级智能的自动控制系统。无论如何，进程已经开始。可以设想，再过 50 年，第 31 届 IFAC 世界大会[⊖]时，人类的生产效率比现在要提高 10 倍，不再有人挨饿。世界上每一个老人都可以有一个机器人服务员在身边帮助料理生活。每一个参加会议的人都可能在文件箱中带一个机器人秘书，就像现在的笔记本式计算机一样。

21 世纪对人类是一个特别重要的历史时期，世界人口将稳定在一个较高的水平上，例如 120 亿，比现在再翻一番。科学界要为保障人类和我们的家园——地球的生存和可持续发展做出必要的贡献，而控制论科学家和工程师应当承担主要任务。进一步发展和大力推广应用控制论和自动化技术，保证我们的后代在一个没有短缺、饥饿和污染的世界上生活得更幸福，是天赋我责。正如物理学家默里·盖尔曼（Murray Gellmann）所说，在可见的未来，包括人类在内的自然进化将让位于人类科学技术和文化的进步。Cybernetics 一词来自希腊文，原意为舵手，我们至少有资格成为舵手们的科学顾问和助手，对推动社会进步发挥更大作用，这是我们的光荣。

宋健

⊖ IFAC 世界大会是世界自动控制领域规模最大、影响深远的国际大会，每三年举办一次。——编辑注

前　言

机器人学作为一门高度交叉的前沿学科，引起了许多具有不同专业背景的人士的广泛兴趣，他们对其进行深入研究，使其获得了快速发展。自第一台电子编程工业机器人问世近60年来，机器人学已取得令人瞩目的成就。伴随着人工智能进入一个新的发展时期，机器人学特别是智能机器人也迎来了新的发展机遇和挑战。

本书介绍机器人学的基本原理及其应用，是一部比较系统和全面的机器人学导论性著作。全书共8章。第1章简述机器人学的起源与发展，讨论机器人的定义，分析机器人的特点、结构与分类，探讨机器人学与人工智能的关系以及机器人学的研究和应用领域。第2章讨论机器人学的数理基础，包括空间任意点的位置和姿态变换、坐标变换、齐次坐标变换、物体的变换和逆变换，以及通用旋转变换等。第3章阐述机器人运动方程的表示与求解，包括机械手运动姿态、方向角、运动位置和坐标的运动方程以及连杆变换矩阵的表示，欧拉变换、滚-仰-偏变换和球面变换等求解方法等。第4章涉及机器人动力学方程，着重分析机械手动力学方程的两种求法，即拉格朗日功能平衡法和牛顿-欧拉动态平衡法，然后总结出建立拉格朗日方程的步骤。第5章研究机器人的控制原则和控制方法，包括机器人的位置控制、力和位置混合控制、智能控制以及深度学习在机器人控制中的应用等。第6章介绍机器人传感器的特点与分类、各种典型的机器人内传感器和外传感器的工作原理。第7章讨论机器人轨迹规划问题，着重研究关节空间和笛卡儿空间中机器人运动的轨迹规划和轨迹生成方法。第8章概括地论述机器人的程序设计，研究机器人编程的要求和分类、机器人语言系统的结构和基本功能、机器人操作系统ROS、几种重要的专用机器人语言、解释型脚本语言Python以及机器人的离线编程等。

本书第1版由蔡自兴编著，第3版除蔡自兴外，谢斌参与了6.4节和8.3节的修订工作。在本书编写和出版过程中，得到众多领导、专家、教授、朋友和学生的热情鼓励与帮助。中国科学院院士、中国工程院院士宋健在IFAC大会开幕式上所做的主题报告摘录作为本书代序，是对本书作者的极大支持和厚爱。在此特向有关领导、专家、合作者和广大读者致以衷心的感谢，此外，还要特别感谢部分国内外机器人学专著、教材和有关论文的作者们。

　　本书适合作为普通高校和职业高校本科生教材，也适合从事机器人学研究、开发和应用的科技人员学习参考。

　　由于本书编写时间仓促，书中一定有不足之处，希望得到各位专家和广大读者的批评指正。

秦自兴

2020 年 10 月 26 日

于长沙鹅羊山德怡园

CONTENTS

目　　录

第 1 章

绪　　论

　　"机器人"已是家喻户晓的"大明星",它正在迅速崛起,并对整个工业生产、太空和海洋探索以及人类生活的各方面产生越来越大的影响。但是,现实世界中的绝大多数机器人,并不像普通人想象中那样完美。现有的机器人既不像神话和文艺作品所描写的那样智勇双全,也不如某些企业家和宣传家们所宣扬的那样多才多艺。

1.1　机器人学的发展

1.1.1　机器人的由来

　　人类长期以来一直存在一种愿望,即创造出一种像人一样的机器或"人造人",以便能够代替人去进行各种工作。这就是"机器人"出现的思想基础。机器人的概念在人类的想象中已存在了 3000 多年,尽管直到 60 多年前,"机器人"才作为专有名词被引用。

　　进入近代之后,人类关于发明各种机械工具和动力机器,协助甚至代替人们从事各种体力劳动的梦想更加强烈。18 世纪发明的蒸汽机开辟了利用机器动力代替人力的新纪元。随着动力机器的发明,出现了第一次工业和科学革命,各种自动机器、动力机和动力系统相继问世,机器人也开始由幻想时期转入自动机械时期,各种精巧的机器人玩具和工艺品应运而生。这些机器人玩具和工艺品的出现,标志着人类在机器人从梦想到现实这一漫长道路上,前进了一大步。进入 20 世纪之后,机器人已躁动于人类社会和经济的母胎之中,人们怀有几分不安地期待着它的诞生。他们不知道即将问世的机器人将是个宠儿,还是个怪物。1920 年,捷克剧作家卡雷尔·凯培克在他的幻想情节剧《罗萨姆的万能机器人》中,第一次提出了"机器人"这个名词。1950 年,美国著名科学幻想小说家阿西莫夫在他的小说《我,机器人》中,提出了有名的"机器人三守则":

　　1) 机器人必须不危害人类,也不允许它眼看人类将受害而袖手旁观;

　　2) 机器人必须绝对服从于人类,除非这种服从有害于人类;

　　3) 机器人必须保护自身不受伤害,除非为了保护人类或者是为人类做出牺牲。

　　这三条守则,给机器人社会赋以新的伦理性,并使机器人概念通俗化,更易于为人类社会所接受。

多连杆机构和数控机床的发展与应用为机器人技术打下了重要基础。

美国人乔治·德沃尔于1954年设计了第一台可编电子程序的工业机器人,并于1961年发表了该项机器人专利。1962年,美国万能自动化(Unimation)公司的第一台机器人Unimate在美国通用汽车公司(GM)投入使用,这标志着第一代机器人的诞生。从此,机器人开始成为人类生活中的现实。

1.1.2　机器人的定义

国际上至今还没有合适的、为人们普遍同意的"机器人"定义,专家们采用不同的方法来定义这个术语。它的定义还因公众对机器人的想象以及科学幻想小说、电影和电视中对机器人形状的描绘而变得更为困难。为了规定技术、开发机器人新的工作能力和比较不同国家和公司的成果,就需要对机器人这一术语有某些共同的理解。各国对机器人有自己的定义。这些定义之间差别较大。

国际上,关于机器人的定义主要有如下几种:

1) 英国简明牛津字典的定义。机器人是"貌似人的自动机,具有智力的和顺从于人的但不具人格的机器"。

2) 美国机器人工业协会(RIA)的定义。机器人是"一种用于移动各种材料、零件、工具或专用装置的,通过可编程序动作来执行种种任务的,并具有编程能力的多功能机械手(manipulator)"。

3) 日本工业机器人协会(JIRA)的定义。工业机器人是"一种装备有记忆装置和末端执行器(end effector)的,能够转动并通过自动完成各种移动来代替人类劳动的通用机器"。

4) 美国国家标准局(NBS)[⊖]的定义。机器人是"一种能够进行编程并在自动控制下执行某些操作和移动作业任务的机械装置"。

5) 国际标准化组织(ISO)的定义。机器人是"一种自动的、位置可控的、具有编程能力的多功能机械手,这种机械手具有几个轴,能够借助于可编程序操作来处理各种材料、零件、工具和专用装置,以执行种种任务"。

《中国大百科全书》对机器人的定义为:能灵活地完成特定的操作和运动任务,并可再编程序的多功能操作器。而对机械手的定义为:一种模拟人手操作的自动机械,它可按固定程序抓取、搬运物件或操持工具完成某些特定操作。

上述各种定义有共同之处,即认为机器人:①像人或人的上肢,并能模仿人的动作;②具有智力或感觉与识别能力;③是人造的机器或机械电子装置。

1.1.3　国际机器人学的进展

从20世纪60年代初期到70年代初期,即第一台工业机器人问世后头十年,机器人技

⊖　美国国家标准局(NBS)在1988年更名为美国国家标准与技术研究所(NIST)。——编辑注

术的发展较为缓慢，许多研究单位和公司所做的努力均未获得成功。这一阶段的主要成果有美国斯坦福国际研究所(SRI)于 1968 年研制的移动式智能机器人夏凯(Shakey)和辛辛那提·米拉克龙(Cincinnati Milacron)公司于 1973 年研制的第一台适于投放市场的机器人 T3 等。

人工智能学界在 20 世纪 70 年代后开始对机器人产生浓厚兴趣。他们发现，机器人的出现与发展为人工智能的发展带来了新的生机，提供了一个很好的试验平台和应用场所，是人工智能可能取得重大进展的潜在领域。这一认识，很快为许多国家的科技界、产业界和政府有关部门所赞同。到了 70 年代中期，机器人技术进入了一个新的发展阶段。到 70 年代末期，工业机器人有了更大的发展。进入 80 年代后，机器人生产继续保持 70 年代后期的发展势头，机器人制造业成为发展最快和最好的经济部门之一。

到 20 世纪 80 年代后期，由于传统机器人用户应用工业机器人已趋饱和，从而造成工业机器人产品的积压，不少机器人厂家倒闭或被兼并，国际机器人学研究和机器人产业出现不景气现象。到 90 年代初，机器人产业出现复苏和继续发展迹象。但是，好景不长，1993～1994 年又出现低谷。1995 年以来，世界机器人数量逐年增加，增长率也较高。到 2000 年，服役机器人约 100 万台，机器人学也维持着较好的发展势头。

进入 21 世纪，工业机器人产业发展速度加快，年增长率达到 30％左右。其中，亚洲工业机器人增长速度高达 43％，最为突出。

据联合国欧洲经济委员会(UNECE)和国际机器人联合会(IFR)统计，全球工业机器人在 1960～2006 年年底累计安装 175 万多台，至 2011 年累计安装超过 230 万台。工业机器人市场前景看好。

根据 IFR 统计，2011 年是工业机器人产业蓬勃发展的一年，全球市场同比增长 37％。其中，中国市场的增幅最大。中国已于 2015 年起成为世界最大的机器人市场。

近年来，全球机器人行业发展更为迅速。据国际机器人联合会（IFR）统计，2019 年全球机器人市场规模预计达到 300 多亿美元，其中，工业机器人 138 亿美元，服务机器人 169 亿美元。现在全世界运行的工业机器人总数在 270 台以上。现在全世界服役的工业机器人总数在 100 万台以上。此外，还有数百万服务机器人在运行。

机器人的应用范围已遍及工业、科技和国防的各个领域。服务机器人的开发与应用更是引人注目。机器人技术的迅速发展，已对许多国家的工业生产、太空和海洋探索、国防以及整个国民经济和人民生活产生了重大影响，而且这种影响必将进一步扩大。当一种工业、技术和经济发生重大变化时，总是要求科学和教育系统发生与之相适应的调整和发展。

严格地说，目前在工业上运行的大多数机器人都不具有智能。随着工业机器人数量的快速增长和工业生产的发展，对机器人的工作能力也提出了更高的要求，特别是需要各种具有不同程度智能的机器人和特种机器人。21 世纪的机器人智能将提高到更高的水平，值得关注。

1.1.4　中国机器人学的进展

自 20 世纪 70 年代以来，中国的机器人学经历了一场从无到有、从小变大、从弱渐强的发展过程。如今，中国已经成为国际最大的机器人市场，一股前所未有的机器人学热潮汹涌澎湃，席卷神州大地，正在为中国经济的快速持续发展和人民福祉的不断改善做出新的贡献。

下面我们将概括中国机器人学的发展过程，着重归纳中国机器人学的基本成就，并阐述中国机器人学的发展战略。

1. 基本成就

中国于1972年开始研制工业机器人，虽起步较晚但进步较快，已在工业机器人、特种机器人和智能机器人各方面取得明显成绩，为我国机器人技术的发展打下初步基础。

（1）工业机器人

中国工业机器人的发展，大致可分为4个阶段：20世纪70年代的萌芽期，80年代的开发期，90年代到2010年的初步应用期，2010年以来的井喷式发展与应用期。

"七五"期间进行了工业机器人基础技术、基础元器件、几类工业机器人整机及应用工程的开发研究，完成了示教再现式工业机器人成套技术的开发，研制出喷涂、弧焊、点焊和搬运等作业机器人整机，几类专用和通用控制系统及关键元部件等，且形成小批量生产能力。

在20世纪90年代中期，国家选择焊接机器人的工程应用作为重点进行开发研究，迅速掌握了焊接机器人应用工程技术。20世纪90年代后半期至21世纪前几年，实现了国产机器人的商品化和工业机器人的推广应用，为产业化奠定了基础。

中国工业机器人的产量和装机台数占世界的比重在1972～2000年期间可谓微不足道，进入21世纪以来，工业机器人市场迅速增长，经过一段产业化过程，其市场已呈井喷之势。2014年全球新安装工业机器人达到16.67万台，其中中国的工业机器人年装机量超过日本，达到5.6万台，约占世界总量的1/3，中国成为全球最大的机器人市场。不过，中国的机器人密度仍然较低。

（2）智能机器人计划

1986年3月，中国启动实施了"国家高技术研究发展计划（863计划）"。按照863计划智能机器人主题的总体战略目标，智能机器人研究开发工作的实施分为型号和应用工程、基础技术开发、实用技术开发、成果推广4个层次，通过各层次的工作体现和实现战略目标。中国的服务机器人项目涉及除尘机器人、玩具机器人、保安机器人、教育机器人、智能轮椅机器人、智能穿戴机器人等。

此外，国家自然科学基金也资助了智能机器人领域的重大课题研究，包括智能机器人仿生技术、移动机器人的视觉与听觉计算、深海自主机器人、智能服务机器人、微创医疗机器人等。

（3）特种机器人

到20世纪90年代，在863计划支持下，中国在发展工业机器人的同时，也对非制造环境下的应用机器人问题进行了研究，并取得一些成果。特种机器人的开发包括管道机器人、爬壁机器人、水下机器人、自动导引车和排险机器人等。例如，2012年6月27日，我国深海载人潜水器"蛟龙号"成功下潜至海平面以下7062米；2019年10月，我国最新型的深水潜航器取得了海平面以下 10000 米的下潜深度，标志着中国水下潜航器的发展进入新的阶段，达到国际先进水平。

我国研发的月球车"玉兔号"是一种典型的空间机器人。2013 年 12 月 2 日 1 时 30 分，中国成功地将由着陆器和"玉兔号"月球车组成的"嫦娥三号"探测器送入轨道。12 月 15 日 4 时 35 分，"嫦娥三号"着陆器与巡视器分离，"玉兔号"巡视器顺利驶抵月球表面。12 月 15 日 23 时 45 分完成"玉兔号"围绕"嫦娥三号"旋转拍照，并传回照片。这标志着我国探月工程获得了阶段性的重大成果。2020 年 7 月 23 日，我国首次火星探测"天问一号"探测器携带我国首台火星车发射升空，将一次完成"环绕、着陆、巡视"三大目标，中国即将成为世界上首次探索火星即完成软着陆任务的国家。

（4）形成机器人学学科

在我国，自 1985 年起已先后在几个全国一级学会内设立了机器人专业委员会，以组织和开展机器人学科的学术交流，促进机器人技术的发展，提高我国机器人学的学术水平和技术水平。其中，中国人工智能学会于 1993 年成立智能机器人学会/专业委员会。在我国，机器人学这一新学科也已经形成，并开展经常性的研究和学术交流活动。

2. 发展战略

新一轮工业革命呼唤发展智能制造。在中国"十二五"规划中，高端制造业（即机器人＋智能制造）已被列入战略性新兴产业。国家科技部 2012 年 4 月发布《智能制造科技发展"十二五"专项规划》和《服务机器人科技发展"十二五"专项规划》。在"十二五"期间，重点培育发展服务机器人新兴产业，重点发展公共安全机器人、医疗康复机器人、仿生机器人平台和模块化核心部件四大任务。

国务院于 2015 年 5 月 19 日发布《中国制造 2025》，明确提出实现中国制造强国的路线图，提出的大力推动重点领域突出了机器人制造，要"围绕汽车、机械、电子、危险品制造、国防军工、化工、轻工等工业机器人、特种机器人，以及医疗健康、家庭服务、教育娱乐等服务机器人应用需求，积极研发新产品，促进机器人标准化、模块化发展，扩大市场应用。突破机器人本体、减速器、伺服电机、控制器、传感器与驱动器等关键零部件及系统集成设计制造等技术瓶颈"。

国务院又于 2017 年 7 月 8 日发布《新一代人工智能发展规划》，其重点任务中涉及发展机器人科技的内容有：

①建立自主协同控制与优化决策理论。研究面向自主无人系统的协同感知与交互，面向自主无人系统的协同控制与优化决策，知识驱动的人机物三元协同与互操作等理论。

②发展自主无人系统的智能技术。研究无人机自主控制和汽车、船舶、轨道交通自动驾驶等智能技术，服务机器人、空间机器人、海洋机器人、极地机器人技术，无人车间/智能工厂智能技术，高端智能控制技术和自主无人操作系统。研究复杂环境下基于计算机视觉的定位、导航、识别等机器人及机械手臂自主控制技术。

③创建自主无人系统支撑平台。建立自主无人系统共性核心技术支撑平台，无人机自主控制以及汽车、船舶和轨道交通自动驾驶支撑平台，服务机器人、空间机器人、海洋机器人、极地机器人支撑平台，智能工厂与智能控制装备技术支撑平台等。

④发展智能机器人新兴产业。攻克智能机器人核心零部件、专用传感器，完善智能机器人硬件接口标准、软件接口协议标准以及安全使用标准。研制智能工业机器人、智能服务机器人，实现大规模应用并进入国际市场。研制和推广空间机器人、海洋机器人、极地机器人等特种智能机器人。建立智能机器人标准体系和安全规则。

2016 年 4 月 28 日工业和信息化部、国家发展改革委和财政部共同发布《机器人产业发展规划(2016—2020 年)》，明确要在工业机器人领域，聚焦智能生产、智能物流，攻克工业机器人关键技术，提升可操作性和可维护性，重点发展弧焊机器人、真空(洁净)机器人、全自主编程智能工业机器人、人机协作机器人、双臂机器人、重载 AGV 等 6 种标志性工业机器人产品，引导我国工业机器人向中高端发展。在服务机器人领域，重点发展消防救援机器人、手术机器人、智能型公共服务机器人、智能护理机器人等 4 种标志性产品，推进专业服务机器人实现系列化，个人/家庭服务机器人实现商品化。

由此可见，发展智能机器人已上升为我国国家战略，必将对我国机器人产业乃至整个国民经济的发展产生巨大推动作用和深远影响。

1.2　机器人的特点、结构与分类

1.2.1　机器人的主要特点

机器人具有下列两个主要特点。

1. 通用性

机器人的通用性(versatility)取决于其几何特性和机械能力。通用性指的是执行不同的功能和完成多样的简单任务的实际能力。通用性也意味着，机器人具有可变的几何结构，即根据生产工作需要进行变更的几何结构；或者说，在机械结构上允许机器人执行不同的任务或以不同的方式完成同一工作。

2. 适应性

机器人的适应性(adaptivity)是指其对环境的自适应能力，即所设计的机器人能够自我执行未经完全指定的任务，而不管任务执行过程中所发生的没有预计到的环境变化。这一能力要求机器人认识其环境，即具有人工知觉。

1.2.2　机器人系统的结构

一般情况下，一个机器人系统由下列四个互相作用的部分组成：机械手、环境、任务和控制器，如图 1-1a 所示，图 1-1b 为其简化形式。

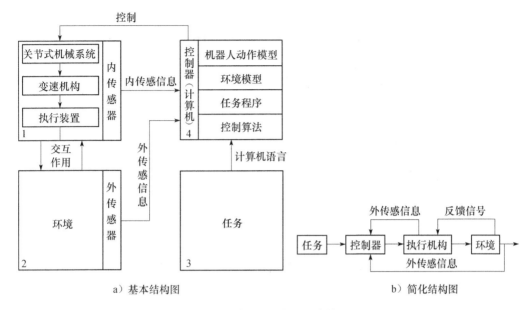

a）基本结构图　　　　　　　　　　b）简化结构图

图 1-1　机器人系统的基本结构

机械手是具有传动执行装置的机械，它由臂、关节和末端执行装置（工具等）构成，组合为一个互相连接和互相依赖的运动机构。机械手用于执行指定的作业任务。不同的机械手具有不同的结构类型。图 1-2 给出机械手的几何结构简图。机械手又称为操作机、机械臂或操作手。大多数机械手是具有几个自由度的关节式机械结构，一般具有六个自由度。其中，头三个自由度引导夹手装置至所需位置，而后三个自由度用来决定末端执行装置的方向。

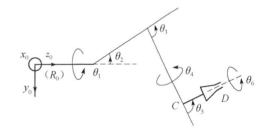

图 1-2　机械手的几何结构简图

环境指机器人所处的周围环境，它不仅由几何条件（可达空间）所决定，而且由环境和它所包含的每个事物的全部自然特性所决定。机器人的固有特性由这些自然特性及其环境间的互相作用所决定。在环境中，机器人会遇到一些障碍物和其他物体，它必须避免与这些障碍物发生碰撞，并对这些物体发生作用。环境信息一般是确定的和已知的，但在许多情况下，环境具有未知的和不确定的性质。

我们把任务定义为环境的两种状态（初始状态和目标状态）间的差别。必须用适当的程序设计语言来描述这些任务，并把它们存入机器人系统的控制计算机中去。

计算机是机器人的控制器或脑子。机器人接收来自传感器的信号，对之进行数据处理，并按照预存信息、机器人的状态及其环境情况等，产生出控制信号去驱动机器人的各个关节。

对于技术比较简单的机器人，计算机只含有固定程序；对于技术比较先进的机器人，可采用程序完全可编的小型计算机、微型计算机或微处理机作为其电脑。具体说来，在计算机内存储有下列信息：

1) 机器人动作模型　表示执行装置在激发信号与机器人运动之间的关系。

2) 环境模型　描述机器人在可达空间内的每一个事物。

3) 任务程序　使计算机能够理解其所要执行的作业任务。

4) 控制算法　计算机指令的序列，它提供对机器人的控制。

1.2.3　机器人的自由度

自由度是机器人的一个重要技术指标，它是由机器人的结构决定的，并直接影响机器人的机动性。

1. 刚体的自由度

物体上任何一点都与坐标轴的正交集合有关。物体能够对坐标系进行独立运动的数目称为自由度（Degree of Freedom，DOF）。物体所能进行的运动包括（见图1-3）：

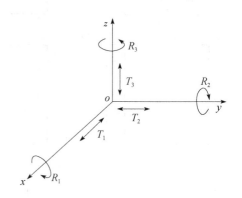

图1-3　刚体的六个自由度

沿着坐标轴 ox、oy 和 oz 的三个平移运动 T_1、T_2 和 T_3；绕着坐标轴 ox、oy 和 oz 的三个旋转运动 R_1、R_2 和 R_3。

这意味着物体能够运用三个平移和三个旋转，相对于坐标系进行定向和运动。

一个简单物体有六个自由度。当两个物体间确立起某种关系时，每一物体就对另一物体失去一些自由度。这种关系也可以用两物体间由于建立连接关系而不能进行的移动或转动来表示。

2. 机器人的自由度

人们期望机器人能够以准确的方位把它的末端执行装置或与它连接的工具移动到给定点。如果机器人的用途是未知的，那么它应当具有六个自由度。不过，如果工具本身具有某种特别结构，那么就可能不需要六个自由度。例如，要把一个球放到空间某个给定位置，有三个自由度就足够了。

一般情况下，机器人机械手的手臂具有三个自由度，其他的自由度数为末端执行装置所具有。当要求某一机器人钻孔时，其钻头必须转动。不过，这一转动总是由外部的马达带动的，因此，不把它看作机器人的一个自由度。这同样适用于机器人的机械手。机械手的夹手应能开闭。不过，也不能把夹手的这个开闭所用的自由度当作机器人的自由度之一，因为这个自由度只对夹手的操作起作用。这一点是很重要的，必须记住。

1.2.4　机器人的分类

机器人的分类方法有很多种。这里首先介绍三种分类法，即分别按机械手的几何结构、机器人的控制方式以及机器人控制器的信息输入方式来分。

1. 按机械手的几何结构来分

机器人机械手的机械配置形式多种多样。最常见的结构形式是用其坐标特性来描述的。这些坐标结构包括笛卡儿坐标结构、柱面坐标结构、极坐标结构、球面坐标结构和关节式球面坐标结构等。这里简单介绍三种最常见的柱面坐标机器人、球面坐标机器人和关节式球面坐标机器人。

（1）柱面坐标机器人

柱面坐标机器人主要由垂直柱子、水平手臂（或机械手）和底座构成。水平机械手装在垂直柱子上，能自由伸缩，并可沿垂直柱子上下运动。垂直柱子安装在底座上，并能与水平机械手一起（作为一个部件）在底座上移动。这样，这种机器人的工作包迹（区间）就形成一段圆柱面，如图 1-4 所示。因此，把这种机器人叫作柱面坐标机器人。

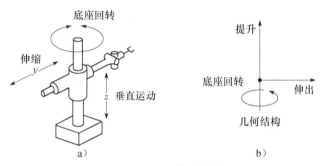

图 1-4　柱面坐标机器人

（2）球面坐标机器人

这种机器人如图 1-5 所示。它像坦克的炮塔一样，机械手能够做里外伸缩移动、在垂直平面上垂直回转以及在水平平面上绕底座旋转。因此，这种机器人的工作包迹形成球面的一部分，这种机器人被称为球面坐标机器人。

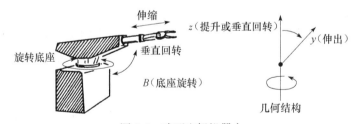

图 1-5　球面坐标机器人

（3）关节式球面坐标机器人

这种机器人主要由底座（或躯干）、上臂和前臂构成。上臂和前臂可在通过底座的垂直平面上运动，如图 1-6 所示。在前臂和上臂间，机械手有个肘关节；而在上臂和底座间，有个肩关节。在水平平面上的旋转运动，既可由肩关节进行，也可以绕底座旋转来实现。这种机器人的工作包迹形成球面的大部分，称为关节式球面机器人。

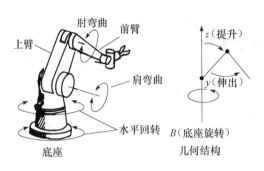

图 1-6 关节式球面机器人

2. 按机器人的控制方式分

按照机器人的控制方式可把机器人分为非伺服机器人和伺服控制机器人两种。

（1）非伺服机器人

非伺服机器人（non-servo robot）工作能力比较有限，它们往往涉及"终点""抓放"或"开关"式机器人，尤其是"有限顺序"机器人。这种机器人按照预先编好的程序顺序进行工作，使用终端限位开关、制动器、插销板和定序器来控制机器人机械手的运动。其工作原理方块图如图 1-7 所示。图中，插销板用来预先规定机器人的工作顺序，而且往往是可调的。定序器是一种定序开关或步进装置，它能够按照预定的正确顺序接通驱动装置的能源。驱动装置接通能源后，就带动机器人的手臂、腕部和抓手等装置运动。当它们移动到由终端限位开关所规定的位置时，限位开关切换工作状态，送给定序器一个"工作任务（或规定运动）业已完成"的信号，并使终端制动器动作，切断驱动能源，使机械手停止运动。

（2）伺服控制机器人

伺服控制机器人（servo-controlled robot）比非伺服机器人有更强的工作能力，因而价格较贵，但在某些情况下不如简单的机器人可靠。图 1-8 表示伺服控制机器人的方块图。伺服系统的被控制量（输出）可为机器人端部执行装置（或工具）的位置、速度、加速度和力等。通过反馈传感器取得的反馈信号与来自给定装置（如给定电位器）的综合信号，用比较器加以比较后，得到误差信号，经过放大后用以激发机器人的驱动装置，进而带动末端执行装置以一定规律运动，到达规定的位置或速度等。显然，这就是一个反馈控制系统。

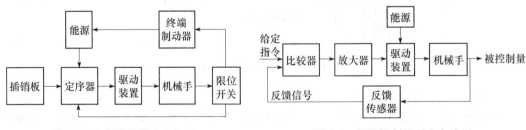

图 1-7 非伺服机器人方块图　　　　图 1-8 伺服控制机器人方块图

3. 按机器人控制器的信息输入方式分

在采用这种分类法进行分类时，不同国家也略有不同，但它们都有统一的标准。这里主要介绍日本工业机器人协会(JIRA)、美国机器人工业协会(RIA)和法国工业机器人协会(AFRI)所采用的分类法。

(1) JIRA 分类法

日本工业机器人协会把机器人分为六类：

第 1 类：手动操作手，是一种由操作人员直接进行操作的具有几个自由度的加工装置。

第 2 类：定序机器人，是按照预定的顺序、条件和位置，逐步地重复执行给定的作业任务的机械手，其预定信息(如工作步骤等)难以修改。

第 3 类：变序机器人，它与第 2 类一样，但其工作次序等信息易于修改。

第 4 类：复演式机器人，这种机器人能够按照记忆装置存储的信息来复现原先由人示教的动作。这些示教动作能够被自动地重复执行。

第 5 类：程控机器人，操作人员并不是对这种机器人进行手动示教，而是向机器人提供运动程序，使它执行给定的任务。其控制方式与数控机床一样。

第 6 类：智能机器人，它能够采用传感信息来独立检测其工作环境或工作条件的变化，并借助其自我决策能力，成功地进行相应的工作，而不管其执行任务的环境条件发生了什么变化。

(2) RIA 分类法

美国机器人工业协会把 JIRA 分类法中的后四种机器当作机器人。

(3) AFRI 分类法

法国工业机器人协会把机器人分为四种型号：

A 型：第 1 类，手控或遥控加工设备。

B 型：包括第 2 类和第 3 类，具有预编工作周期的自动加工设备。

C 型：包括第 4 类和第 5 类，程序可编和伺服机器人，具有点位或连续路径轨迹，称为第一代机器人。

D 型：第 6 类，能获取一定的环境数据，称为第二代机器人。

此外，还可以有其他的分类方法，如下所述。

4. 按机器人的智能程度分

1) 一般机器人，不具有智能，只具有一般编程能力和操作功能。

2) 智能机器人，具有不同程度的智能，又可分为：

- 传感型机器人，利用传感信息(包括视觉、听觉、触觉、接近觉、力觉和红外、超声及激光等)进行传感信息处理，实现控制与操作。
- 交互型机器人，机器人通过计算机系统与操作员或程序员进行人-机对话，实现对机器人的控制与操作。
- 自立型机器人，在设计制作之后，机器人无须人的干预，能够在各种环境下自动完成各项拟人任务。

5. **按机器人的用途分**

1) 工业机器人或产业机器人，应用在工农业生产中，主要应用在制造业部门，进行焊接、喷漆、装配、搬运、检验、农产品加工等作业。

2) 探索机器人，用于进行太空和海洋探索，也可用于地面和地下探险与探索。

3) 服务机器人，一种半自主或全自主工作的机器人，其所从事的服务工作可使人类生存得更好，使制造业以外的设备工作得更好。

4) 军用机器人，用于进攻性或防御性的军事目的。它又可分为空中军用机器人、海洋军用机器人和地面军用机器人，或简称为空军机器人、海军机器人和陆军机器人。

6. **按机器人移动性分**

1) 固定式机器人，固定在某个底座上，整台机器人(或机械手)不能移动，只能移动各个关节。

2) 移动机器人，整个机器人可沿某个方向或任意方向移动。这种机器人又可分为轮式机器人、履带式机器人和步行机器人，其中后者又有单足、双足、四足、六足和八足行走机器人之分。

1.3　机器人学与人工智能

机器人学，特别是智能机器人，与人工智能有十分密切的关系。人工智能的近期目标在于研究智能计算机及其系统，以模仿和执行人类的某些智力功能，如判断、推理、理解、识别、规划、学习和其他问题求解。这一研究抓住了创造力的首要问题——人类智能。

1.3.1　机器人学与人工智能的关系

大多数机器人学的研究目前还是以控制理论的反馈概念为基础的。也就是说，迄今为止，机器人上的"智能"是由于应用反馈控制而产生的。但是，反馈控制技术本身并不是建立在人工智能技术基础上的，而是属于古典工程控制理论范畴的。

反馈控制有其局限性，因为数学(模型)及其实现有众多的强烈约束。而人工智能则有许多对环境和周围相关事物产生灵活响应的方法。按照古典控制理论，对事物的响应取决于经过数学化处理的输入，而人工智能技术可采用诸如自然语言、知识、算法和其他非数学符号的输入等。

一方面，机器人学的进一步发展需要人工智能基本原理的指导，并采用各种人工智能技术；另一方面，机器人学的出现与发展又为人工智能的发展带来了新的生机，产生了新的推动力，并提供了一个很好的试验与应用场所。也就是说，人工智能想在机器人学上找到实际应用，并使问题求解、搜索规划、知识表示和智能系统等基本理论得到进一步发展。

从人工智能已在机器人学方面进行的一些研究可以看出两者的密切关系。

1. 传感器信息处理

机器人学今后能够从人工智能方面得到多大的现实好处，人们能够使机器人技术发展到什么程度，其关键之一是在传感器信息处理方面。机器人具有越来越强的获取周围信息的能力，包括视觉、触觉、力觉、嗅觉、味觉、听觉、接近觉和光滑觉等。

2. 机器人规划

机器人学的研究促进了许多人工智能思想的发展。它所导致的一些技术可用来模拟世界的状态，用来描述从一种世界状态转变为另一种世界状态的过程。它对于怎样产生动作序列的规划以及怎样监督这些规划的执行有了一种较好的理解。复杂的机器人控制问题迫使我们发展一些方法，先在抽象和忽略细节的高层进行规划，然后再逐步在细节越来越重要的低层进行规划，这就是所谓机器人规划问题。

3. 专家系统

专家系统是一种智能计算机系统，它处理问题的能力达到了人类专家的水平。有些未来的机器人系统是专家系统，它们将掌握极其大量的有关某个主题的知识，并对这些知识不断修正、改进与完善，机器人规划专家系统就是一例。

4. 自然语言理解

自然语言理解是人工智能最困难的课题之一，十多年来已取得长足进展。人工智能工作者一直在进行机器理解自然语言的研究。能够理解自然语言的程序，其关键在于：计算机内存包含一个由计算机和程序设计员两者共用的世界模型。需要处理的语言涉及计算机内部模型具有某些明确表示的物体、动作和关系。

1.3.2　机器人学的研究领域和智能机器人

1. 机器人学的研究领域

机器人学有着极其广泛的研究和应用领域。这些领域体现出广泛的学科交叉，涉及众多的课题，如机器人体系结构、机构、控制、智能、传感、机器人装配、恶劣环境下的机器人以及机器人语言等。机器人已在工业、农业、商业、旅游业、空中和海洋以及国防等各种领域获得越来越普遍的应用。下面是一些比较重要的研究领域。

1）机器人视觉
2）语音识别技术
3）传感器与感知系统
4）驱动、建模与控制
5）自动规划与调度
6）机器人用计算机系统
7）机器人应用研究

8）其他机器人课题

2. 智能机器人

尽管目前在工业上运行的 90％ 以上的机器人都谈不上有什么智能，机器人执行的许多任务也根本不需要运用传感器，但是，随着机器人技术的迅速发展和自动化程度的进一步提高，人们对机器人的功能提出了更高的要求，特别是需要各种具有不同智能程度的机器人和机器人化装置。

最近 30 年已生产出一批具有传感装置（如视觉、触觉和听觉等）的机器人以及少数能够与环境进行"对话"的交互机器人（interactive robot）。这些机器人都属于智能机器人，它们能够执行一些过去无法解决的工作任务。

图 1-9 给出了一种智能机器人系统的典型方框图。

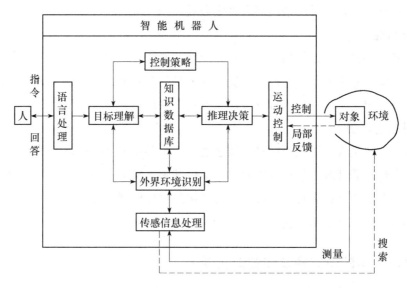

图 1-9　智能机器人系统的典型方框图

从图 1-9 可以看出，该智能机器人的控制系统主要由两部分组成，即以知识为基础的知识决策系统和信号识别与处理系统。前者涉及知识数据库与推理机，后者为各种信号的感测与处理器。这些信号可为取自话筒的语音信号、来自压力传感器的触感信号、由电视摄像机拍下的景物图像，或环境中的其他信号，如光线、颜色、物体位置和运动速度等信息。

智能机器人已在自主系统和柔性加工系统等领域得到日益广泛的应用。自主机器人能够设定自己的目标，规划并执行自己的动作，使自己不断适应环境的变化。柔性加工系统由机器人工段（robotic work cell）或柔性工段组成。每个机器人工段能够完全自动地完成一系列操作、装卸、运输或加工。把机器人工段与其他工段相连接，就形成一个柔性组合式机器人生产系统，简称柔性加工系统。

1.4 机器人学的应用领域

机器人已在工业生产、海空探索、康复和军事等领域获得广泛应用。此外，机器人已逐渐在医院、家庭和一些服务行业获得推广应用，发展十分迅速。

1.4.1 工业机器人

现在工业机器人主要用于汽车工业、机电工业(包括电子工业)、通用机械工业、建筑业、金属加工、铸造以及其他重型工业和轻工业部门。机器人的工业应用分为四个方面，即材料加工、零件制造、产品检验和装配。其中，材料加工往往是最简单的。零件制造包括锻造、点焊、捣碎和铸造等。检验包括显式检验(在加工过程中或加工后检验产品表面图像和几何形状、零件和尺寸的完整性)和隐式检验(在加工中检验零件质量上或表面上的完整性)两种。装配是最复杂的应用领域，因为它可能包含材料加工、在线检验、零件供给、配套、挤压和紧固等工序。

在农业方面，已将机器人用于水果和蔬菜的嫁接、收获、检验与分类，以及剪羊毛和挤牛奶等，将自主(无人驾驶)移动机器人应用于农田耕种，包括播种、田间管理和收割等。这是一个有潜在发展前景的产业机器人应用领域。

随着科学与技术的发展，工业机器人的应用领域也不断扩大。目前，工业机器人不仅应用于传统制造业如机械制造、采矿、冶金、石油、化学、船舶等领域，同时也已开始扩大到核能、航空、航天、医药、生化等高科技领域。

根据 IFR 统计，2011 年是工业机器人产业蓬勃发展的一年，全球市场同比增长 37%。其中，中国市场的增幅最大，销售量达 22 577 台，较 2010 年增长 50.7%；2012 年达到 26 902 台，同比增长 19.2%。到 2015 年，中国的工业机器人拥有量达十万台(套)。2011年—2012 年，中国和全球市场对工业机器人的需求创下新高。

1.4.2 探索机器人

除了在工农业上广泛应用之外，机器人还用于进行探索，即在恶劣或不适于人类工作的环境中执行任务。例如，在水下(海洋)、太空以及在放射性、有毒或高温等环境中进行作业。在这种环境下，可以使用自主机器人、半自主机器人或遥控机器人。

探索机器人有水下机器人和空间机器人等。

（1）水下机器人

随着海洋开发事业的发展，一般潜水技术已无法适应高深度综合考察和研究并完成多种作业的需要。因此许多国家都对水下机器人给予了极大的关注。

按其在水中运动方式的不同，可将水下机器人分为浮游式水下机器人、步行式水下机器人、移动式水下机器人。

随着近年来对海洋的考察和开发，水下机器人应用日益广泛，应用领域包括水下工程、打捞救生、海洋工程和海洋科学考察等方面。

2011 年 7 月 28 日，中国研制的深海载人潜水器"蛟龙号"成功下潜至海平面以下 5188 米，这标志着中国已经进入载人深潜技术的全球先进国家之列。2012 年 6 月 24 日和 6 月 27 日，"蛟龙号"成功下潜至海平面以下 7020 米和 7062 米，这也意味着我国成为世界上第 2 个下潜到 7000 米以下的国家，我国的深海载人潜水器达到国际先进水平。2019 年 10 月，我国最新型的深水潜航器取得了海平面以下 10 000 米的下潜深度，标志着中国水下潜航器的发展进入到了新的阶段，达到国际先进水平。

（2）空间机器人

近年来随着各种智能能机器人的研究与发展，能在宇宙空间作业的所谓空间机器人就成为新的研究领域，并已成为空间开发的重要组成部分。

目前，空间机器人的主要任务可分为两大方面：在月球、火星及其他星球等非人居住条件下完成先驱勘探，以及在宇宙空间代替宇航员实现卫星服务、空间站上的服务和空间环境的应用实验。

我国研发的月球车"玉兔号"是一种典型的空间机器人。2013 年 12 月 2 日 1 时 30 分，中国成功地将由着陆器和"玉兔号"月球车组成的"嫦娥三号"探测器送入轨道。同年 12 月 15 日 4 时 35 分，"嫦娥三号"着陆器与巡视器分离，"玉兔号"巡视器顺利驶抵月球表面。12 月 15 日 23 时 45 分完成玉兔号围绕"嫦娥三号"旋转拍照，并传回照片。这标志着我国探月工程获得了阶段性的重大成果。

2020 年 7 月 23 日，我国首次火星探测"天问一号"探测器携带我国首台火星车发射升空，将一次完成"环绕、着陆、巡视"三大目标，中国即将成为世界上首次探索火星即完成软着陆任务的国家，实现我国在深空探测领域的技术跨越。

1.4.3　服务机器人

随着网络技术、传感技术、仿生技术、智能控制技术等的发展以及机电工程与生物医学工程等的交叉融合，服务机器人技术发展呈现出三大态势：一是服务机器人由简单机电一体化装备向以生机电一体化和智能化等方向发展；二是服务机器人由单一作业向群体协同、远程学习和网络服务等方面发展；三是服务机器人由研制单一复杂系统向将其核心技术、核心模块嵌入先进制造相关系统中发展。虽然服务机器人分类广泛，包含清洁机器人、医用服务机器人、护理和康复机器人、家用机器人、消防机器人、监测和勘探机器人等，但完整的服务机器人系统通常都由 3 个基本部分——移动机构、感知系统和控制系统组成。因此，各类服务机器人的关键技术包括自主移动技术（包括地图创建、路径规划、自主导航）、感知技术和人机交互技术等。

　　现实生活中能够看到的最接近于人类的机器人可能要算家用机器人了。家用机器人能够清扫地板而不碰到家具。家用机器人已开始进入家庭和办公室，用于代替人从事清扫、洗刷、守卫、煮饭、照料小孩、接待、接电话、打印文件等工作。酒店售货和餐厅服务机器人、炊事机器人和机器人保姆已不再是一种幻想。随着家用机器人质量的提高和造价的大幅度降低，家用机器人将获得日益广泛的应用。

　　此外，护理机器人和接待机器人也开始在医院、家庭和旅游中得到越来越多的应用。

　　根据《2014—2018 年中国服务机器人行业发展前景与投资战略规划分析报告》前瞻数据统计，全球专业服务机器人的销量从 2011 年的 15 776 台增加至 2012 年的 16 067 台，比 2011 年增长 1.8%，销售额约为 230 亿元。2012 年全球个人/家用服务机器人的销量约为 300 万台，比 2011 年增长 20%，销售额约为 450 亿元。预计 2015 年服务机器人的总产值将达到 2500 亿元。随着个人机器人进入各行各业，进入千家万户，其总产值可望达到万亿元，服务机器人的快速增长和巨大市场由此可见一斑。

1.4.4　军用机器人

　　用于军事目的的军用机器人有地面的、水下（海洋）的和空间的。其中，以地面军用机器人的开发最为成熟，应用也较为普遍。

　　（1）地面军用机器人

　　地面军用机器人分为两类：一类是智能机器人，包括自主和半自主车辆；另一类是遥控机器人，即各种用途的遥控无人驾驶车辆。智能机器人依靠车辆本身的机器智能，在无人干预下自主行驶或作战。遥控机器人由人进行遥控，以完成各种任务。

　　（2）海洋军用机器人

　　海军的水下机器人可以在全世界海域进行搜索、定位、援救和回收工作。而扫雷机器人也发展很快，许多国家海军已装备了扫雷机器人；装备有新型电子仪器和遥测传送装置的扫雷机器人能清除人工或其他扫雷工具不能扫除的水雷。

　　（3）空间军用机器人

　　严格地说，空间机器人都可用于军事目的。此外，可以把无人机看作空间机器人。也就是说，无人机和其他空间机器人都可能成为空间军用机器人。

　　微型飞机可用于填补军用卫星和侦察机无法达到的盲区，为前线指挥员提供小范围内的具体敌情。

1.5　机器人市场的现状和趋势

1.5.1　国际机器人市场

　　据国际机器人联合会（IFR）统计，2019 年全球机器人市场规模预计将达到 294.1 亿美元，其中，工业机器人 159.2 亿美元，服务机器人 94.6 亿美元，特种机器人 40.3 亿美元。2014～2019 年的平均增长率约为 12.3%。根据 IFR 在 2020 年 10 月最新发布的《2020 年世界机器人报告》显示，2020 年在全世界运行的工业机器人总数达到 270 万台，较 2019 年相比增长了 12%；2019 年，全球新机器人的出货量约为 37.3 万台，虽与 2018 年相比下降了 12%，但仍然是有记录以来的第三高销售年份。

1. 工业机器人

目前，工业机器人在汽车、电子、金属制品、塑料及化工产品等行业继续得到广泛的应用。2014 年以来，工业机器人的市场规模正以年均 8.3% 的速度持续增长。IFR 报告显示，2018 年中国、日本、美国、韩国和德国等主要国家销售额总计超过全球销量的 3/4，这些国家对工业自动化改造的需求激活了工业机器人市场，也使全球工业机器人使用密度大幅提升，目前在全球制造业领域，工业机器人使用密度已经达到 85 台/万人。2018 年全球工业机器人销售额达到 154.8 亿美元，其中亚洲销售额 104.8 亿美元，欧洲销售额 28.6 亿美元，北美地区销售额 19.8 亿美元。2019 年，随着工业机器人进一步普及，销售额将有望接近 160 亿美元，其中亚洲仍将是最大的销售市场。

全球工业机器人安装量在 2018 年突破 40 万台，达 422 271 台，比 2017 年增加约 6%，累计安装量为 2 439 543 台，比 2017 年增加约 15%。其中，汽车行业仍然是工业机器人的主要购买者，占全球工业机器人总安装量的 30%，电气/电子行业占 25%，金属和机械行业占 10%，塑料和化工行业占 5%，食品和饮料行业占 3%。

随着自动化技术的发展以及工业机器人技术的不断创新，自 2010 年以来全球对工业机器人的需求已明显加快。2013～2018 年，全球工业机器人销量年均复合增长率约为 19%。2005～2008 年，全球工业机器人年平均销量约为 11.5 万台，2009 年因为金融危机导致工业机器人销量大幅下滑。2010 年，工业机器人销量为 12 万台。直到 2015 年，全球工业机器人的安装量翻了一倍多，近 25.4 万。2016 年，工业机器人安装量突破 30 万台。2017 年，工业机器人安装量猛增至近 40 万台。2018 年，工业机器人安装量超过 42 万台。

2. 服务机器人

随着信息技术的快速发展和互联网的快速普及，以 2006 年深度学习模型的提出为标志，人工智能迎来了第 3 次高速发展。与此同时，依托人工智能技术，智能公共服务机器人应用场景和服务模式正不断拓展，带动服务机器人市场规模高速增长。2014 年以来全球服务机器人市场规模年均增速达 21.9%，2019 年全球服务机器人市场规模预计将达到 94.6 亿美元，2021 年全球服务机器人市场规模预计将突破 130 亿美元。2019 年，全球家用服务机器人、医疗服务机器人和公共服务机器人市场规模预计分别为 42 亿美元、25.8 亿美元和 26.8 亿美元，其中家用服务机器人市场规模占比最高达 44%。

3. 特种机器人

全球特种机器人整机性能近年来持续提升，不断地催生出新兴市场。2014 年以来全球特种机器人产业规模年均增速达 12.3%，2019 年全球特种机器人市场规模将达到 40.3 亿美元，2021 年全球特种机器人市场规模预计将超过 50 亿美元。其中，美国、日本和欧盟在特种机器人创新和市场推广方面全球领先。

1.5.2　中国工业机器人市场

据国际机器人联合会统计，2017 年，中国工业机器人安装量为 137 920 台，比 2016 年增加约 59%，继续成为全球最大的机器人市场。其中，从用途看，搬运机器人约占 45%，焊接机器人约占 26%，装配机器人约占 20%。从应用行业看，电气/电子行业约占 35%，汽车行业约占 31%。2012～2017 年，中国工业机器人安装量年均复合增长率 (CAGR)约为 43%，销售额年平均增长率约为 33%，2017 年中国工业机器人销售额约为 49 亿美元。

据统计数据显示，2017 年，中国既是全球最大的机器人市场，也是全球机器人市场增长最快的国家。自 2016 年开始，中国工业机器人累计安装量位列世界第一，发展速度史无前例。中国的工业机器人销量从 2014 年的 57 100 台增加至 2017 年的 137 920 台。越来越多的国际机器人制造商在中国建设工厂，持续扩大产能。虽然目前中国市场上大部分的机器人是日本、韩国、欧洲和北美的供应商直接进口或在中国生产的，但是越来越多的中国机器人供应商也开始打拼自己的市场。

在 2017 年的 137 920 台年销量中，中国本土的机器人供应商安装了 34 671 台，比 2016 年增加约 29%，但是所占市场份额从 2016 年的 31% 减少至 25%；国外机器人供应商安装约 10.32 万台，比 2016 年增加约 72%，这一数据包括国外机器人供应商在中国生产的机器人数量，这是国外供应商机器人安装量首次比中国本土机器人供应商增长快。

至 2017 年底，中国工业机器人的累计安装量达 473 429 台，比 2016 年增加约 39%。2012～2017 年，中国工业机器人的累计安装量年平均增长 37%。不过实际的累计安装量可能更高，如果包括富士康机器人的数量，2017 年中国工业机器人的累计安装量至少为 48.5 万台。这一较高的增长速度表明中国工业机器人的发展速度愈来愈快。

1.6　本书概要

本书介绍机器人学的基本原理及其应用，是一部机器人学的导论性教材。除了讨论一般的原理外，还特别阐述了一些新的方法与技术，并用一定篇幅叙述了机器人学的应用以及发展趋势。本书包含下列具体内容：

1) 简述机器人学的起源与发展，讨论机器人学的定义，分析机器人的特点、结构与分类，探讨机器人学与人工智能的关系、机器人学的研究和应用领域以及国内外机器人的市场和趋势。这些内容将使读者对机器人学有个初步认识。

2) 讨论机器人学的数学基础，包括空间任意点的位置和姿态变换、坐标变换、齐次坐标变换、物体的变换和逆变换，以及通用旋转变换等。这些数学基础知识可为后面有关各章研究机器人运动学、动力学和控制建模提供有力的数学工具。

3) 阐述机器人运动方程的表示与求解。包括机械手运动姿态、方向角、运动位置和坐标的表示，以及连杆变换矩阵的表示。对于运动方程的求解则讨论欧拉变换解、滚-仰-偏变换解和球面变换解等方法。这些内容是研究机器人动力学和控制所必不可少的基础。

4) 涉及机器人动力学方程、动态特性和静态特性，着重分析机械手动力学方程的两种求法，即拉格朗日功能平衡法和牛顿-欧拉动态平衡法，然后在分析二连杆机械手的基础上，总结出建立拉格朗日方程的步骤，并据之计算出机械手连杆上某一点的速度、动能和位能，进而推导出四连杆机械手的动力学方程。机器人动力学问题的研究对于快速运动的机器人及其控制具有特别重要的意义。

5) 研究机器人的控制原则和各种控制方法。这些方法包括机器人的位置伺服控制、力/混合控制和智能控制等。作为机器人智能控制的应用实例，介绍机器人自适应模糊控制和多指灵巧手的神经控制。这些例子提供了实际研究结果，说明各种相关智能控制方法的有效性和适用性。此外，还综述了深度学习在机器人控制中的应用。

6) 分析机器人传感器的作用原理和应用。阐述机器人传感器的特点与分类以及机器人对环境自适应能力的要求。介绍机器人内传感器，包括位置（位移）传感器、速度传感器、加速度传感器和力觉传感器等。讨论机器人外传感器，涉及视觉传感器、触觉传感器、应力传感器和接近度传感器等。

7) 讨论机器人轨迹规划问题，它是在机械手运动学和动力学的基础上，研究关节空间和笛卡儿空间中机器人运动的轨迹规划和轨迹生成方法。在阐明轨迹规划应考虑的问题之后，着重讨论关节空间轨迹的插值计算方法和笛卡儿空间路径轨迹规划方法，并简单介绍规划轨迹的实时生成方法。

8) 比较概括地论述机器人的程序设计。机器人的程序设计即编程，是机器人运动和控制的结合点，也是实现人与机器人通信的主要方法。首先研究对机器人编程的要求和分类；其次讨论机器人语言系统的结构和基本功能；接着介绍了机器人操作系统 ROS、机器人解释型脚本语言 Python 以及几种重要的工业机器人编程语言，如 VAL、SIGLA、IML 和 AL 语言等；然后介绍基于 MATLAB 的机器人学仿真工具；最后讨论机器人离线编程的特点、主要内容和系统结构。

本书可作为本科生的机器人学教材，也可供从事机器人学研究、开发和应用的科技人员学习参考。

1.7 本章小结

作为本书的开篇，本章首先讨论机器人的由来、定义和发展。人类对机器人的幻想与追求已有 3000 多年历史，而第一台工业机器人的投产至今只有 50 多年。然而短短 50 年间，机器人从无到有，已经形成"百万大军"，成为人类社会的一个现实，并为经济发展和人类生活做出了重要贡献。

至今对机器人尚无统一的定义。本章介绍了国际上关于机器人的几种主要定义，并归纳出这些定义的共同点。

机器人具有通用性和适应性的特点，这是它获得广泛应用的重要基础。我们可以把一个机器人系统看作由机械手、环境、任务和控制器四个部分组成。

机器人的分类方法很多，我们分别按照机械手的几何结构、机器人的控制方式、机器人的信息输入方式、机器人的智能程度、机器人的用途以及机器人的移动性来讨论机器人的分类问题。

机器人学与人工智能有着十分密切的关系。机器人学的进一步发展需要人工智能基本原理和方法的指导；同时，机器人学的发展又为人工智能的发展带来新的生机，产生新的推动力，并提供了一个良好的试验平台和应用场所。

机器人学有着十分广阔的研究领域，涉及机器人视觉、语音识别技术、传感器与感知系统、驱动与控制、自动规划、计算机系统以及应用研究等。

机器人已在工业生产、海空探索、服务和军事等领域获得广泛应用。本章 1.4 节逐一介绍了工业机器人、探索机器人、服务机器人和军用机器人的应用情况。工业机器人正在汽车工业、机电工业和其他工业部门运行，为人类的物质生产建功立业。其中，以焊接机器人和装配机器人为两个最主要的应用领域。探索机器人除了恶劣工况下的特种机器人外，主要为空间机器人和水下机器人。服务机器人的发展前景也十分看好。服务机器人近年来发展很快，其数量已大大超过工业机器人，并呈逐年上升之势。军用机器人是把机器人技术用于军事目的的产物，是国力、经济实力、技术实力和军事实力竞争的聚焦点之一。

习　题

1.1　国内外机器人技术的发展有何特点？

1.2　请为工业机器人和智能机器人下个定义。

1.3　什么是机器人的自由度？试举出一两种你知道的机器人的自由度数，并说明为什么需要这个数目。

1.4　有哪几种机器人分类方法？是否还有其他的分类方法？

1.5　试编写一个工业机器人大事年表（从 1954 年起，必要时可查阅有关文献）。

1.6　机器人学与哪些学科有密切关系？机器人学及其发展将对这些学科产生什么影响？

1.7　试编写一个图表，说明现有工业机器人的主要应用领域（如点焊、装配等）及其所占百分比。

1.8 用一两句话定义下列术语：适应性、伺服控制、智能机器人、人工智能。

1.9 什么叫作"机器人三守则"？它的重要意义是什么？

1.10 人工智能与机器人学的关系是什么？有哪些人工智能技术已在机器人学上得到应用？哪些人工智能技术将在机器人学上获得应用？

1.11 服务机器人已经得到日益广泛的应用。你对服务机器人的发展与应用有何建议？

1.12 随着"智能制造"的逐步升级，工业机器人特别是智能机器人的应用受到了高度重视。你认为在制造业大量应用机器人应考虑和注意哪些问题？

1.13 试述国内外机器人学研究和应用的进展。

1.14 我国机器人学研究和应用有哪些亮点及短板？

1.15 工业机器人能够应用在什么领域？各举一例说明它的必要性与合理性。

1.16 你认为我国机器人的应用范围和发展前景如何？

1.17 试举出1到2个例子，说明应用工业机器人带来的好处。

1.18 服务机器人有哪些用武之地？试举个实例加以说明。

1.19 有哪几种探索机器人？它们的用途如何？

1.20 你对机器人用于军事目的有何看法？

1.21 试设计与开发一款简易机器人或机器人系统，并争取参加各级比赛，寻找应用的合作者。

第 2 章

数 理 基 础

机械手是机器人系统机械运动部分，它的执行机构是用来保证复杂空间运动的综合刚体，而且它自身也往往需要在机械加工或装配等过程中作为统一体进行运动。因此，需要一种描述单一刚体位移、速度和加速度以及动力学问题的有效而又方便的数学方法。本书将采用矩阵法来描述机器人机械手的运动学和动力学问题。这种数学描述是以四阶方阵变换三维空间点的齐次坐标为基础的，能够将运动、变换和映射与矩阵运算联系起来。

研究操作机器人的运动，不仅涉及机械手本身，而且涉及各物体间以及物体与机械手的关系。因此需要讨论的齐次坐标及其变换，用来表达这些关系。

2.1 位置和姿态的表示

需要用位置矢量、平面和坐标系等概念来描述物体（如零件、工具或机械手）间的关系。首先，让我们来建立这些概念及其表示法。

2.1.1 位置描述

一旦建立了一个坐标系，就能够用某个 3×1 位置矢量来确定该空间内任一点的位置。对于直角坐标系 $\{\boldsymbol{A}\}$，空间任一点 p 的位置可用 3×1 的列矢量 $^A\boldsymbol{p}$

$$^A\boldsymbol{p} = \begin{bmatrix} p_x \\ p_y \\ p_z \end{bmatrix} \qquad (2.1)$$

表示。其中，p_x，p_y，p_z 是点 p 在坐标系 $\{\boldsymbol{A}\}$ 中的三个坐标分量。$^A\boldsymbol{p}$ 的上标 A 代表参考坐标系 $\{\boldsymbol{A}\}$。我们称 $^A\boldsymbol{p}$ 为位置矢量，见图 2-1。

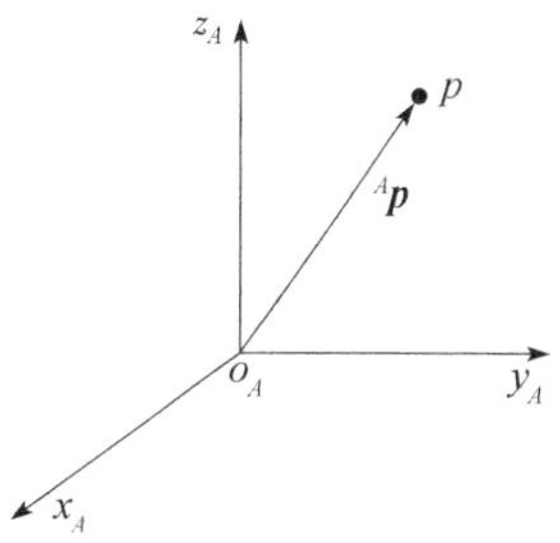

图 2-1 位置表示

2.1.2 方位描述

研究机器人的运动与操作，往往不仅要表示空间某个点的位置，而且需要表示物体的方位(orientation)。物体的方位可由某个固接于此物体的坐标系描述。为了规定空间某刚体 B 的方位,设置一直角坐标系 $\{B\}$ 与此刚体固接。用坐标系 $\{B\}$ 的三个单位主矢量 x_B,y_B,z_B 相对于参考坐标系 $\{A\}$ 的方向余弦组成的 3×3 矩阵。

$$_B^A R = \begin{bmatrix} ^A x_B & ^A y_B & ^A z_B \end{bmatrix} = \begin{bmatrix} r_{11} & r_{12} & r_{13} \\ r_{21} & r_{22} & r_{23} \\ r_{31} & r_{32} & r_{33} \end{bmatrix} \tag{2.2}$$

来表示刚体 B 相对于坐标系 $\{A\}$ 的方位。$_B^A R$ 称为旋转矩阵。式中,上标 A 代表参考坐标系 $\{A\}$,下标 B 代表被描述的坐标系 $\{B\}$。$_B^A R$ 共有 9 个元素,但只有 3 个是独立的。由于 $_B^A R$ 的三个列矢量 $^A x_B$,$^A y_B$ 和 $^A z_B$ 都是单位矢量,且双双相互垂直,因而它的 9 个元素满足 6 个约束条件(正交条件):

$$^A x_B \cdot {}^A x_B = {}^A y_B \cdot {}^A y_B = {}^A z_B \cdot {}^A z_B = 1 \tag{2.3}$$

$$^A x_B \cdot {}^A y_B = {}^A y_B \cdot {}^A z_B = {}^A z_B \cdot {}^A x_B = 0 \tag{2.4}$$

可见,旋转矩阵 $_B^A R$ 是正交的,并且满足条件

$$_B^A R^{-1} = {}_B^A R^T; \quad |{}_B^A R| = 1 \tag{2.5}$$

式中,上标 T 表示转置;$|\cdot|$ 为行列式符号。

对应于轴 x,y 或 z 作转角为 θ 的旋转变换,其旋转矩阵分别为:

$$R(x,\theta) = \begin{bmatrix} 1 & 0 & 0 \\ 0 & c\theta & -s\theta \\ 0 & s\theta & c\theta \end{bmatrix} \tag{2.6}$$

$$R(y,\theta) = \begin{bmatrix} c\theta & 0 & s\theta \\ 0 & 1 & 0 \\ -s\theta & 0 & c\theta \end{bmatrix} \tag{2.7}$$

$$R(z,\theta) = \begin{bmatrix} c\theta & -s\theta & 0 \\ s\theta & c\theta & 0 \\ 0 & 0 & 1 \end{bmatrix} \tag{2.8}$$

式中,s 表示 sin,c 表示 cos。以后将一律采用此约定。

图 2-2 表示一物体(这里为抓手)的方位。此物体与坐标系 $\{B\}$ 固接,并相对于参考坐标系 $\{A\}$ 运动。

2.1.3 位姿描述

上面我们已经讨论了采用位置矢量描述点的位置,而用旋转矩阵描述物体的方位。要完全描述刚体 B 在空间的位姿(位置和姿态),通常将物体 B 与某一坐标系 $\{B\}$ 相固接。$\{B\}$ 的坐标原点一般选在物体 B 的特征点上,如质心等。相对参

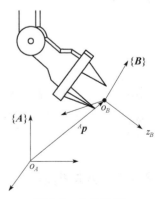

图 2-2　方位表示

考系$\{A\}$，坐标系$\{B\}$的原点位置和坐标轴的方位，分别由位置矢量$^A\boldsymbol{p}_{B_0}$和旋转矩阵^A_BR描述。这样，刚体$\boldsymbol{B}$的位姿可由坐标系$\{B\}$来描述，即有

$$\{\boldsymbol{B}\} = \{{}^A_BR \quad {}^A\boldsymbol{p}_{B_0}\} \tag{2.9}$$

当表示位置时，式(2.9)中的旋转矩阵$^A_BR=I$（单位矩阵）；当表示方位时，式(2.9)中的位置矢量$^A\boldsymbol{p}_{B_0}=0$。

2.2 坐标变换

空间中任意点$\boldsymbol{p}$在不同坐标系中的描述是不同的。为了阐明从一个坐标系的描述到另一个坐标系的描述关系，需要讨论这种变换的数学问题。

2.2.1 平移坐标变换

设坐标系$\{B\}$与$\{A\}$具有相同的方位，但$\{B\}$坐标系的原点与$\{A\}$的原点不重合。用位置矢量$^A\boldsymbol{p}_{B_0}$描述它相对于$\{A\}$的位置，如图 2-3 所示。称$^A\boldsymbol{p}_{B_0}$为$\{B\}$相对于$\{A\}$的平移矢量。如果点p在坐标系$\{B\}$中的位置为$^B\boldsymbol{p}$，那么它相对于坐标系$\{A\}$的位置矢量$^A\boldsymbol{p}$可由矢量相加得出，即

$$^A\boldsymbol{p} = {}^B\boldsymbol{p} + {}^A\boldsymbol{p}_{B_0} \tag{2.10}$$

上式称为坐标平移方程。

2.2.2 旋转坐标变换

设坐标系$\{B\}$与$\{A\}$有共同的坐标原点，但两者的方位不同，如图 2-4 所示。用旋转矩阵^A_BR描述$\{B\}$相对于$\{A\}$的方位。同一点p在两个坐标系$\{A\}$和$\{B\}$中的描述$^A\boldsymbol{p}$和$^B\boldsymbol{p}$具有如下变换关系：

$$^A\boldsymbol{p} = {}^A_BR\,{}^B\boldsymbol{p} \tag{2.11}$$

上式称为坐标旋转方程。

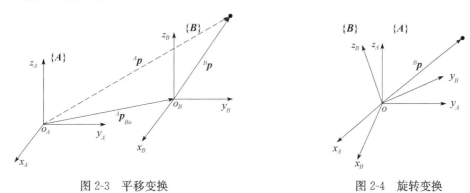

图 2-3　平移变换　　　　　　图 2-4　旋转变换

我们可以类似地用^B_AR描述坐标系$\{A\}$相对于$\{B\}$的方位。^B_AR和^A_BR都是正交矩阵，两

者互逆。根据正交矩阵的性质(2.5)可得:

$$\begin{matrix} R \\ A \end{matrix}R = \begin{matrix} A \\ B \end{matrix}R^{-1} = \begin{matrix} A \\ B \end{matrix}R^{\mathrm{T}}\tag{2.12}$$

对于最一般的情形:坐标系$\{B\}$的原点与$\{A\}$的原点既不重合,$\{B\}$的方位与 $\{A\}$ 的方位也不相同。用位置矢量$^A\boldsymbol{p}_{Bo}$描述$\{B\}$的坐标原点相对于 $\{A\}$ 的位置;用旋转矩阵^A_BR描述$\{B\}$相对于$\{A\}$的方位,如图 2-5 所示。对于任一点 p 在两坐标系$\{A\}$和$\{B\}$中的描述$^A\boldsymbol{p}$ 和$^B\boldsymbol{p}$ 具有以下变换关系:

$$^A\boldsymbol{p} = {}^A_BR{}^B\boldsymbol{p} + {}^A\boldsymbol{p}_{Bo}\tag{2.13}$$

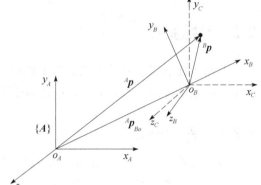

可把上式看成坐标旋转和坐标平移的复合变换。实际上,规定一个过渡坐标系$\{C\}$,使$\{C\}$的坐标原点与$\{B\}$的原点重合,而$\{C\}$的方位与$\{A\}$的相同。据式(2.11)可得向过渡坐标系的变换:

$$^C\boldsymbol{p} = {}^C_BR{}^B\boldsymbol{p} = {}^A_BR{}^B\boldsymbol{p}$$

再由式(2.10),可得复合变换:

$$^A\boldsymbol{p} = {}^C\boldsymbol{p} + {}^A\boldsymbol{p}_{Co} = {}^A_BR{}^B\boldsymbol{p} + {}^A\boldsymbol{p}_{Bo}$$

图 2-5 复合变换

例 2.1 已知坐标系$\{B\}$的初始位姿与$\{A\}$重合,首先$\{B\}$相对于坐标系$\{A\}$的 z_A 轴转30°,再沿$\{A\}$的 x_A 轴移动 12 单位,并沿$\{A\}$的 y_A 轴移动 6 单位。求位置矢量$^A\boldsymbol{p}_{Bo}$和旋转矩阵^A_BR。假设点 p 在坐标系$\{B\}$的描述为$^B\boldsymbol{p} = [3,7,0]^{\mathrm{T}}$,求它在坐标系$\{A\}$中的描述$^A\boldsymbol{p}$。

据式(2.8)式(2.1),可得^A_BR 和$^A\boldsymbol{p}_{Bo}$分别为:

$$^A_BR = R(z,30°) = \begin{bmatrix} c30° & -s30° & 0 \\ s30° & c30° & 0 \\ 0 & 0 & 1 \end{bmatrix} = \begin{bmatrix} 0.866 & -0.5 & 0 \\ 0.5 & 0.866 & 0 \\ 0 & 0 & 1 \end{bmatrix}; \quad {}^A\boldsymbol{p}_{Bo} = \begin{bmatrix} 12 \\ 6 \\ 0 \end{bmatrix}$$

由式(2.13),则得:

$$^A\boldsymbol{p} = {}^A_BR{}^B\boldsymbol{p} + {}^A\boldsymbol{p}_{Bo} = \begin{bmatrix} -0.902 \\ 7.562 \\ 0 \end{bmatrix} + \begin{bmatrix} 12 \\ 6 \\ 0 \end{bmatrix} = \begin{bmatrix} 11.098 \\ 13.562 \\ 0 \end{bmatrix} \qquad ∎$$

2.3 齐次坐标变换

已知一直角坐标系中的某点坐标,那么该点在另一直角坐标系中的坐标可通过齐次坐标变换求得。

2.3.1 齐次变换

变换式(2.13)对于点$^B p$ 而言是非齐次的,但是可以将其表示成等价的齐次变换形式:

$$\begin{bmatrix} {}^{A}\boldsymbol{p} \\ 1 \end{bmatrix} = \begin{bmatrix} {}^{A}_{B}R & {}^{A}\boldsymbol{p}_{B_0} \\ 0 & 1 \end{bmatrix} = \begin{bmatrix} {}^{B}\boldsymbol{p} \\ 1 \end{bmatrix} \tag{2.14}$$

其中，4×1 的列向量表示三维空间的点，称为点的齐次坐标，仍然记为${}^{A}\boldsymbol{p}$ 或${}^{B}\boldsymbol{p}$。可把上式写成矩阵形式：

$$^{A}\boldsymbol{p} = {}^{A}_{B}T\,{}^{B}\boldsymbol{p} \tag{2.15}$$

式中，齐次坐标${}^{A}\boldsymbol{p}$ 和${}^{B}\boldsymbol{p}$ 是 4×1 的列矢量，与式(2.13)中的维数不同，加入了第 4 个元素 1。齐次变换矩阵${}^{A}_{B}T$ 是 4×4 的方阵，具有如下形式：

$$^{A}_{B}T = \begin{bmatrix} {}^{A}_{B}R & {}^{A}\boldsymbol{p}_{B_0} \\ 0 & 1 \end{bmatrix} \tag{2.16}$$

${}^{A}_{B}T$ 综合地表示了平移变换和旋转变换。变换式(2.13)和式(2.14)是等价的，实质上，式(2.14)可写成：

$$^{A}\boldsymbol{p} = {}^{A}_{B}R\,{}^{B}\boldsymbol{p} + {}^{A}\boldsymbol{p}_{B_0}; \quad 1 = 1$$

位置矢量${}^{A}\boldsymbol{p}$ 和${}^{B}\boldsymbol{p}$ 到底是 3×1 的直角坐标还是 4×1 的齐次坐标，要根据上下文关系而定。

例 2.2 试用齐次变换方法求解例 2.1 中的${}^{A}\boldsymbol{p}$。

由例 2.1 求得的旋转矩阵${}^{A}_{B}R$ 和位置矢量${}^{A}\boldsymbol{p}_{B_0}$，可以得到齐次变换矩阵：

$$^{A}_{B}T = \begin{bmatrix} {}^{A}_{B}R & {}^{A}\boldsymbol{p}_{B_0} \\ 0 & 1 \end{bmatrix} = \begin{bmatrix} 0.866 & -0.5 & 0 & 12 \\ 0.5 & 0.866 & 0 & 6 \\ 0 & 0 & 1 & 0 \\ 0 & 0 & 0 & 1 \end{bmatrix}$$

代入齐次变换式(2.15)得：

$$^{A}\boldsymbol{p} = \begin{bmatrix} 0.866 & -0.5 & 0 & 12 \\ 0.5 & 0.866 & 0 & 6 \\ 0 & 0 & 1 & 0 \\ 0 & 0 & 0 & 1 \end{bmatrix} \begin{bmatrix} 3 \\ 7 \\ 0 \\ 1 \end{bmatrix} = \begin{bmatrix} 11.098 \\ 13.562 \\ 0 \\ 1 \end{bmatrix}$$

即为用齐次坐标描述的点 p 的位置。

至此，我们可得空间某点 p 的直角坐标描述和齐次坐标描述分别为：

$$p = \begin{bmatrix} x \\ y \\ z \end{bmatrix} = \begin{bmatrix} x \\ y \\ z \\ 1 \end{bmatrix} = \begin{bmatrix} wx \\ wy \\ wz \\ w \end{bmatrix}$$

式中，w 为非零常数，是一坐标比例系数。　　　　　　　　　　　■

坐标原点的矢量，即零矢量表示为$[0,0,0,1]^{\mathrm{T}}$。矢量$[0,0,0,1]^{\mathrm{T}}$ 是没有定义的。具有形如$[a,b,c,0]^{\mathrm{T}}$ 的矢量表示无限远矢量，用来表示方向，即用$[1,0,0,0]$，$[0,1,0,0]$，$[0,0,1,0]$ 分别表示 x，y 和 z 轴的方向。

我们规定两矢量 a 和 b 的点积：

$$a \cdot b = a_x b_x + a_y b_y + a_z b_z \tag{2.17}$$

为一标量，而两矢量的交积(向量积)为另一个与此两相乘矢量所决定的平面垂直的矢量：

$$a \times b = (a_y b_z - a_z b_y)i + (a_z b_x - a_x b_z)j + (a_x b_y - a_y b_x)k \tag{2.18}$$

或者用下列行列式来表示：

$$a \times b = \begin{vmatrix} i & j & k \\ a_x & a_y & a_z \\ b_x & b_y & b_z \end{vmatrix} \tag{2.19}$$

2.3.2 平移齐次坐标变换

空间某点由矢量 $ai + bj + ck$ 描述。其中，i，j，k 为轴 x，y，z 上的单位矢量。此点可用平移齐次交换表示为：

$$\text{Trans}(a,b,c) = \begin{bmatrix} 1 & 0 & 0 & a \\ 0 & 1 & 0 & b \\ 0 & 0 & 1 & c \\ 0 & 0 & 0 & 1 \end{bmatrix} \tag{2.20}$$

其中，Trans 表示平移变换。

对已知矢量 $u = [x,y,z,w]^{\text{T}}$ 进行平移变换所得的矢量 v 为：

$$v = \begin{bmatrix} 1 & 0 & 0 & a \\ 0 & 1 & 0 & b \\ 0 & 0 & 1 & c \\ 0 & 0 & 0 & 1 \end{bmatrix} \begin{bmatrix} x \\ y \\ z \\ w \end{bmatrix} = \begin{bmatrix} x + aw \\ y + bw \\ z + cw \\ w \end{bmatrix} = \begin{bmatrix} x/w + a \\ y/w + b \\ z/w + c \\ 1 \end{bmatrix} \tag{2.21}$$

即可把此变换看作矢量 $(x/w)i + (y/w)j + (z/w)k$ 与矢量 $ai + bj + ck$ 之和。

用非零常数乘以变换矩阵的每个元素，不改变该变换矩阵的特性。

例2.3 作为例子，让我们考虑矢量 $2i + 3j + 2k$ 被矢量 $4i - 3j + 7k$ 平移变换得到的新的点矢量：

$$\begin{bmatrix} 1 & 0 & 0 & 4 \\ 0 & 1 & 0 & -3 \\ 0 & 0 & 1 & 7 \\ 0 & 0 & 0 & 1 \end{bmatrix} \begin{bmatrix} 2 \\ 3 \\ 2 \\ 1 \end{bmatrix} = \begin{bmatrix} 6 \\ 0 \\ 9 \\ 1 \end{bmatrix}$$

如果用 -5 乘以此变换矩阵，用 2 乘以被平移变换的矢量，则得：

$$\begin{bmatrix} -5 & 0 & 0 & -20 \\ 0 & -5 & 0 & 15 \\ 0 & 0 & -5 & -35 \\ 0 & 0 & 0 & -5 \end{bmatrix} \begin{bmatrix} 4 \\ 6 \\ 4 \\ 2 \end{bmatrix} = \begin{bmatrix} -60 \\ 0 \\ -90 \\ -10 \end{bmatrix}$$

它与矢量 $[6,0,9,1]^{\text{T}}$ 相对应，与乘以常数前的点矢量一样。 ■

2.3.3　旋转齐次坐标变换

对应于轴 x，y 或 z 作转角为 θ 的旋转变换，分别可得：

$$\text{Rot}(x,\theta) = \begin{bmatrix} 1 & 0 & 0 & 0 \\ 0 & c\theta & -s\theta & 0 \\ 0 & s\theta & c\theta & 0 \\ 0 & 0 & 0 & 1 \end{bmatrix} \tag{2.22}$$

$$\text{Rot}(y,\theta) = \begin{bmatrix} c\theta & 0 & s\theta & 0 \\ 0 & 1 & 0 & 0 \\ -s\theta & 0 & c\theta & 0 \\ 0 & 0 & 0 & 1 \end{bmatrix} \tag{2.23}$$

$$\text{Rot}(z,\theta) = \begin{bmatrix} c\theta & -s\theta & 0 & 0 \\ s\theta & c\theta & 0 & 0 \\ 0 & 0 & 1 & 0 \\ 0 & 0 & 0 & 1 \end{bmatrix} \tag{2.24}$$

式中，Rot 表示旋转变换。下面我们举例说明这种旋转变换。

例 2.4 已知点 $u=7i+3j+2k$，对它进行绕轴 z 旋转 90°的变换后可得：

$$v = \begin{bmatrix} 0 & -1 & 0 & 0 \\ 1 & 0 & 0 & 0 \\ 0 & 0 & 1 & 0 \\ 0 & 0 & 0 & 1 \end{bmatrix} \begin{bmatrix} 7 \\ 3 \\ 2 \\ 1 \end{bmatrix} = \begin{bmatrix} -3 \\ 7 \\ 2 \\ 1 \end{bmatrix}$$

图 2-6a 表示旋转变换前后点矢量在坐标系中的位置。从图 2-6 可见，点 u 绕 z 轴旋转 90°至点 v。如果点 v 绕 y 轴旋转 90°，即得点 w，这一变换也可从图 2-6a 看出，并可由式(2.23)求出：

$$w = \begin{bmatrix} 0 & 0 & 1 & 0 \\ 0 & 1 & 0 & 0 \\ -1 & 0 & 0 & 0 \\ 0 & 0 & 0 & 1 \end{bmatrix} \begin{bmatrix} -3 \\ 7 \\ 2 \\ 1 \end{bmatrix} = \begin{bmatrix} 2 \\ 7 \\ 3 \\ 1 \end{bmatrix}$$

如果把上述两个旋转变换 $v=\text{Rot}(z, 90)u$ 与 $w=\text{Rot}(y, 90)v$ 组合在一起，那么可得下式：

$$w = \text{Rot}(y,90)\text{Rot}(z,90)u \tag{2.25}$$

因为

$$\text{Rot}(y,90)\text{Rot}(z,90) = \begin{bmatrix} 0 & 0 & 1 & 0 \\ 1 & 0 & 0 & 0 \\ 0 & 1 & 0 & 0 \\ 0 & 0 & 0 & 1 \end{bmatrix} \tag{2.26}$$

所以可得:

$$
w = \begin{bmatrix} 0 & 0 & 1 & 0 \\ 1 & 0 & 0 & 0 \\ 0 & 1 & 0 & 0 \\ 0 & 0 & 0 & 1 \end{bmatrix} \begin{bmatrix} 7 \\ 3 \\ 2 \\ 1 \end{bmatrix} = \begin{bmatrix} 2 \\ 7 \\ 3 \\ 1 \end{bmatrix}
$$

所得结果与前一样。

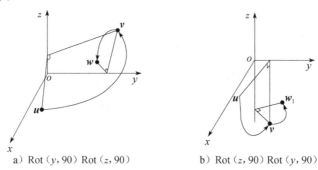

a) Rot $(y, 90)$ Rot $(z, 90)$ b) Rot $(z, 90)$ Rot $(y, 90)$

图 2-6   旋转次序对变换结果的影响

如果改变旋转次序,首先使 u 绕 y 轴旋转 $90°$,那么就会使 u 变换至与 w 不同的位置 w_1,见图 2-6b。从计算也可得出 $w_1 \neq w$ 的结果。这个结果是必然的,因为矩阵的乘法不具有交换性质,即 $AB \neq BA$。变换矩阵的左乘和右乘的运动解释是不同的:变换顺序"从右向左",指明运动是相对固定坐标系而言的;变换顺序"从左向右",指明运动是相对运动坐标系而言的。 ■

例 2.5 下面举例说明把旋转变换与平移变换结合起来的情况。如果在图 2-6a 旋转变换的基础上,再进行平移变换 $4i - 3j + 7k$,那么据式(2.20)和式(2.26)可求得:

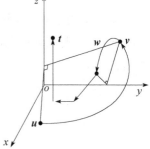

$$
\text{Trans}(4, -3, 7) \text{Rot}(y, 90) \text{Rot}(z, 90) = \begin{bmatrix} 0 & 0 & 1 & 4 \\ 1 & 0 & 0 & -3 \\ 0 & 1 & 0 & 7 \\ 0 & 0 & 0 & 1 \end{bmatrix}
$$

于是有:

$t = \text{Trans}(4, -3, 7) \text{Rot}(y, 90) \text{Rot}(z, 90) u = [6, 4, 10, 1]^T$

这一变换结果如图 2-7 所示。 ■

图 2-7   平移变换与旋转变换的组合

2.4   物体的变换及逆变换

2.4.1   物体位置描述

可以用描述空间一点的变换方法来描述物体在空间的位置和方向。例如,图 2-8a 所示物体可由固定该物体的坐标系内的六个点来表示。

如果首先让物体绕 z 轴旋转 $90°$，接着绕 y 轴旋转 $90°$，再沿 x 轴方向平移 4 个单位，那么，可用下式描述这一变换：

$$T = \text{Trans}(4,0,0)\text{Rot}(y,90)\text{Rot}(z,90) = \begin{bmatrix} 0 & 0 & 1 & 4 \\ 1 & 0 & 0 & 0 \\ 0 & 1 & 0 & 0 \\ 0 & 0 & 0 & 1 \end{bmatrix}$$

这个变换矩阵表示对原参考坐标系重合的坐标系进行旋转和平移操作。

可对上述楔形物体的六个点变换如下：

$$\begin{bmatrix} 0 & 0 & 1 & 4 \\ 1 & 0 & 0 & 0 \\ 0 & 1 & 0 & 0 \\ 0 & 0 & 0 & 1 \end{bmatrix} \begin{bmatrix} 1 & -1 & -1 & 1 & 1 & -1 \\ 0 & 0 & 0 & 0 & 4 & 4 \\ 0 & 0 & 2 & 2 & 0 & 0 \\ 1 & 1 & 1 & 1 & 1 & 1 \end{bmatrix} = \begin{bmatrix} 4 & 4 & 6 & 6 & 4 & 4 \\ 1 & -1 & -1 & 1 & 1 & -1 \\ 0 & 0 & 0 & 0 & 4 & 4 \\ 1 & 1 & 1 & 1 & 1 & 1 \end{bmatrix}$$

变换结果见图 2-8b。由此图可见，这个用数字描述的物体与描述其位置和方向的坐标系具有确定的关系。

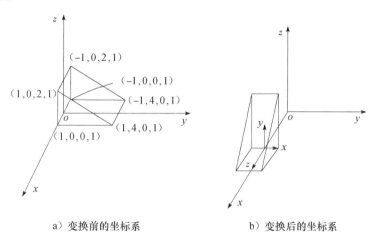

a）变换前的坐标系　　　　　　　　b）变换后的坐标系

图 2-8　对楔形物体的变换

2.4.2　齐次变换的逆变换

给定坐标系 $\{A\}$，$\{B\}$ 和 $\{C\}$，若已知 $\{B\}$ 相对 $\{A\}$ 的描述为 $_{B}^{A}T$，$\{C\}$ 相对 $\{B\}$ 的描述为 $_{C}^{B}T$，则：

$$^{B}\boldsymbol{p} = {}_{C}^{B}T{}^{C}\boldsymbol{p} \tag{2.27}$$

$$^{A}\boldsymbol{p} = {}_{B}^{A}\boldsymbol{T}{}^{B}\boldsymbol{p} = {}_{B}^{A}\boldsymbol{T}{}_{C}^{B}T{}^{C}\boldsymbol{p} \tag{2.28}$$

定义复合变换：

$$_{C}^{A}\boldsymbol{T} = {}_{B}^{A}\boldsymbol{T}{}_{C}^{B}T \tag{2.29}$$

表示$\{C\}$相对于$\{A\}$的描述。据式(2.16)可得：

$$_{C}^{A}\boldsymbol{T} =\,_{B}^{A}\boldsymbol{T}_{C}^{B}\boldsymbol{T} = \left[\begin{array}{c|c} _{B}^{A}\boldsymbol{R} & ^{A}\boldsymbol{p}_{B_{0}} \\ \hline 0 & 1 \end{array} \right] \left[\begin{array}{c|c} _{C}^{B}\boldsymbol{R} & ^{B}\boldsymbol{p}_{C_{0}} \\ \hline 0 & 1 \end{array} \right] = \left[\begin{array}{c|c} _{B}^{A}\boldsymbol{R}_{C}^{B}\boldsymbol{R} & _{B}^{A}\boldsymbol{R}^{B}\boldsymbol{p}_{C_{0}} +\,^{A}\boldsymbol{p}_{B_{0}} \\ \hline 0 & 1 \end{array} \right] \tag{2.30}$$

从坐标系$\{B\}$相对坐标系$\{A\}$的描述$_{B}^{A}\boldsymbol{T}$，求得$\{A\}$相对于$\{B\}$的描述$_{A}^{B}\boldsymbol{T}$，是齐次变换求逆问题。一种求解方法是直接对4×4的齐次变换矩阵$_{B}^{A}\boldsymbol{T}$求逆；另一种是利用齐次变换矩阵的特点，简化矩阵求逆运算。下面首先讨论变换矩阵求逆方法。

对于给定的$_{B}^{A}\boldsymbol{T}$，求$_{A}^{B}\boldsymbol{T}$，等价于给定$_{B}^{A}\boldsymbol{R}$和$^{A}\boldsymbol{p}_{B_{0}}$，计算$_{A}^{B}\boldsymbol{R}$和$^{B}\boldsymbol{p}_{A_{0}}$。利用旋转矩阵的正交性，可得：

$$_{A}^{B}\boldsymbol{R} =\,_{B}^{A}\boldsymbol{R}^{-1} =\,_{B}^{A}\boldsymbol{R}^{\mathrm{T}} \tag{2.31}$$

再据式(2.13)，求原点$^{A}\boldsymbol{p}_{B_{0}}$在坐标系$\{B\}$中的描述：

$$^{B}(^{A}\boldsymbol{p}_{B_{0}}) = (_{A}^{B}\boldsymbol{R})(^{A}\boldsymbol{p}_{B_{0}}) +\,^{B}\boldsymbol{p}_{A_{0}} \tag{2.32}$$

$^{B}(^{A}\boldsymbol{p}_{B_{0}})$表示$\{B\}$的原点相对于$\{B\}$的描述，为$0$矢量，因而上式为$0$，可得：

$$^{B}\boldsymbol{p}_{A0} = (-_{A}^{B}\boldsymbol{R})(^{A}\boldsymbol{p}_{B0}) = (-_{B}^{A}\boldsymbol{R})(^{\mathrm{TA}}\boldsymbol{p}_{B0}) \tag{2.33}$$

综上分析，并据式(2.31)和式(2.33)经推算可得：

$$_{A}^{B}\boldsymbol{T} = \left[\begin{array}{c|c} _{B}^{A}\boldsymbol{R}^{\mathrm{T}} & (-_{B}^{A}\boldsymbol{R})(^{\mathrm{TA}}\boldsymbol{p}_{B_{0}}) \\ \hline 0 & 1 \end{array} \right] \tag{2.34}$$

式中，$_{A}^{B}\boldsymbol{T} =\,_{B}^{A}\boldsymbol{T}^{-1}$。式(2.34)提供了一种求解齐次变换逆矩阵的简便方法。

下面讨论直接对4×4齐次变换矩阵的求逆方法。

实际上，逆变换是由被变换了的坐标系变回为原坐标系的一种变换，也就是参考坐标系对于被变换了的坐标系的描述。图2-8b所示物体，其参考坐标系相对于被变换了的坐标系来说，坐标轴x，y和z分别为$[0,0,1,0]^{\mathrm{T}}$，$[1,0,0,0]^{\mathrm{T}}$和$[0,1,0,0]^{\mathrm{T}}$，而其原点为$[0,0,-4,1]^{\mathrm{T}}$。于是，可得逆变换为：

$$T^{-1} = \begin{bmatrix} 0 & 1 & 0 & 0 \\ 0 & 0 & 1 & 0 \\ 1 & 0 & 0 & -4 \\ 0 & 0 & 0 & 1 \end{bmatrix}$$

用变换T乘此逆变换而得到单位变换，就能够证明此逆变换确是变换T的逆变换：

$$T^{-1}T = \begin{bmatrix} 0 & 1 & 0 & 0 \\ 0 & 0 & 1 & 0 \\ 1 & 0 & 0 & -4 \\ 0 & 0 & 0 & 1 \end{bmatrix} \begin{bmatrix} 0 & 0 & 1 & 4 \\ 1 & 0 & 0 & 0 \\ 0 & 1 & 0 & 0 \\ 0 & 0 & 0 & 1 \end{bmatrix} = \begin{bmatrix} 1 & 0 & 0 & 0 \\ 0 & 1 & 0 & 0 \\ 0 & 0 & 1 & 0 \\ 0 & 0 & 0 & 1 \end{bmatrix}$$

一般情况下，已知变换T的各元：

$$T = \begin{bmatrix} n_{x} & o_{x} & a_{x} & p_{x} \\ n_{y} & o_{y} & a_{y} & p_{y} \\ n_{z} & o_{z} & a_{z} & p_{z} \\ 0 & 0 & 0 & 1 \end{bmatrix} \tag{2.35}$$

则其逆变换为：

$$T^{-1} = \begin{bmatrix} n_x & n_y & n_z & -\boldsymbol{p} \cdot \boldsymbol{n} \\ o_x & o_y & o_z & -\boldsymbol{p} \cdot \boldsymbol{o} \\ a_x & a_y & a_z & -\boldsymbol{p} \cdot \boldsymbol{a} \\ 0 & 0 & 0 & 1 \end{bmatrix} \tag{2.36}$$

式中，"·"表示矢量的点乘，$\boldsymbol{p}$、$\boldsymbol{n}$、$\boldsymbol{o}$ 和 $\boldsymbol{a}$ 是四个列矢量，分别称为原点矢量、法线矢量、方向矢量和接近矢量。在第 3 章中将结合机器人的夹手进一步说明这些矢量。由式(2.36)右乘式(2.35)不难证明这一结果的正确性。

2.4.3 变换方程初步

必须建立机器人各连杆之间，机器人与周围环境之间的运动关系，用于描述机器人的操作。要规定各种坐标系来描述机器人与环境的相对位姿关系。在图 2-9a 中，$\{\boldsymbol{B}\}$ 代表基坐标系，$\{\boldsymbol{T}\}$ 是工具系，$\{\boldsymbol{S}\}$ 是工作站系，$\{\boldsymbol{G}\}$ 是目标系，它们之间的位姿关系可用相应的齐次变换来描述：

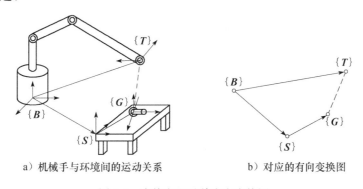

a）机械手与环境间的运动关系　　　　　b）对应的有向变换图

图 2-9　变换方程及其有向变换图

^B_ST 表示工作站系 $\{\boldsymbol{S}\}$ 相对于基坐标系 $\{\boldsymbol{B}\}$ 的位姿；^S_GT 表示目标系 $\{\boldsymbol{G}\}$ 相对于 $\{\boldsymbol{S}\}$ 的位姿；^B_TT 表示工具系 $\{\boldsymbol{T}\}$ 相对于基坐标系 $\{\boldsymbol{B}\}$ 的位姿。

对物体进行操作时，工具系 $\{\boldsymbol{T}\}$ 相对目标系 $\{\boldsymbol{G}\}$ 的位姿 ^G_TT 直接影响操作效果。它是机器人控制和规划的目标，它与其他变换之间的关系可用空间尺寸链(有向变换图)来表示，如图 2-9b 所示。工具系 $\{\boldsymbol{T}\}$ 相对于基坐标系 $\{\boldsymbol{B}\}$ 的描述可用下列变换矩阵的乘积来表示：

$$^B_TT = {}^B_ST {}^S_GT {}^G_TT \tag{2.37}$$

建立起这样的矩阵变换方程后，当上述矩阵变换中只有一个变换未知时，就可以将这一未知的变换表示为其他已知变换的乘积的形式。对于图 2-9 所示的场景，如要求目标系 $\{\boldsymbol{G}\}$ 相对于工具系 $\{\boldsymbol{T}\}$ 的位姿 ^T_GT，则可在式(2.37)两边同时左乘 ^B_TT 的逆变换 $^B_TT^{-1}$，以及同时右乘 ^G_TT，得到：

$$^T_GT = {}^B_TT^{-1} {}^B_ST {}^S_GT \tag{2.38}$$

2.5 通用旋转变换

我们已经在前面研究了绕轴 x，y 和 z 旋转的旋转变换矩阵。现在来研究最一般的情况，即研究某个绕着从原点出发的任一矢量（轴）f 旋转 θ 角时的旋转矩阵。

2.5.1 通用旋转变换公式

设想 f 为坐标系 $\{C\}$ 的 z 轴上的单位矢量，即：

$$C = \begin{bmatrix} n_x & o_x & a_x & 0 \\ n_y & o_y & a_y & 0 \\ n_z & o_z & a_z & 0 \\ 0 & 0 & 0 & 1 \end{bmatrix} \tag{2.39}$$

$$f = a_x\boldsymbol{i} + a_y\boldsymbol{j} + a_z\boldsymbol{k} \tag{2.40}$$

于是，绕矢量 f 旋转等价于绕坐标系 $\{C\}$ 的 z 轴旋转，即有：

$$\text{Rot}(\boldsymbol{f},\theta) = \text{Rot}(c_z,\theta) \tag{2.41}$$

如果已知以参考坐标描述的坐标系 $\{T\}$，那么能够求得以坐标系 $\{C\}$ 描述的另一坐标系 $\{S\}$，因为

$$T = CS \tag{2.42}$$

式中，S 表示 T 相对于坐标系 $\{C\}$ 的位置。对 S 求解得：

$$S = C^{-1}T \tag{2.43}$$

T 绕 f 旋转等价于 S 绕坐标系 $\{C\}$ 的 z 轴旋转：

$$\text{Rot}(\boldsymbol{f},\theta)T = C\text{Rot}(z,\theta)S$$

$$\text{Rot}(\boldsymbol{f},\theta)T = C\text{Rot}(z,\theta)C^{-1}T$$

于是可得：

$$\text{Rot}(\boldsymbol{f},\theta) = C\text{Rot}(z,\theta)C^{-1} \tag{2.44}$$

因为 f 为坐标系 $\{C\}$ 的 z 轴，所以对式(2.44)加以扩展可以发现 $C\text{Rot}(z,\theta)C^{-1}$ 仅仅是 f 的函数，因为

$$C\text{Rot}(z,\theta)C^{-1} = \begin{bmatrix} n_x & o_x & a_x & 0 \\ n_y & o_y & a_y & 0 \\ n_z & o_z & a_z & 0 \\ 0 & 0 & 0 & 1 \end{bmatrix} \begin{bmatrix} c\theta & -s\theta & 0 & 0 \\ s\theta & c\theta & 0 & 0 \\ 0 & 0 & 1 & 0 \\ 0 & 0 & 0 & 1 \end{bmatrix} \begin{bmatrix} n_x & n_y & n_z & 0 \\ o_x & o_y & o_z & 0 \\ a_x & a_y & a_z & 0 \\ 0 & 0 & 0 & 1 \end{bmatrix}$$

$$= \begin{bmatrix} n_x & o_x & a_x & 0 \\ n_y & o_y & a_y & 0 \\ n_z & o_z & a_z & 0 \\ 0 & 0 & 0 & 1 \end{bmatrix} \begin{bmatrix} n_xc\theta - o_xs\theta & n_yc\theta - o_ys\theta & n_zc\theta - o_zs\theta & 0 \\ n_xs\theta + o_xc\theta & n_ys\theta + o_yc\theta & n_zs\theta + o_zc\theta & 0 \\ a_x & a_y & a_z & 0 \\ 0 & 0 & 0 & 1 \end{bmatrix}$$

$$
=\left[\begin{array}{cc}
n_xn_xc\theta-n_xo_xs\theta+n_xo_xs\theta+o_xo_xc\theta+a_xa_x & n_xn_yc\theta-n_xo_ys\theta+n_yo_xs\theta+o_yo_xc\theta+a_xa_y \\
n_yn_xc\theta-n_yo_xs\theta+n_xo_ys\theta+o_yo_xc\theta+a_ya_x & n_yn_yc\theta-n_yo_ys\theta+n_yo_ys\theta+o_yo_yc\theta+a_ya_y \\
n_zn_xc\theta-n_zo_xs\theta+n_xo_zs\theta+o_zo_xc\theta+a_za_x & n_zn_yc\theta-n_zo_ys\theta+n_yo_zs\theta+o_zo_zc\theta+a_za_y \\
0 & 0
\end{array}\right.
$$

$$
\left.\begin{array}{cc}
n_xn_zc\theta-n_xo_zs\theta+n_zo_xs\theta+o_zo_xc\theta+a_xa_z & 0 \\
n_yn_zc\theta-n_yo_zs\theta+n_zo_ys\theta+o_zo_yc\theta+a_ya_z & 0 \\
n_zn_zc\theta-n_zo_zs\theta+n_zo_zs\theta+o_zo_zc\theta+a_za_z & 0 \\
0 & 1
\end{array}\right] \tag{2.45}
$$

根据正交矢量点积、矢量自乘、单位矢量和相似矩阵特征值等性质，并令 $z=a$，$\mathrm{vers}\theta=1-c\theta$，$\boldsymbol{f}=z$，对式(2.45)进行化简(请读者自行推算)可得：

$$
\mathrm{Rot}(\boldsymbol{f},\theta)=\left[\begin{array}{cccc}
f_xf_x\mathrm{vers}\theta+c\theta & f_yf_x\mathrm{vers}\theta-f_zs\theta & f_zf_x\mathrm{vers}\theta+f_ys\theta & 0 \\
f_xf_y\mathrm{vers}\theta+f_zs\theta & f_yf_y\mathrm{vers}\theta+c\theta & f_zf_y\mathrm{vers}\theta-f_ys\theta & 0 \\
f_xf_z\mathrm{vers}\theta-f_ys\theta & f_yf_z\mathrm{vers}\theta+f_xs\theta & f_zf_z\mathrm{vers}\theta+c\theta & 0 \\
0 & 0 & 0 & 1
\end{array}\right] \tag{2.46}
$$

这是一个重要的结果。

从上述通用旋转变换公式，能够求得各个基本旋转变换。例如，当 $f_x=1$，$f_y=0$ 和 $f_z=0$ 时，$\mathrm{Rot}(\boldsymbol{f},\theta)$ 即为 $\mathrm{Rot}(x,\theta)$。若把这些数值代入式(2.46)，即可得：

$$
\mathrm{Rot}(x,\theta)=\left[\begin{array}{cccc}
1 & 0 & 0 & 0 \\
0 & c\theta & -s\theta & 0 \\
0 & s\theta & c\theta & 0 \\
0 & 0 & 0 & 1
\end{array}\right]
$$

与式(2.22)一致。

2.5.2　等效转角与转轴

给出任一旋转变换，能够由式(2.46)求得进行等效旋转 θ 角的转轴。已知旋转变换：

$$
R=\left[\begin{array}{cccc}
n_x & o_x & a_x & 0 \\
n_y & o_y & a_y & 0 \\
n_z & o_z & a_z & 0 \\
0 & 0 & 0 & 1
\end{array}\right] \tag{2.47}
$$

令 $R=\mathrm{Rot}(\boldsymbol{f},\theta)$，即：

$$
\left[\begin{array}{cccc}
n_x & o_x & a_x & 0 \\
n_y & o_y & a_y & 0 \\
n_z & o_z & a_z & 0 \\
0 & 0 & 0 & 1
\end{array}\right]=\left[\begin{array}{cccc}
f_xf_x\mathrm{vers}\theta+c\theta & f_yf_x\mathrm{vers}\theta-f_zs\theta & f_zf_x\mathrm{vers}\theta+f_ys\theta & 0 \\
f_xf_y\mathrm{vers}\theta+f_zs\theta & f_yf_y\mathrm{vers}\theta+c\theta & f_zf_y\mathrm{vers}\theta-f_xs\theta & 0 \\
f_xf_z\mathrm{vers}\theta-f_ys\theta & f_yf_z\mathrm{vers}\theta+f_xs\theta & f_zf_z\mathrm{vers}\theta+c\theta & 0 \\
0 & 0 & 0 & 1
\end{array}\right]
$$

$$
\tag{2.48}
$$

把上式两边的对角线项分别相加，并化简得：

$$n_x + o_y + a_z = (f_x^2 + f_y^2 + f_z^2)\text{vers}\theta + 3c\theta = 1 + 2c\theta$$

以及

$$c\theta = \frac{1}{2}(n_x + o_y + a_z - 1) \tag{2.49}$$

把式(2.48)中的非对角线项成对相减可得：

$$o_z - a_y = 2f_x s\theta$$
$$a_x - n_z = 2f_y s\theta \tag{2.50}$$
$$n_y - o_x = 2f_z s\theta$$

对上式各行平方相加后得：

$$(o_x - a_y)^2 + (a_x - n_z)^2 + (n_y - o_x)^2 = 4s^2\theta^2$$

以及

$$s\theta = \pm \frac{1}{2}\sqrt{(o_x - a_y)^2 + (a_x - n_z)^2 + (n_y - o_x)^2} \tag{2.51}$$

把旋转规定为绕矢量 f 的正向旋转，使得 $0 \leqslant \theta \leqslant 180°$。这时，式(2.51)中的符号取正号。于是，转角 θ 被唯一地确定为：

$$\tan\theta = \frac{\sqrt{(o_x - a_y)^2 + (a_x - n_z)^2 + (n_y - o_x)^2}}{n_x + o_y + a_z - 1} \tag{2.52}$$

而矢量 f 的各分量可由式(2.50)求得：

$$f_x = (o_x - a_y)/2s\theta$$
$$f_y = (a_x - n_z)/2s\theta \tag{2.53}$$
$$f_z = (n_y - o_x)/2s\theta$$

2.6　本章小结

本章介绍机器人的数学基础，包括空间任意点的位置和姿态的表示、坐标和齐次坐标变换、物体的变换与逆变换以及通用旋转变换等。

对于位置描述，需要建立一个坐标系，然后用某个 3×1 位置矢量来确定该坐标空间内任一点的位置，并用一个 3×1 列矢量表示，称为位置矢量。对于物体的方位，也用固接于该物体的坐标系来描述，并用一个 3×3 矩阵表示。还给出了对应于轴 x，y 或 z 作转角为 θ 旋转的旋转变换矩阵。在采用位置矢量描述点的位置，用旋转矩阵描述物体方位的基础上，物体在空间的位姿就由位置矢量和旋转矩阵共同表示。

在讨论了平移和旋转坐标变换之后，进一步研究齐次坐标变换，包括平移齐次坐标变换和旋转齐次坐标变换。这些有关空间一点的变换方法，为空间物体的变换和逆变换建立了基础。为了描述机器人的操作，必须建立机器人各连杆间以及机器人与周围环境间的运动关系。为此，建立了机器人操作变换方程的初步概念，并给出了通用旋转变换的一般矩阵表达式以及等效转角与转轴矩阵表达式。

上述结论为研究机器人运动学、动力学、控制建模提供了数学工具。

习　题

2.1　用一个描述旋转与/或平移的变换来左乘或者右乘一个表示坐标系的变换，所得到的结果是否相同？为什么？试举例作图说明。

2.2　矢量^Ap 绕 Z_A 旋转 θ 角，然后绕 X_A 旋转 ϕ 转角。试给出依次按上述次序完成旋转的旋转矩阵。

2.3　坐标系$\{B\}$ 的位置变化如下：初始时，坐标系$\{A\}$ 与$\{B\}$ 重合，让坐标系$\{B\}$ 绕 Z_B 轴旋转 θ 角；然后再绕 X_B 轴旋转 ϕ 角。给出把对矢量^Bp 的描述变为对^Ap 描述的旋转矩阵。

2.4　当 $\theta=30°$，$\phi=45°$ 时，求出题 2.2 和题 2.3 中的旋转矩阵。

2.5　已知矢量 $u=3i+2j+2k$ 和坐标系

$$F=\begin{bmatrix} 0 & -1 & 0 & 10 \\ 1 & 0 & 0 & 20 \\ 0 & 0 & 1 & 1 \\ 0 & 0 & 0 & 1 \end{bmatrix}$$

u 为由 F 所描述的一点。

(1) 确定表示同一点但由基坐标系描述的矢量 u。

(2) 首先让 F 绕基坐标系的 y 轴旋转 $90°$，然后沿系 x 轴方向平移 20。求变换所得新坐标系 F'。

(3) 确定表示同一点但由坐标系 F' 所描述的矢量 v'。

(4) 作图表示 u，v，v'，F 和 F' 之间的关系。

2.6　已知齐次变换矩阵

$$H=\begin{bmatrix} 0 & 1 & 0 & 0 \\ 0 & 0 & -1 & 0 \\ -1 & 0 & 0 & 0 \\ 0 & 0 & 0 & 1 \end{bmatrix}$$

要求 $\mathrm{Rot}(f,\theta)=H$，确定 f 和 θ 值。

2.7　叙述或编写一个求某个旋转矩阵的等效转角和转轴的算法，要求此算法能够处理 $\theta=0°$ 和 $\theta=180°$ 两种特殊情况。

2.8　定义

$$\mathrm{Wedge}_0=\begin{bmatrix} 1 & -1 & -1 & 1 & 1 & -1 \\ 0 & 0 & 0 & 0 & 4 & 4 \\ 0 & 0 & 2 & 2 & 0 & 0 \\ 1 & 1 & 1 & 1 & 1 & 1 \end{bmatrix}$$

表示图 2-8 中楔形物体的方位。试计算下列楔形及其变换矩阵，并画出每次变换后楔形在坐标系中的位置和方向：

(1) $Wedge_1 = Rot(Base_x, -45°)Wedge_0$

(2) $Wedge_2 = Trans(Base_x, 5)Wedge_1$

(3) $Wedge_3 = Trans(Base_z, -2)Wedge_2$

(4) $Wedge_4 = Rot(Base_z, 30°)Wedge_3$

求 A_n。

2.9 图 2-10a 示出摆放在坐标系中的两个相同的楔形物体。要求把它们重新摆放在图 2-10b 所示位置。

   (1) 用数字值给出两个描述重新摆置的变换序列，每个变换表示沿某个轴平移或绕该轴旋转。在重置过程中，必须避免两楔形物体的碰撞。

   (2) 作图说明每个从右至左的变换序列。

   (3) 作图说明每个从左至右的变换序列。

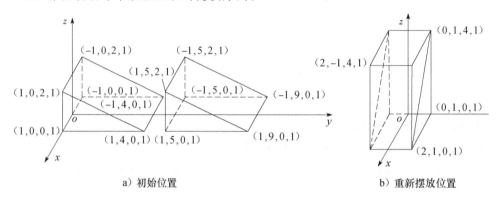

a) 初始位置   b) 重新摆放位置

图 2-10 两个楔形物体的重置

2.10 $\{A\}$ 和 $\{B\}$ 两坐标系仅仅方向不同。坐标系 $\{B\}$ 是这样得到的：首先与坐标系 $\{A\}$ 重合，然后绕单位矢量 f 旋转 θ 弧度，即

$$_B^A R = R_B(^A f, \theta)$$

求证：$_B^A R = e^{f\theta}$，式中

$$f = \begin{bmatrix} 0 & -f_z & f_y \\ f_z & 0 & -f_x \\ -f_y & f_x & 0 \end{bmatrix}$$

第 3 章

机器人运动学

机器人的工作是由控制器指挥的，对应于驱动末端位姿运动的各关节参数是需要实时计算的。当机器人执行工作任务时，其控制器根据加工轨迹指令规划好位姿序列数据，实时运用逆向运动学算法计算出关节参数序列，并依此驱动机器人关节，使末端按照预定的位姿序列运动。

机器人运动学或机构学从几何或机构的角度描述和研究机器人的运动特性，而不考虑引起这些运动的力或力矩的作用。机器人运动学中有如下两类基本问题。

1) 机器人运动方程的表示问题，即正向运动学：对一给定的机器人，已知连杆几何参数和关节变量，欲求机器人末端执行器相对于参考坐标系的位置和姿态。这就需要建立机器人运动方程。运动方程的表示问题，即正向运动学，属于问题分析。因此，也可以把机器人运动方程的表示问题称为机器人运动的分析。

2) 机器人运动方程的求解问题，即逆向运动学：已知机器人连杆的几何参数，给定机器人末端执行器相对于参考坐标系的期望位置和姿态(位姿)，求机器人能够达到预期位姿的关节变量。这就需要对运动方程求解。机器人运动方程的求解问题，即逆向运动学，属于问题综合。因此，也可以把机器人运动方程的求解问题称为机器人运动的综合。

要知道工作物体和工具的位置，就要指定手臂逐点运动的速度。雅可比矩阵是由某个笛卡儿坐标系规定的各单个关节速度对最后一个连杆速度的线性变换。大多数工业机器人具有 6 个关节，这意味着雅可比矩阵是 6 阶方阵。

3.1 节和 3.2 节将分别讨论机器人运动方程的表示与求解方法，3.3 节举例介绍 PUMA560 机器人运动方程的分析与综合。

3.1 机器人运动方程的表示

机械手是一系列由关节连接起来的连杆构成的一个运动链。将关节链上的一系列刚体称为连杆，通过转动关节或平动关节将相邻的两个连杆连接起来。六连杆机械手可具有 6 个自由度，每个连杆含有一个自由度，并能在其运动范围内任意定位与定向。按机器人的惯常设计，其中 3 个自由度用于规定位置，而另外 3 个自由度用来规定姿态。

3.1.1 运动姿态和方向角

1. 机械手的运动方向

图 3-1 表示机器人的一个夹手。把所描述的坐标系的原点置于夹手指尖的中心，此原点由矢量 p 表示。描述夹手方向的三个单位矢量的指向如下：z 向矢量处于夹手进入物体的方向上，并称之为接近矢量 a；y 向矢量的方向从一个指尖指向另一个指尖，处于规定夹手方向上，称为方向矢量 o；最后一个矢量叫作法线矢量 n，它与矢量 o 和 a 一起构成一个右手矢量集合，并由矢量的交乘所规定：$n = o \times a$。令 T_6 表示机械手的位置和姿态，因此，变换 T_6 具有下列元素。

$$T_6 = \begin{bmatrix} n_x & o_x & a_x & p_x \\ n_y & o_y & a_y & p_y \\ n_z & o_z & a_z & p_z \\ 0 & 0 & 0 & 1 \end{bmatrix} \tag{3.1}$$

六连杆机械手的 T 矩阵（T_6）可由指定其 16 个元素的数值来决定。在这 16 个元素中，只有 12 个元素具有实际含义。底行由三个零和一个 1 组成。左列矢量 n 是第二列矢量 o 和第三列矢量 a 的交乘。当对 p 值不存在任何约束时，只要机械手能够到达期望位置，那么矢量 o 和 a 两者都是正交单位矢量，并且互相垂直，即有：$o \cdot o = 1$，$a \cdot a = 1$，$o \cdot a = 0$。这些对矢量 o 和 a 的约束，使得对其分量的指定成为困难，除非是末端执行装置与坐标系处于平行这种简单情况。

也可以应用第 2 章讨论过的通用旋转矩阵，把机械手端部的方向规定为绕某轴 f 旋转 θ 角，即 $\mathrm{Rot}(f, \theta)$。遗憾的是，要达到某些期望方向，这一转轴没有明显的直观感觉。

2. 用旋转序列表示运动姿态

机械手的运动姿态往往由一个绕轴 x，y 和 z 的旋转序列来规定。这种转角的序列，称为欧拉（Euler）角。欧拉角用一个绕 z 轴旋转 ϕ 角，再绕新的 y 轴（y'）旋转 θ 角，最后围绕新的 z 轴（z''）旋转 ψ 角来描述任何可能的姿态，见图 3-2。

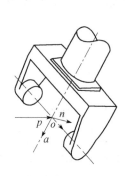

图 3-1 矢量 n、o、a 和 p

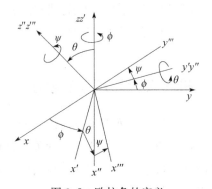

图 3-2 欧拉角的定义

　　在任何旋转序列下，旋转次序是十分重要的。这一旋转序列可由基系中相反的旋转次序来解释：先绕 z 轴旋转 ψ 角，再绕 y 轴旋转 θ 角，最后绕 z 轴旋转 ϕ 角。

　　欧拉变换 $\mathrm{Euler}(\phi, \theta, \psi)$ 可由连乘三个旋转矩阵来求得，即：

$$\mathrm{Euler}(\phi,\theta,\psi) = \mathrm{Rot}(z,\phi)\mathrm{Rot}(y,\theta)\mathrm{Rot}(z,\psi)$$

$$\mathrm{Euler}(\phi,\theta,\psi) = \begin{bmatrix} c\phi & -s\phi & 0 & 0 \\ s\phi & c\phi & 0 & 0 \\ 0 & 0 & 1 & 0 \\ 0 & 0 & 0 & 1 \end{bmatrix} \begin{bmatrix} c\theta & 0 & s\theta & 0 \\ 0 & 1 & 0 & 0 \\ -s\theta & 0 & c\theta & 0 \\ 0 & 0 & 0 & 1 \end{bmatrix} \begin{bmatrix} c\psi & -s\psi & 0 & 0 \\ s\psi & c\psi & 0 & 0 \\ 0 & 0 & 1 & 0 \\ 0 & 0 & 0 & 1 \end{bmatrix}$$

$$= \begin{bmatrix} c\phi c\theta c\psi - s\phi s\psi & -c\phi c\theta s\psi - s\phi c\psi & c\phi s\theta & 0 \\ s\phi c\theta c\psi + c\phi s\psi & -s\phi c\theta s\psi + c\phi c\psi & s\phi s\theta & 0 \\ -s\theta c\psi & s\theta s\psi & c\theta & 0 \\ 0 & 0 & 0 & 1 \end{bmatrix} \tag{3.2}$$

3. 用横滚、俯仰和偏转角表示运动姿态

　　另一种常用的旋转集合是横滚（roll）、俯仰（pitch）和偏转（yaw）。

　　如果想象有只船沿着 z 轴方向航行，见图 3-3a，那么这时，横流对应于围绕 z 轴旋转 ϕ 角，俯仰对应于围绕 y 轴旋转 θ 角，而偏转则对应于围绕 x 轴旋转 ψ 角。适用于机械手端部执行装置的这些旋转，示于图 3-3b。

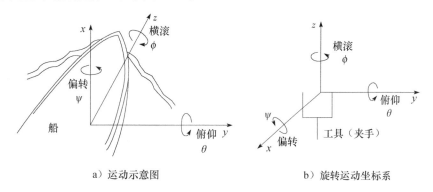

a）运动示意图　　　　　　　　　　b）旋转运动坐标系

图 3-3　用横滚、俯仰和偏转表示机械手运动姿态

　　对于旋转次序，我们作如下规定：

$$\mathrm{RPY}(\phi,\theta,\psi) = \mathrm{Rot}(z,\phi)\mathrm{Rot}(y,\theta)\mathrm{Rot}(x,\psi) \tag{3.3}$$

式中，RPY 表示横滚、俯仰和偏转三旋转的组合变换。也就是说，先绕 x 轴旋转 ψ 角，再绕 y 轴旋转 θ 角，最后绕 z 轴旋 ϕ 角。此旋转变换计算如下：

$$\mathrm{RPY}(\phi,\theta,\psi) = \begin{bmatrix} c\phi & -s\phi & 0 & 0 \\ s\phi & c\phi & 0 & 0 \\ 0 & 0 & 1 & 0 \\ 0 & 0 & 0 & 1 \end{bmatrix} \begin{bmatrix} c\theta & 0 & s\theta & 0 \\ 0 & 1 & 0 & 0 \\ -s\theta & 0 & c\theta & 0 \\ 0 & 0 & 0 & 1 \end{bmatrix} \begin{bmatrix} 1 & 0 & 0 & 0 \\ 0 & c\psi & -s\psi & 0 \\ 0 & s\psi & c\psi & 0 \\ 0 & 0 & 0 & 1 \end{bmatrix}$$

$$
= \begin{bmatrix} c\phi c\theta & c\phi s\theta s\psi - s\phi c\psi & c\phi s\theta c\psi + s\phi s\psi & 0 \\ s\phi c\theta & s\phi s\theta s\psi + c\phi c\psi & s\phi s\theta c\psi - c\phi s\psi & 0 \\ -s\theta & c\theta s\psi & c\theta c\psi & 0 \\ 0 & 0 & 0 & 1 \end{bmatrix} \tag{3.4}
$$

3.1.2 运动位置和坐标

一旦机械手的运动姿态由某个姿态变换规定之后，它在基系中的位置就能够由左乘一个对应于矢量 p 的平移变换来确定：

$$
T_6 = \begin{bmatrix} 1 & 0 & 0 & p_x \\ 0 & 1 & 0 & p_y \\ 0 & 0 & 1 & p_z \\ 0 & 0 & 0 & 1 \end{bmatrix} [某姿态变换] \tag{3.5}
$$

这一平移变换可用不同的坐标来表示。

除了已经讨论过的笛卡儿坐标外，还可以用柱面坐标和球面坐标来表示这一平移。

1. 用柱面坐标表示运动位置

首先用柱面坐标来表示机械手手臂的位置，即表示其平移变换。这对应于沿 x 轴平移 r，再绕 z 轴旋转 α，最后沿 z 轴平移 z，如图 3-4a 所示。

即有：

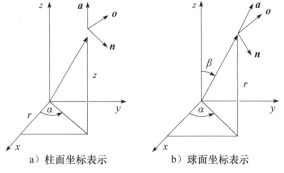

a）柱面坐标表示　　b）球面坐标表示

图 3-4　用柱面坐标和球面坐标表示位置

$$
\mathrm{Cyl}(z,\alpha,r) = \mathrm{Trans}(0,0,z)\mathrm{Rot}(z,\alpha)\mathrm{Trans}(r,0,0)
$$

式中，Cyl 表示柱面坐标组合变换。计算上式并化简得：

$$
\mathrm{Cyl}(z,\alpha,r) = \begin{bmatrix} 1 & 0 & 0 & 0 \\ 0 & 1 & 0 & 0 \\ 0 & 0 & 1 & z \\ 0 & 0 & 0 & 1 \end{bmatrix} \begin{bmatrix} c\alpha & -s\alpha & 0 & 0 \\ s\alpha & c\alpha & 0 & 0 \\ 0 & 0 & 1 & 0 \\ 0 & 0 & 0 & 1 \end{bmatrix} \begin{bmatrix} 1 & 0 & 0 & r \\ 0 & 1 & 0 & 0 \\ 0 & 0 & 1 & 0 \\ 0 & 0 & 0 & 1 \end{bmatrix}
$$

$$
= \begin{bmatrix} c\alpha & -s\alpha & 0 & rc\alpha \\ s\alpha & c\alpha & 0 & rs\alpha \\ 0 & 0 & 1 & z \\ 0 & 0 & 0 & 1 \end{bmatrix} \tag{3.6}
$$

如果用某个如式(3.5)所示的姿态变换右乘上述变换式，那么，手臂将相对于基系绕 z 轴旋转 α 角。要是需要变换后机器人末端相对基系的姿态不变，那么就应对式(3.6)绕 z

轴旋转一个一α角，即有：

$$\text{Cyl}(z,\alpha,r) = \begin{bmatrix} c\alpha & -s\alpha & 0 & rc\alpha \\ s\alpha & c\alpha & 0 & rs\alpha \\ 0 & 0 & 1 & z \\ 0 & 0 & 0 & 1 \end{bmatrix} \begin{bmatrix} c(-\alpha) & -s(-\alpha) & 0 & 0 \\ s(-\alpha) & c(-\alpha) & 0 & 0 \\ 0 & 0 & 1 & 0 \\ 0 & 0 & 0 & 1 \end{bmatrix}$$

$$= \begin{bmatrix} 1 & 0 & 0 & rc\alpha \\ 0 & 1 & 0 & rs\alpha \\ 0 & 0 & 1 & z \\ 0 & 0 & 0 & 1 \end{bmatrix} \tag{3.7}$$

这就是用以解释柱面坐标 $\text{Cyl}(z,\ \alpha,\ r)$ 的形式。

2. 用球面坐标表示运动位置

现在讨论用球面坐标表示手臂运动位置矢量的方法。这个方法对应于沿 z 轴平移 r，再绕 y 轴旋转 β 角，最后绕 z 轴旋转 α 角，如图 3-4b 所示，即为：

$$\text{Sph}(\alpha,\beta,r) = \text{Rot}(z,\alpha)\text{Rot}(y,\beta)\text{Trans}(0,0,r) \tag{3.8}$$

式中，Sph 表示球面坐标组合变换。对上式进行计算结果如下：

$$\text{Sph}(\alpha,\beta,r) = \begin{bmatrix} c\alpha & -s\alpha & 0 & 0 \\ s\alpha & c\alpha & 0 & 0 \\ 0 & 0 & 1 & 0 \\ 0 & 0 & 0 & 1 \end{bmatrix} \begin{bmatrix} c\beta & 0 & s\beta & 0 \\ 0 & 1 & 0 & 0 \\ -s\beta & 0 & c\beta & 0 \\ 0 & 0 & 0 & 1 \end{bmatrix} \begin{bmatrix} 1 & 0 & 0 & 0 \\ 0 & 1 & 0 & 0 \\ 0 & 0 & 1 & r \\ 0 & 0 & 0 & 1 \end{bmatrix}$$

$$= \begin{bmatrix} c\alpha c\beta & -s\alpha & c\alpha s\beta & rc\alpha s\beta \\ s\alpha c\beta & c\alpha & s\alpha s\beta & rs\alpha s\beta \\ -s\beta & 0 & c\beta & rc\beta \\ 0 & 0 & 0 & 1 \end{bmatrix} \tag{3.9}$$

如果希望变换后机器人末端坐标系相对基系的姿态不变，那么就必须用 $\text{Rot}(y,\ -\beta)$ 和 $\text{Rot}(z,\ -\alpha)$ 右乘式(3.9)，即：

$$\text{Sph}(\alpha,\beta,r) = \text{Rot}(z,\alpha)\text{Rot}(y,\beta)\text{Trans}(0,0,r)\text{Rot}(y,-\beta)\text{Rot}(z,-\alpha)$$

$$= \begin{bmatrix} 1 & 0 & 0 & rc\alpha s\beta \\ 0 & 1 & 0 & rs\alpha s\beta \\ 0 & 0 & 1 & rc\beta \\ 0 & 0 & 0 & 1 \end{bmatrix} \tag{3.10}$$

这就是用于解释球面坐标的形式。

3.1.3 连杆变换矩阵及其乘积

将为机器人的每一连杆建立一个坐标系，并用齐次变换来描述这些坐标系间的相对位置和姿态。可以通过递归的方式获得末端执行器相对于基坐标系的齐次变换矩阵，即求得了机器人的运动方程。

1. 广义连杆

相邻坐标系间及其相应连杆可以用齐次变换矩阵来表示。想要求出机械手所需要的变换矩阵，每个连杆都要用广义连杆来描述。在求得相应的广义变换矩阵之后，可对其加以修正，以适合每个具体的连杆。

从机器人的固定基座开始为连杆进行编号，一般称固定基座为连杆 0。第一个可动连杆为连杆 1，依此类推，机器人最末端的连杆为连杆 n。为了使末端执行器能够在三维空间中达到任意的位置和姿态，机器人至少需要 6 个关节（对应 6 个自由度——3 个位置自由度和 3 个方位自由度）。

机器人机械手是由一系列连接在一起的连杆（杆件）构成的。可以将连杆各种机械结构抽象成两个几何要素及其参数，即公共法线距离 a_i 和垂直于 a_i 所在平面内两轴的夹角 α_i。另外相邻杆件之间的连接关系也被抽象成两个量，即两连杆的相对位置 d_i 和两连杆法线的夹角 θ_i，如图 3-5 所示。

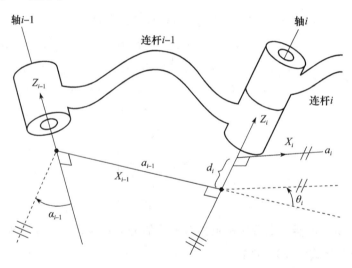

图 3-5　连杆四参数及坐标系建立示意图[一]

Craig 参考坐标系建立约定如图 3-5 所示，其特点是每一杆件的坐标系 z 轴和原点固连在该杆件的前一个轴线上。除第一个和最后一个连杆外，每个连杆两端的轴线各有一条法线，分别为前、后相邻连杆的公共法线。这两法线间的距离即为 d_i。我们称 a_i 为连杆长度，α_i 为连杆扭角，d_i 为两连杆距离，θ_i 为两连杆夹角。

机器人机械手连杆连接关节的类型有两种——转动关节和棱柱联轴节。对于转动关节，θ_i 为关节变量。连杆 i 的坐标系原点位于轴 $i-1$ 和 i 的公共法线与关节 i 轴线的交点上。如果两相邻连杆的轴线相交于一点，那么原点就在这一交点上。如果两轴线互相平行，那么就选择原点使对下一连杆(其坐标原点已确定)的距离 d_{i+1} 为零。连杆 i 的 z 轴与关节 $i+1$ 的轴线在一直线上，而 x 轴则在连杆 i 和 $i+1$ 的公共法线上，其方向从 i 指向 $i+1$，见图 3-5。当两关节轴线相交时，x 轴的方向与两矢量的交积 $z_{i-1} \times z_i$ 平行或反向平行，x 轴的方向总是沿着公共法线从转轴 i 指向 $i+1$。当两轴 x_{i-1} 和 x_i 平行且同向时，第 i 个转动关节的 θ_i 为零。

在建立机器人杆件坐标系时，首先在每一杆件 i 的首关节轴 i 上建立坐标轴 Z_i，Z_i 正向在两个方向中选一个方向即可，但所有 Z 轴应尽量一致。图 3-6 所示的 a_i、α_i、θ_i 和 d_i 四个参数，除 $a_i \geqslant 0$ 外，其他三个值皆有正负，因为 α_i、θ_i 分别是围绕 X_i、Z_i 轴旋转定义的，它们的正负就根据判定旋转矢量方向的右手法则来确定。d_i 为沿 Z_i 轴由 X_{i-1} 垂足到 X_i 垂足的距离，距离移动时与 Z_i 正向一致时符号取为正。

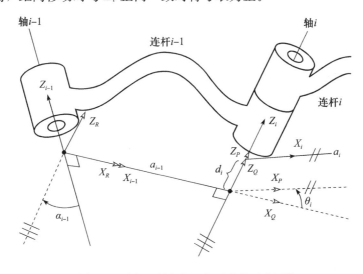

图 3-6　连杆两端相邻坐标系变换示意图⊖

2. 广义变换矩阵

一旦对全部连杆规定坐标系之后，我们就能够按照下列顺序由两个旋转和两个平移来建立相邻两连杆坐标系 $i-1$ 与 i 之间的相对关系，见图 3-5 与图 3-6。

1) 绕 X_{i-1} 轴旋转 α_{i-1} 角，使 Z_{i-1} 转到 Z_R，同 Z_i 方向一致，使坐标系 $\{i-1\}$ 过渡到 $\{R\}$。

2) 坐标系 $\{R\}$ 沿 X_{i-1} 或 X_R 轴平移一距离 a_{i-1}，将坐标系移到 i 轴上，使坐标系 $\{R\}$ 过渡到 $\{Q\}$。

3) 坐标系 $\{Q\}$ 绕 Z_Q 或 Z_i 轴转动 θ_i 角，使 $\{Q\}$ 过渡到 $\{P\}$。

4) 坐标系 $\{P\}$ 再沿 Z_i 轴平移一距离 d_i，使 $\{P\}$ 过渡到和 i 杆的坐标系 $\{i\}$ 重合。

这种关系可由表示连杆 i 对连杆 $i-1$ 相对位置的四个齐次变换来描述。根据坐标系变

⊖　资料来源：John J Craig 2018。

换的链式法则，坐标系$\{i-1\}$到坐标系$\{i\}$的变换矩阵可以写成：

$$_i^{i-1}T = {}_R^{i-1}T_Q^R T_\beta^Q T_i^P T \tag{3.11}$$

式(3.11)中的每个变换都是仅有一个连杆参数的基础变换（旋转或平移变换），根据各中间坐标系的设置，式(3.11)可以写成：

$$_i^{i-1}T = \text{Rot}(x, \alpha_{i-1}) \text{Trans}(a_{i-1}, 0, 0) \text{Rot}(z, \theta_i) \text{Trans}(0, 0, d_i) \tag{3.12}$$

由 4 矩阵连乘可以计算出式(3.12)，即$_i^{i-1}T$的变换通式为：

$$_i^{i-1}T = \begin{bmatrix} c\theta_i & -s\theta_i & 0 & a_{i-1} \\ s\theta_i c\alpha_{i-1} & c\theta_i c\alpha_{i-1} & -s\alpha_{i-1} & -d_i s\alpha_{i-1} \\ s\theta_i s\alpha_{i-1} & c\theta_i s\alpha_{i-1} & c\alpha_{i-1} & d_i c\alpha_{i-1} \\ 0 & 0 & 0 & 1 \end{bmatrix} \tag{3.13}$$

机械手端部对基座的关系$_6^0T$为：

$$_6^0T = {}_1^0T {}_2^1T {}_3^2T {}_4^3T {}_5^4T {}_6^5T$$

如果机器人 6 个关节中的变量分别是θ_1、θ_2、d_3、θ_4、θ_5、θ_6，则末端相对基座的齐次矩阵也应该是包含这 6 个变量的 4×4 矩阵，即：

$$_6^0T(\theta_1, \theta_2, d_3, \theta_4, \theta_5, \theta_6) = {}_1^0T(\theta_1) {}_2^1T(\theta_2) {}_3^2T(d_3) {}_4^3T(\theta_4) {}_5^4T(\theta_5) {}_6^5T(\theta_6) \tag{3.14}$$

式(3.14)就是机器人正向运动学的表达式，即通过机器人各关节值计算出末端相对于基座的位姿。

若机器人基座相对工件参照系有一个固定变换Z，机器人工具末端相对手腕端部坐标系$\{6\}$也有一个固定变换E，则机器人工具末端相对工件参照系的变换X为：

$$X = Z_6^0 TE$$

3.2 机械手运动方程的求解

在 3.1 节中讨论了机器人的正向运动学，本节将研究难度更大的逆向运动学问题，即机器人运动方程的求解问题：已知工具坐标系相对于工作台坐标系的期望位置和姿态，求机器人能够达到预期位姿的关节变量。大多数机器人程序设计语言，是用某个笛卡儿坐标系来指定机械手末端位置的。这一指定可用于求解机械手最后一个连杆的姿态T_6。不过，在机械手能够被驱动至该姿态之前，必须知道与该位置有关的所有关节的位置。

3.2.1 欧拉变换解

1. 基本隐式方程的解

首先令

$$\text{Euler}(\phi, \theta, \psi) = T \tag{3.15}$$

式中，

$$\mathrm{Euler}(\phi,\theta,\psi) = \mathrm{Rot}(z,\phi)\mathrm{Rot}(y,\theta)\mathrm{Rot}(z,\psi)$$

已知任一变换 T，要求得 ϕ，θ 和 ψ。也就是说，如果已知 T 矩阵各元的数值，那么其所对应的 ϕ，θ 和 ψ 值是什么?

由式(3.3)和式(3.15)，我们有下式

$$\begin{bmatrix} n_x & o_x & a_x & p_x \\ n_y & o_y & a_y & p_y \\ n_z & o_z & a_z & p_z \\ 0 & 0 & 0 & 1 \end{bmatrix} = \begin{bmatrix} c\phi c\theta c\psi - s\phi s\psi & -c\phi c\theta s\psi - s\phi c\psi & c\phi s\theta & 0 \\ s\phi c\theta c\psi + s\phi s\psi & -s\phi c\theta s\psi + c\phi c\psi & s\phi s\theta & 0 \\ -s\theta c\psi & s\theta s\psi & c\theta & 0 \\ 0 & 0 & 0 & 1 \end{bmatrix} \tag{3.16}$$

令矩阵方程两边各对应元素一一相等，可得 16 个方程式，其中有 12 个为隐式方程。我们将从这些隐式方程求得所需解答。在式(3.16) 中，只有 9 个隐式方程，因为其平移坐标也是明显解。这些隐式方程如下：

$$n_x = c\phi c\theta c\psi - s\phi s\psi \tag{3.17}$$

$$n_y = s\phi c\theta c\psi + c\phi s\psi \tag{3.18}$$

$$n_z = -s\theta c\psi \tag{3.19}$$

$$o_x = -c\phi c\theta s\psi - s\phi c\psi \tag{3.20}$$

$$o_y = -s\phi c\theta s\psi + c\phi c\psi \tag{3.21}$$

$$o_z = s\theta s\psi \tag{3.22}$$

$$a_x = c\phi s\theta \tag{3.23}$$

$$a_y = s\phi s\theta \tag{3.24}$$

$$a_z = c\theta \tag{3.25}$$

2. 用双变量反正切函数确定角度

可以试探地对 ϕ，θ 和 ψ 进行如下求解。据式(3.25)得：

$$\theta = c^{-1}(a_z) \tag{3.26}$$

据式(3.23)和式(3.26)有：

$$\phi = c^{-1}(a_x/s\theta) \tag{3.27}$$

又据式(3.19)和式(3.26)有：

$$\psi = c^{-1}(-n_z/s\theta) \tag{3.28}$$

但是，这些解答是无用的，因为：

1) 当由余弦函数求角度时，不仅此角度的符号是不确定的，而且所求角度的准确程度又与该角度本身有关，即 $\cos(\theta) = \cos(-\theta)$ 以及 $\mathrm{d}\cos(\theta)/\mathrm{d}\theta\,|_{0,180°} = 0$。

2) 在求解 ϕ 和 ψ 时，见式(3.17)和式(3.18)，我们再次用到反余弦函数，而且除式的分母为 $\sin\theta$。这样，当 $\sin\theta$ 接近于 0 时，总会产生不准确。

3) 当 $\theta = 0°$ 或 $\theta = \pm180°$ 时，式(3.27) 和式(3.28) 没有定义。

因此，在求解时，总是采用双变量反正切函数 atan2 来确定角度。atan2 提供 2 个自

变量，即纵坐标 y 和横坐标 x，见图 3-7。当 $-\pi\leqslant\theta\leqslant\pi$，由 atan2 反求角度时，同时检查 y 和 x 的符号来确定其所在象限。这一函数也能检验什么时候 x 或 y 为 0，并反求出正确的角度。atan2 的精确程度对其整个定义域都是一样的。

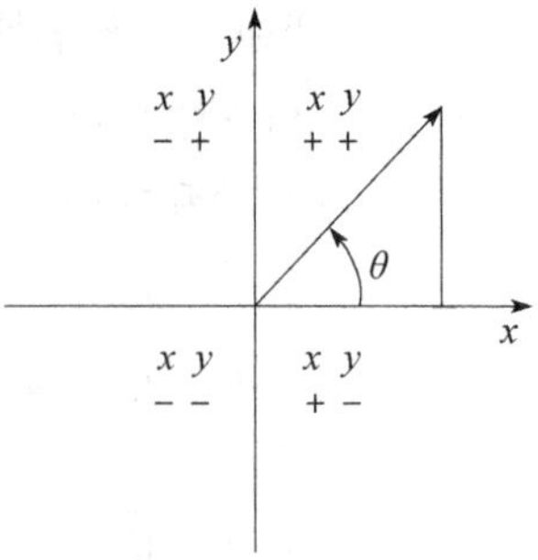

3. 用显式方程求各角度

要求得方程式的解，采用另一种通常能够导致显式解答的方法。用未知逆变换依次左乘已知方程，对于欧拉变换有：

$$\text{Rot}(z,\phi)^{-1}T = \text{Rot}(y,\theta)\text{Rot}(z,\psi) \tag{3.29}$$

$$\text{Rot}(y,\theta)^{-1}\text{Rot}(z,\phi)^{-1}T = \text{Rot}(z,\psi) \tag{3.30}$$

图 3-7 反正切函数 atan2

式(3.29)的左式为已知变换 T 和 ϕ 的函数，而右式各元素或者为 0，或者为常数。令方程式的两边对应元素相等，对于式(3.29)即有：

$$
\begin{bmatrix}
c\phi & s\phi & 0 & 0 \\
-s\phi & c\phi & 0 & 0 \\
0 & 0 & 1 & 0 \\
0 & 0 & 0 & 1
\end{bmatrix}
\begin{bmatrix}
n_x & o_x & a_x & p_x \\
n_y & o_y & a_y & p_y \\
n_z & o_z & a_z & p_z \\
0 & 0 & 0 & 1
\end{bmatrix}
=
\begin{bmatrix}
c\theta c\psi & -c\theta s\psi & s\theta & 0 \\
s\psi & c\psi & 0 & 0 \\
-s\theta c\psi & s\theta s\psi & c\theta & 0 \\
0 & 0 & 0 & 1
\end{bmatrix}
\tag{3.31}
$$

在计算此方程左式之前，我们用下列形式来表示乘积：

$$
\begin{bmatrix}
f_{11}(\boldsymbol{n}) & f_{11}(\boldsymbol{o}) & f_{11}(\boldsymbol{a}) & f_{11}(\boldsymbol{p}) \\
f_{12}(\boldsymbol{n}) & f_{12}(\boldsymbol{o}) & f_{12}(\boldsymbol{a}) & f_{12}(\boldsymbol{p}) \\
f_{13}(\boldsymbol{n}) & f_{13}(\boldsymbol{o}) & f_{13}(\boldsymbol{a}) & f_{13}(\boldsymbol{p}) \\
0 & 0 & 0 & 1
\end{bmatrix}
$$

其中，$f_{11}=c\phi x+s\phi y$，$f_{12}=-s\phi x+c\phi y$，$f_{13}=z$，而 x，y 和 z 为 f_{11}，f_{12} 和 f_{13} 的各相应分量，例如：

$$f_{12}(a) = -s\phi a_x + c\phi a_y$$

$$f_{11}(p) = c\phi p_x + s\phi p_y$$

于是，可把式(3.31)重写为：

$$
\begin{bmatrix}
f_{11}(\boldsymbol{n}) & f_{11}(\boldsymbol{o}) & f_{11}(\boldsymbol{a}) & f_{11}(\boldsymbol{p}) \\
f_{12}(\boldsymbol{n}) & f_{12}(\boldsymbol{o}) & f_{12}(\boldsymbol{a}) & f_{12}(\boldsymbol{p}) \\
f_{13}(\boldsymbol{n}) & f_{13}(\boldsymbol{o}) & f_{13}(\boldsymbol{a}) & f_{13}(\boldsymbol{p}) \\
0 & 0 & 0 & 1
\end{bmatrix}
=
\begin{bmatrix}
c\theta c\psi & -c\theta s\psi & s\theta & 0 \\
s\psi & c\psi & 0 & 0 \\
-s\theta c\psi & s\theta s\psi & c\theta & 0 \\
0 & 0 & 0 & 1
\end{bmatrix}
\tag{3.32}
$$

检查上式右式可见，p_x，p_y 和 p_z 均为 0。这是我们所期望的，因为欧拉变换不产生任何平移。此外，位于第二行第三列的元素也为 0。所以可得 $f_{12}(\boldsymbol{a})=0$，即

$$-s\phi a_x + c\phi a_y = 0 \tag{3.33}$$

上式两边分别加上 $s\phi a_x$，再除以 $c\phi a_x$ 可得：

$$\tan\phi = \frac{s\phi}{c\phi} = \frac{a_y}{a_x}$$

这样，即可以从反正切函数 atan2 得到：

$$\phi = \operatorname{atan2}(a_y, a_x) \tag{3.34}$$

对式(3.33)两边分别加上 $-c\phi a_y$，然后除以 $-c\phi a_x$，可得：

$$\tan\phi = \frac{s\phi}{c\phi} = \frac{-a_y}{-a_x}$$

这时可得式(3.33)的另一个解为：

$$\phi = \operatorname{atan2}(-a_y, -a_x) \tag{3.35}$$

式(3.35)与式(3.34)两解相差 180°。

除非出现 a_y 和 a_x 同时为 0 的情况，我们总能得到式(3.33)的两个相差 180°的解。当 a_y 和 a_x 均为 0 时，角度 ϕ 没有定义。这种情况是在机械手臂垂直向上或向下，且 ϕ 和 ψ 两角又对应于同一旋转时出现的，参阅图 3-4b。这种情况称为退化(degeneracy)。这时，我们任取 $\phi=0$。

求得 ϕ 值之后，式(3.32)左式的所有元素也就随之确定。令左式元素与右边对应元素相等，可得：$s\theta = f_{11}(\boldsymbol{a})$，$c\theta = f_{13}(\boldsymbol{a})$，或 $s\theta = c\phi a_x + s\phi a_y$，$c\theta = a_z$。于是有：

$$\theta = \operatorname{atan2}(c\phi a_x + s\phi a_y, a_z) \tag{3.36}$$

当正弦和余弦都确定时，角度 θ 总是唯一确定的，而且不会出现前述角度 ϕ 那种退化问题。

最后求解角度 ψ。由式(3.32)有：

$$s\psi = f_{12}(\boldsymbol{n}), c\psi = f_{12}(\boldsymbol{o}),\text{或}\ s\psi = -s\phi n_x + c\phi n_y, c\psi = -s\phi o_x + c\phi o_y$$

从而得到：

$$\psi = \operatorname{atan2}(-s\phi n_x + c\phi n_y, -s\phi o_x + c\phi o_y) \tag{3.37}$$

概括地说，如果已知一个表示任意旋转的齐次变换，那么就能够确定其等价欧拉角：

$$\phi = \operatorname{atan2}(a_y, a_x), \phi = \phi + 180°$$
$$\theta = \operatorname{atan2}(c\phi a_x + s\phi a_y, a_z)$$
$$\psi = \operatorname{atan2}(-s\phi n_x + c\phi n_y, -s\phi o_x + c\phi o_y) \tag{3.38}$$

3.2.2 滚、仰、偏变换解

在分析欧拉变换时，已经知道，只有用显式方程才能求得确定的解答。所以在这里直接从显式方程来求解用滚动、俯仰和偏转表示的变换方程。式(3.4)和式(3.6)给出了这些运动方程式。从式(3.4)得：

$$\operatorname{Rot}(z,\phi)^{-1}T = \operatorname{Rot}(y,\theta)\operatorname{Rot}(x,\psi)$$

$$\begin{bmatrix} f_{11}(\boldsymbol{n}) & f_{11}(\boldsymbol{o}) & f_{11}(\boldsymbol{a}) & f_{11}(\boldsymbol{p}) \\ f_{12}(\boldsymbol{n}) & f_{12}(\boldsymbol{o}) & f_{12}(\boldsymbol{a}) & f_{12}(\boldsymbol{p}) \\ f_{13}(\boldsymbol{n}) & f_{13}(\boldsymbol{o}) & f_{13}(\boldsymbol{a}) & f_{13}(\boldsymbol{p}) \\ 0 & 0 & 0 & 1 \end{bmatrix} = \begin{bmatrix} c\theta & s\theta s\psi & s\theta c\psi & 0 \\ 0 & c\psi & -s\psi & 0 \\ -s\theta & c\theta s\psi & c\theta c\psi & 0 \\ 0 & 0 & 0 & 1 \end{bmatrix} \tag{3.39}$$

式中，f_{11}，f_{12} 和 f_{13} 的定义同前。令 $f_{12}(\boldsymbol{n})$ 与式(3.39)右式的对应元素相等，可得：

$$-s\phi n_x + c\phi n_y = 0$$

从而得：

$$\phi = \text{atan2}(n_y, n_x) \tag{3.40}$$

$$\phi = \phi + 180° \tag{3.41}$$

又令式(3.39)中左右式中的(3,1)及(1,1)元素分别相等，有：$-s\theta = n_z$，$c\theta = c\phi n_x + s\phi n_y$，于是得：

$$\theta = \text{atan2}(-n_z, c\phi n_x + s\phi n_y) \tag{3.42}$$

最后令第(2,3)和(2,2)对应元素分别相等，有 $-s\psi = -s\phi a_x + c\phi a_y$，$c\psi = -s\phi o_x + c\phi o_y$，据此可得：

$$\psi = \text{atan2}(s\phi a_x - c\phi a_y, -s\phi o_x + c\phi o_y) \tag{3.43}$$

综上分析可得 RPY 变换各角如下：

$$\phi = \text{atan2}(n_y, n_x)$$

$$\phi = \phi + 180°$$

$$\theta = \text{atan2}(-n_z, c\phi n_x + s\phi n_y)$$

$$\psi = \text{atan2}(s\phi a_x - c\phi a_y, -s\phi o_x + c\phi o_y) \tag{3.44}$$

3.2.3 球面变换解

也可以把上述求解技术用于球面坐标表示的运动方程，这些方程如式(3.9)所示。由式(3.9)可得：

$$\text{Rot}(z, \alpha)^{-1} T = \text{Rot}(y, \beta) \text{Trans}(0, 0, r) \tag{3.45}$$

$$\begin{bmatrix} c\alpha & s\alpha & 0 & 0 \\ -s\alpha & c\alpha & 0 & 0 \\ 0 & 0 & 1 & 0 \\ 0 & 0 & 0 & 1 \end{bmatrix} \begin{bmatrix} n_x & o_x & a_x & p_x \\ n_y & o_y & a_y & p_y \\ n_z & o_z & a_z & p_z \\ 0 & 0 & 0 & 1 \end{bmatrix} = \begin{bmatrix} c\beta & 0 & s\beta & rs\beta \\ 0 & 1 & 0 & 0 \\ -s\beta & 0 & c\beta & rc\beta \\ 0 & 0 & 0 & 1 \end{bmatrix}$$

$$\begin{bmatrix} f_{11}(\boldsymbol{n}) & f_{11}(\boldsymbol{o}) & f_{11}(\boldsymbol{a}) & f_{11}(\boldsymbol{p}) \\ f_{12}(\boldsymbol{n}) & f_{12}(\boldsymbol{o}) & f_{12}(\boldsymbol{a}) & f_{12}(\boldsymbol{p}) \\ f_{13}(\boldsymbol{n}) & f_{13}(\boldsymbol{o}) & f_{13}(\boldsymbol{a}) & f_{13}(\boldsymbol{p}) \\ 0 & 0 & 0 & 1 \end{bmatrix} = \begin{bmatrix} c\beta & 0 & s\beta & rs\beta \\ 0 & 1 & 0 & 0 \\ -s\beta & 0 & c\beta & rc\beta \\ 0 & 0 & 0 & 1 \end{bmatrix}$$

令上式两边的右列相等，即有：

$$\begin{bmatrix} c\alpha p_x + s\alpha p_y \\ -s\alpha p_x + c\alpha p_y \\ p_z \\ 1 \end{bmatrix} = \begin{bmatrix} rs\beta \\ 0 \\ rc\beta \\ 1 \end{bmatrix}$$

由此可得：$-s\alpha p_x + c\alpha p_y = 0$，即：

$$\alpha = \text{atan2}(p_y, p_x) \tag{3.46}$$

$$\alpha = \alpha + 180° \tag{3.47}$$

以及 $c\alpha p_x + s\alpha p_y = rs\beta$，$p_z = rc\beta$。当 $r > 0$ 时

$$\beta = \text{atan2}(c\alpha p_x + s\alpha p_y, p_z) \tag{3.48}$$

要求得 z，必须用 $\text{Rot}(y, \beta)^{-1}$ 左乘式(3.45)的两边，

$$\text{Rot}(y, \beta)^{-1} \text{Rot}(z, \alpha)^{-1} T = \text{Trans}(0, 0, r)$$

计算上式(请读者自己推算)后，让其右列相等：

$$\begin{bmatrix} c\beta(c\alpha p_x + s\alpha p_y) - s\beta p_z \\ -s\alpha p_x + c\alpha p_y \\ s\beta(c\alpha p_x + s\alpha p_y) + c\beta p_z \\ 1 \end{bmatrix} = \begin{bmatrix} 0 \\ 0 \\ r \\ 1 \end{bmatrix}$$

从而可得：

$$r = s\beta(c\alpha p_x + s\alpha p_y) + c\beta p_z \tag{3.49}$$

综上讨论可得球面变换的解为：

$$\alpha = \text{atan2}(p_y, p_x), \alpha = \alpha + 180°$$
$$\beta = \text{atan2}(c\alpha p_x + s\alpha p_y, p_z)$$
$$r = s\beta(c\alpha p_x + s\alpha p_y) + c\beta p_z \tag{3.50}$$

3.3 PUMA 560 机器人运动方程

我们能够由式(3.13)来求解用笛卡儿坐标表示的运动方程。这些矩阵右式的元素，或者为零，或者为常数，或者为第 n 至第 6 个关节变量的函数。矩阵相等表明其对应元素分别相等，并可从每一矩阵方程得到 12 个方程式，每个方程式对应于四个矢量 $\boldsymbol{n}$, $\boldsymbol{o}$, $\boldsymbol{a}$ 和 $\boldsymbol{p}$ 的每一分量。下面我们将以 PUMA 560 机器人为例来求解以关节角度为变量的运动学方程。

3.3.1 PUMA 560 运动分析

PUMA 560 是属于关节式机器人，6 个关节都是转动关节。前 3 个关节确定手腕参考点的位置，后 3 个关节确定手腕的方位。和大多数工业机器人一样，后 3 个关节轴线交于一点。该点选作为手腕的参考点，也选作为连杆坐标系 {4}，{5} 和 {6} 的原点。关节 1 的轴线为垂直方向，关节 2 和关节 3 的轴线为水平，且平行，距离为 a_2。关节 1 和关节 2 的轴线垂直相交，关节 3 和关节 4 的轴线垂直交错，距离为 a_3。各连杆坐标系如图 3-8 所示，相应的连杆参数列于表 3-1。其中，$a_2 = 431.8\text{mm}$，$a_3 = 20.32\text{mm}$，$d_2 = 149.09\text{mm}$，$d_4 = 433.07\text{mm}$。

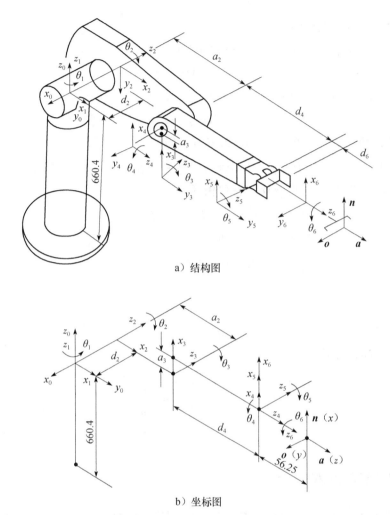

a）结构图

b）坐标图

图 3-8　PUMA 560 机器人的连杆坐标系

表 3-1　PUMA 560 机器人的连杆参数

连杆 i	变量 θ_i	α_{i-1}	a_{i-1}	d_i	变量范围
1	$\theta_1(90°)$	$0°$	0	0	$-160°\sim160°$
2	$\theta_2(0°)$	$-90°$	0	d_2	$-225°\sim45°$
3	$\theta_3(-90°)$	$0°$	a_2	0	$-45°\sim225°$
4	$\theta_4(0°)$	$-90°$	a_3	d_4	$-110°\sim170°$
5	$\theta_5(0°)$	$90°$	0	0	$-100°\sim100°$
6	$\theta_6(0°)$	$-90°$	0	0	$-266°\sim266°$

据式(3.13)和表 3-1 所示连杆参数，可求得各连杆变换矩阵如下：

$${}^{0}_{1}T = \begin{bmatrix} c\theta_1 & -s\theta_1 & 0 & 0 \\ s\theta_1 & c\theta_1 & 0 & 0 \\ 0 & 0 & 1 & 0 \\ 0 & 0 & 0 & 1 \end{bmatrix} \quad {}^{1}_{2}T = \begin{bmatrix} c\theta_2 & -s\theta_2 & 0 & 0 \\ 0 & 0 & 1 & d_2 \\ -s\theta_2 & -c\theta_2 & 0 & 0 \\ 0 & 0 & 0 & 1 \end{bmatrix}$$

$$
{}_{3}^{2}T = \begin{bmatrix} c\theta_3 & -s\theta_3 & 0 & a_2 \\ s\theta_3 & c\theta_3 & 0 & 0 \\ 0 & 0 & 1 & 0 \\ 0 & 0 & 0 & 1 \end{bmatrix} \qquad
{}_{4}^{3}T = \begin{bmatrix} c\theta_4 & -s\theta_4 & 0 & a_3 \\ 0 & 0 & 1 & d_4 \\ -s\theta_4 & -c\theta_4 & 0 & 0 \\ 0 & 0 & 0 & 1 \end{bmatrix}
$$

$$
{}_{5}^{4}T = \begin{bmatrix} c\theta_5 & -s\theta_5 & 0 & 0 \\ 0 & 0 & -1 & 0 \\ s\theta_5 & c\theta_5 & 0 & 0 \\ 0 & 0 & 0 & 1 \end{bmatrix} \qquad
{}_{6}^{5}T = \begin{bmatrix} c\theta_6 & -s\theta_6 & 0 & 0 \\ 0 & 0 & 1 & 0 \\ -s\theta_6 & -c\theta_6 & 0 & 0 \\ 0 & 0 & 0 & 1 \end{bmatrix}
$$

将各连杆变换矩阵相乘，即可得到 PUMA 560 的运动学方程：

$$
{}_{6}^{0}T = {}_{1}^{0}T(\theta_1)\,{}_{2}^{1}T(\theta_2)\,{}_{3}^{2}T(\theta_3)\,{}_{4}^{3}T(\theta_4)\,{}_{5}^{4}T(\theta_5)\,{}_{6}^{5}T(\theta_6) \tag{3.51}
$$

式(3.51)为关节变量 θ_1、θ_2、$\cdots$、θ_6 的函数。要求解此运动方程，需先计算某些中间结果（这些中间结果有助于求解逆运动学问题）：

$$
{}_{6}^{4}T = {}_{5}^{4}T\,{}_{6}^{5}T = \begin{bmatrix} c_5 c_6 & -c_5 s_6 & -s_5 & 0 \\ s_6 & c_6 & 0 & 0 \\ s_5 c_6 & -s_5 s_6 & c_5 & 0 \\ 0 & 0 & 0 & 1 \end{bmatrix} \tag{3.52}
$$

$$
{}_{6}^{3}T = {}_{4}^{3}T\,{}_{6}^{4}T = \begin{bmatrix} c_4 c_5 c_6 - s_4 s_6 & -c_4 c_5 s_6 - s_4 c_6 & -c_4 s_5 & a_3 \\ s_5 c_6 & -s_5 s_6 & c_5 & d_4 \\ -s_4 c_5 c_6 - c_4 s_6 & s_4 c_5 s_6 - c_4 c_6 & s_4 s_5 & 0 \\ 0 & 0 & 0 & 1 \end{bmatrix} \tag{3.53}
$$

其中，s_4 是 $\sin\theta_4$ 的缩写，c_4 是 $\cos\theta_4$ 的缩写⊖，依此类推。

由于 PUMA 560 的关节 2 和 3 相互平行，把 ${}_{2}^{1}T(\theta_2)$ 和 ${}_{3}^{2}T(\theta_3)$ 相乘，可得：

$$
{}_{3}^{1}T = {}_{2}^{1}T\,{}_{3}^{2}T = \begin{bmatrix} c_{23} & -s_{23} & 0 & a_2 c_2 \\ 0 & 0 & 1 & d_2 \\ -s_{23} & -c_{23} & 0 & -a_2 s_2 \\ 0 & 0 & 0 & 1 \end{bmatrix} \tag{3.54}
$$

其中，$c_{23} = \cos(\theta_2 + \theta_3) = c_2 c_3 - s_2 s_3$；$s_{23} = \sin(\theta_2 + \theta_3) = c_2 s_3 + s_2 c_3$。可见，当两旋转关节平行时，利用角度之和的公式，可以得到比较简单的表达式。

再将式(3.18)与式(3.17)相乘，可得：

$$
{}_{6}^{1}T = {}_{3}^{1}T\,{}_{6}^{3}T = \begin{bmatrix} {}^{1}n_x & {}^{1}o_x & {}^{1}a_x & {}^{1}p_x \\ {}^{1}n_y & {}^{1}o_y & {}^{1}a_y & {}^{1}p_y \\ {}^{1}n_z & {}^{1}o_z & {}^{1}a_z & {}^{1}p_z \\ 0 & 0 & 0 & 1 \end{bmatrix}
$$

⊖ 这取决于表达式占用空间的大小，$\sin\theta_4$、$s\theta_4$、s_4 这三种表示都是可以的。

其中：

$$\left.\begin{aligned}
{}^1n_x &= c_{23}(c_4c_5c_6 - s_4s_6) - s_{23}s_5c_6 \\
{}^1n_y &= -s_4c_5c_6 - c_4s_6 \\
{}^1n_z &= -s_{23}(c_4c_5c_6 - s_4s_6) - c_{23}s_5c_6 \\
{}^1o_x &= -c_{23}(c_4c_5s_6 + s_4c_6) + s_{23}s_5s_6 \\
{}^1o_y &= s_4c_5s_6 - c_4c_6 \\
{}^1o_z &= s_{23}(c_4c_5s_6 + s_4c_6) + c_{23}s_5s_6 \\
{}^1a_x &= -c_{23}c_4s_5 - s_{23}c_5 \\
{}^1a_y &= s_4s_5 \\
{}^1a_z &= s_{23}c_4s_5 - c_{23}c_5 \\
{}^1p_x &= a_2c_2 + a_3c_{23} - d_4s_{23} \\
{}^1p_y &= d_2 \\
{}^1p_z &= -a_3s_{23} - a_2s_2 - d_4c_{23}
\end{aligned}\right\} \tag{3.55}$$

最后，可求得六个连杆坐标变换矩阵的乘积，即 PUMA 560 型机器人的正向运动学方程为：

$$
{}^0_6T = {}^0_1T\,{}^1_6T = \begin{bmatrix} n_x & o_x & a_x & p_x \\ n_y & o_y & a_y & p_y \\ n_z & o_z & a_z & p_z \\ 0 & 0 & 0 & 1 \end{bmatrix}
$$

其中：

$$\left.\begin{aligned}
n_x &= c_1[c_{23}(c_4c_5c_6 - s_4s_6) - s_{23}s_5c_6] + s_1(s_4c_5c_6 + c_4s_6) \\
n_y &= s_1[c_{23}(c_4c_5c_6 - s_4s_6) - s_{23}s_5c_6] - c_1(s_4c_5c_6 + c_4s_6) \\
n_z &= -s_{23}(c_4c_5c_6 - s_4s_6) - c_{23}s_5c_6 \\
o_x &= c_1[c_{23}(-c_4c_5s_6 - s_4c_6) + s_{23}s_5s_6] + s_1(c_4c_6 - s_4c_5s_6) \\
o_y &= s_1[c_{23}(-c_4c_5s_6 - s_4c_6) + s_{23}s_5s_6] - c_1(c_4c_6 - s_4c_5c_6) \\
o_z &= -s_{23}(-c_4c_5s_6 - s_4c_6) + c_{23}s_5s_6 \\
a_x &= -c_1(c_{23}c_4s_5 + s_{23}c_5) - s_1s_4s_5 \\
a_y &= -s_1(c_{23}c_4s_5 + s_{23}c_5) + c_1s_4s_5 \\
a_z &= s_{23}c_4s_5 - c_{23}c_5 \\
p_x &= c_1[a_2c_2 + a_3c_{23} - d_4s_{23}] - d_2s_1 \\
p_y &= s_1[a_2c_2 + a_3c_{23} - d_4s_{23}] + d_2c_1 \\
p_z &= -a_3s_{23} - a_2s_2 - d_4c_{23}
\end{aligned}\right\} \tag{3.56}$$

式(3.56)表示的 PUMA 560 手臂变换矩阵${}^0_6T$，描述了末端连杆坐标系{6}相对基坐标系{0}的位姿，式(3.56)是 PUMA 560 全部运动学分析的基本方程。

为校核所得 $_6^0 T$ 的正确性，计算 $\theta_1 = 90°$，$\theta_2 = 0°$，$\theta_3 = -90°$，$\theta_4 = \theta_5 = \theta_6 = 0°$ 时手臂变换矩阵 $_6^0 T$ 的值。计算结果为：

$$_6^0 T = \begin{bmatrix} 0 & 1 & 0 & -d_2 \\ 0 & 0 & 1 & a_2 + d_4 \\ 1 & 0 & 0 & a_3 \\ 0 & 0 & 0 & 1 \end{bmatrix}$$

与图 3-8 所示的情况完全一致。

3.3.2 PUMA 560 运动综合

机器人运动方程的求解或综合方法很多，上一节已介绍了几种。矩阵相等表明其对应元素分别相等，并可从每一矩阵方程得到 12 个方程式，每个方程式对应于四个矢量 $\boldsymbol{n}$，$\boldsymbol{o}$，$\boldsymbol{a}$ 和 $\boldsymbol{p}$ 的每一分量。现以 PUMA 560 机器人为例来阐述这些方程的求解。

将 PUMA 560 的运动方程(3.56)写为：

$$_6^0 T = \begin{bmatrix} n_x & o_x & a_x & p_x \\ n_y & o_y & a_y & p_y \\ n_z & o_z & a_z & p_z \\ 0 & 0 & 0 & 1 \end{bmatrix} = {}_1^0 T(\theta_1) {}_2^1 T(\theta_2) {}_3^2 T(\theta_3) {}_4^3 T(\theta_4) {}_5^4 T(\theta_5) {}_6^5 T(\theta_6) \qquad (3.57)$$

若末端连杆的位姿已经给定，即 $\boldsymbol{n}$，$\boldsymbol{o}$，$\boldsymbol{a}$ 和 $\boldsymbol{p}$ 为已知，则求关节变量 θ_1，θ_2，$\cdots$，θ_6 的值称为运动反解。用未知的连杆逆变换左乘式(3.57)两边，把关节变量分离出来，从而求解。具体步骤如下：

1. 求 θ_1

可用逆变换 $_1^0 T^{-1}(\theta_1)$ 左乘式(3.57)两边：

$$_1^0 T^{-1}(\theta_1) {}_6^0 T = {}_2^1 T(\theta_2) {}_3^2 T(\theta_3) {}_4^3 T(\theta_4) {}_5^4 T(\theta_5) {}_6^5 T(\theta_6) \qquad (3.58)$$

$$\begin{bmatrix} c_1 & s_1 & 0 & 0 \\ -s_1 & c_1 & 0 & 0 \\ 0 & 0 & 1 & 0 \\ 0 & 0 & 0 & 1 \end{bmatrix} \begin{bmatrix} n_x & o_x & a_x & p_x \\ n_y & o_y & a_y & p_y \\ n_z & o_z & a_z & p_z \\ 0 & 0 & 0 & 1 \end{bmatrix} = {}_6^1 T \qquad (3.59)$$

令矩阵方程(3.59)两端的元素(2，4)对应相等，可得：

$$-s_1 p_x + c_1 p_y = d_2 \qquad (3.60)$$

利用三角代换：

$$p_x = \rho\cos\phi; \quad p_y = \rho\sin\phi \qquad (3.61)$$

式中，$\rho = \sqrt{p_x^2 + p_y^2}$；$\phi = \text{atan2}(p_y, p_x)$。把代换式（3.61）代入式（3.60），得到 θ_1 的解：

$$\left. \begin{aligned} \sin(\phi-\theta_1) &= d_2/\rho; \quad \cos(\phi-\theta_1) = \pm\sqrt{1-(d_2/\rho)^2} \\ \phi-\theta_1 &= \text{atan2}\left[\frac{d_2}{\rho}, \pm\sqrt{1-\left(\frac{d_2}{\rho}\right)^2}\right] \\ \theta_1 &= \text{atan2}(p_y, p_x) - \text{atan2}(d_2, \pm\sqrt{p_x^2 + p_y^2 - d_2^2}) \end{aligned} \right\} \tag{3.62}$$

式中，正、负号对应于 θ_1 的两个可能解。

2. 求 θ_3

在选定 θ_1 的一个解之后，再令矩阵方程(3.59)两端的元素(1，4)和(3，4)分别对应相等，即得两方程：

$$\left. \begin{aligned} c_1 p_x + s_1 p_y &= a_3 c_{23} - d_4 s_{23} + a_2 c_2 \\ -p_z &= a_3 s_{23} + d_4 c_{23} + a_2 s_2 \end{aligned} \right\} \tag{3.63}$$

式(3.60)与式(3.63)的平方和为：

$$a_3 c_3 - d_4 s_3 = k \tag{3.64}$$

式中，$k = \dfrac{p_x^2 + p_y^2 + p_z^2 - a_2^2 - a_3^2 - d_2^2 - d_4^2}{2a_2}$。

方程(3.64)中已经消去 θ_2，且方程(3.64)与方程(3.60)具有相同形式，因而可由三角代换求解 θ_3：

$$\theta_3 = \text{atan2}(a_3, d_4) - \text{atan2}(k, \pm\sqrt{a_3^2 + d_4^2 - k^2}) \tag{3.65}$$

式中，正、负号对应 θ_3 的两种可能解。

3. 求 θ_2

为求解 θ_2，在矩阵方程(3.57)两边左乘逆变换 ${}_3^0 T^{-1}$：

$$ {}_3^0 T^{-1}(\theta_1, \theta_2, \theta_3) {}_6^0 T = {}_4^3 T(\theta_4) {}_5^4 T(\theta_5) {}_6^5 T(\theta_6) \tag{3.66}$$

即有：

$$\begin{bmatrix} c_1 c_{23} & s_1 c_{23} & -s_{23} & -a_2 c_3 \\ -c_1 s_{23} & -s_1 s_{23} & -c_{23} & a_2 s_3 \\ -s_1 & c_1 & 0 & -d_2 \\ 0 & 0 & 0 & 1 \end{bmatrix} \begin{bmatrix} n_x & o_x & a_x & p_x \\ n_y & o_y & a_y & p_y \\ n_z & o_z & a_z & p_z \\ 0 & 0 & 0 & 1 \end{bmatrix} = {}_6^3 T \tag{3.67}$$

式中，变换 ${}^3 T_6$ 由公式(3.53)给出。令矩阵方程(3.67)两边的元素(1，4)和(2，4)分别对应相等可得：

$$\left. \begin{aligned} c_1 c_{23} p_x + s_1 c_{23} p_y - s_{23} p_z - a_2 c_3 &= a_3 \\ -c_1 s_{23} p_x - s_1 s_{23} p_y - c_{23} p_z + a_2 s_3 &= d_4 \end{aligned} \right\} \tag{3.68}$$

联立求解得 s_{23} 和 c_{23}：

$$\left\{ \begin{aligned} s_{23} &= \frac{(-a_3 - a_2 c_3) p_z + (c_1 p_x + s_1 p_y)(a_2 s_3 - d_4)}{p_z^2 + (c_1 p_x + s_1 p_y)^2} \\ c_{23} &= \frac{(-d_4 + a_2 s_3) p_z - (c_1 p_x + s_1 p_y)(-a_2 c_3 - a_3)}{p_z^2 + (c_1 p_x + s_1 p_y)^2} \end{aligned} \right.$$

s_{23} 和 c_{23} 表达式的分母相等，且为正，于是：

$$\theta_{23} = \theta_2 + \theta_3 = \text{atan2}[-(a_3 + a_2 c_3) p_z + (c_1 p_x + s_1 p_y)(a_2 s_3 - d_4),$$
$$(-d_4 + a_2 s_3) p_z + (c_1 p_x + s_1 p_y)(a_2 c_3 + a_3)] \tag{3.69}$$

根据 θ_1 和 θ_3 解的四种可能组合，由式(3.69)可以得到相应的四种可能值 θ_{23}，于是可得到 θ_2 的四种可能解：

$$\theta_2 = \theta_{23} - \theta_3 \tag{3.70}$$

4. 求 θ_4

因为式(3.67)的左边均为已知，令两边元素(1，3)和(3，3)分别对应相等，则可得：

$$\begin{cases} a_x c_1 c_{23} + a_y s_1 c_{23} - a_z s_{23} = -c_4 s_5 \\ -a_x s_1 + a_y c_1 = s_4 s_5 \end{cases}$$

只要 $s_5 \neq 0$，便可求出 θ_4：

$$\theta_4 = \text{atan2}(-a_x s_1 + a_y c_1, -a_x c_1 c_{23} - a_y s_1 c_{23} + a_z s_{23}) \tag{3.71}$$

当 $s_5 = 0$ 时，机械手处于奇异形位。此时，关节轴4和6重合，只能解出 θ_4 与 θ_6 的和或差。奇异形位可以由式(3.71)中 atan2 的两个变量是否都接近零来判别。若都接近零，则为奇异形位，否则，不是奇异形位。在奇异形位时，可任意选取 θ_4 的值，再计算相应的 θ_6 值。

5. 求 θ_5

据求出的 θ_4，可进一步解出 θ_5，将式(3.57)两端左乘逆变换 ${}_4^0 T^{-1}(\theta_1, \theta_2, \theta_3, \theta_4)$，有：

$${}_4^0 T^{-1}(\theta_1, \theta_2, \theta_3, \theta_4) {}_6^0 T = {}_5^4 T(\theta_5) {}_6^5 T(\theta_6) \tag{3.72}$$

因式(3.72)的左边 θ_1，θ_2，θ_3 和 θ_4 均已解出，逆变换 ${}_4^4 T^{-1}(\theta_1, \theta_2, \theta_3, \theta_4)$ 为：

$$\begin{bmatrix} c_1 c_{23} c_4 + s_1 s_4 & s_1 c_{23} c_4 - c_1 s_4 & -s_{23} c_4 & -a_2 c_3 c_4 + d_2 s_4 - a_3 c_4 \\ -c_1 c_{23} s_4 + s_1 c_4 & -s_1 c_{23} s_4 - c_1 c_4 & s_{23} s_4 & a_2 c_3 s_4 + d_2 c_4 + a_3 s_4 \\ -c_1 s_{23} & -s_1 s_{23} & -c_{23} & a_2 s_3 - d_4 \\ 0 & 0 & 0 & 1 \end{bmatrix}$$

方程式(3.72)的右边 ${}_6^4 T(\theta_5, \theta_6) = {}_5^4 T(\theta_5) {}_6^5 T(\theta_6)$，由式(3.52)给出。据矩阵两边元素(1，3)和(3，3)分别对应相等，可得：

$$\left. \begin{array}{l} a_x(c_1 c_{23} c_4 + s_1 s_4) + a_y(s_1 c_{23} c_4 - c_1 s_4) - a_z(s_{23} c_4) = -s_5 \\ a_x(-c_1 s_{23}) + a_y(-s_1 s_{23}) + a_z(-c_{23}) = c_5 \end{array} \right\} \tag{3.73}$$

由此得到 θ_5 的封闭解：

$$\theta_5 = \text{atan2}(s_5, c_5) \tag{3.74}$$

6. 求 θ_6

将(3.57)改写为：

$${}_5^0 T^{-1}(\theta_1, \theta_2, \cdots, \theta_5) {}_6^0 T = {}_6^5 T(\theta_6) \tag{3.75}$$

让矩阵方程(3.75)两边元素(3，1)和(1，1)分别对应相等可得：

$$-n_x(c_1c_{23}s_4 - s_1c_4) - n_y(s_1c_{23}s_4 + c_1c_4) + n_z(s_{23}s_4) = s_6$$

$$n_x[(c_1c_{23}c_4 + s_1s_4)c_5 - c_1s_{23}s_5] + n_y[(s_1c_{23}c_4 - c_1s_4)c_5 - s_1s_{23}s_5] - n_z(s_{23}c_4c_5 + c_{23}s_5) = c_6$$

从而可求出 θ_6 的封闭解：

$$\theta_6 = \text{atan2}(s_6, c_6) \tag{3.76}$$

PUMA 560 的运动反解可能存在 8 种解。但是，由于结构的限制，例如各关节变量不能在全部 360°范围内运动，有些解不能实现。在机器人存在多种解的情况下，应选取其中最满意的一组解，以满足机器人的工作要求。

3.4　本章小结

本章讨论机器人的运动学问题，包括机器人运动方程的表示、求解与实例等。这些内容是研究机器人动力学和控制的重要基础。

对于机器人运动方程的表示，即正向运动学，首先用变换矩阵表示机械手的运动方向，用转角(欧拉角)变换序列表示运动姿态，或用横滚、俯仰和偏转角表示运动姿态。一旦机械手的运动姿态由某个姿态变换矩阵确定之后，它在基系中的位置就能够由左乘一个对应于矢量 **p** 的平移变换来确定。这一平移变换，可由笛卡儿坐标、柱面坐标或球面坐标来表示。为了进一步讨论机器人运动方程，还给出并分析了广义连杆(包括转动关节连杆和棱柱关节连杆)的变换矩阵，得到通用连杆变换矩阵及机械手的有向变换图。

对于机器人运动方程的求解，即逆向运动学，分别讨论了欧拉变换解、滚-仰-偏变换解和球面变换解，得出各关节位置的求解公式。

3.3 节举例介绍了 PUMA 560 机器人运动方程的表示(分析)和求解(综合)。根据 3.1 节和 3.2 节得到的方程式，结合 PUMA 560 机器人的实际连杆参数，可求得各连杆的变换矩阵和机械手的变换矩阵。然后，根据矢量 **n**，**o**，**a** 和 **p** 的位姿和机械手连杆参数，就可逐一求得关节变量 θ_1，θ_2，$\cdots$，θ_6，即求得 PUMA 560 机器人运动方程的解。

习　题

3.1　图 3-9 和表 3-2 表示 PUMA 560 的某些机构参数和指定坐标轴。今另有一台工业机器人，除关节 3 为棱柱型关节外，其他关节情况同 PUMA 560。设关节 3 沿着 x_1 的方向滑动，其位移为 d_3。可提出任何必要的附加假设。试求其运动方程式。

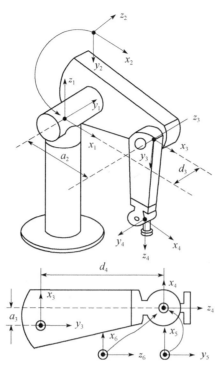

图 3-9　PUMA 560 的结构参数与坐标系配置

表 3-2　PUMA 560 的连杆参数

连杆	α	a	d	θ
1	0°	0	0	θ_1
2	−90°	0	0	θ_2
3	0°	a_2	d_3	θ_3
4	−90°	a_3	d_4	θ_4
5	90°	0	0	θ_5
6	−90°	0	0	θ_6

3.2　图 3-10 给出一个 3 自由度机械手的机构，轴 1 与轴 2 垂直。试求其运动方程式。

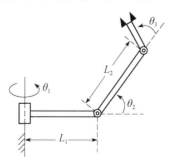

图 3-10　三连杆非平面机械手

3.3   图 3-11 所示三自由度机械手，其关节 1 与关节 2 相交，而关节 2 与关节 3 平行。图中所有关节均处于零位。各关节转角的正向均由箭头示出。指定本机械手各连杆的坐标系，然后求各变换矩阵 ${}^0_1T,{}^1_2T$ 和 ${}^2_3T$。

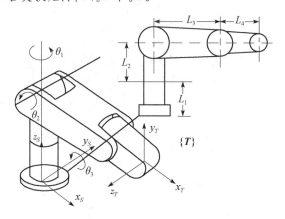

图 3-11   三连杆机械手的两个视图

3.4   图 3-12 和表 3-3 表示 PUMA 250 机器人的几何结构和连杆参数。

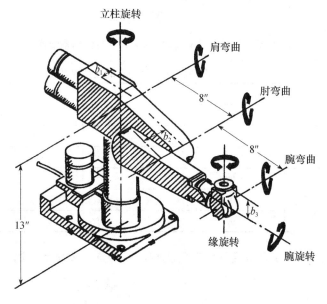

图 3-12   PUMA 250 工业机器人结构

表 3-3   PUMA 250 连杆参数

连杆	关节变量	θ 变化范围	α	a	d
1	θ_1	315°	9°	0	0
2	θ_2	320°	0°	8	b_1+b_2
3	θ_3	285°	90°	0	0
4	θ_4	240°	−90°	0	8

（续）

连杆	关节变量	θ 变化范围	α	a	d
5	θ_5	535°	$-90°$	0	0
6	θ_6	575°	0°	0	b_3

3.5 图 3-13 示出机器人视觉系统的坐标配置。令 $\{BASE\}$ 表示机器人机座坐标系，$\{BOX\}$ 表示被移动箱子的坐标系，$\{TABLE\}$ 表示工作台的坐标系，$\{GRIP\}$ 表示夹手的坐标系，$\{CAM\}$ 表示摄像机的坐标系。

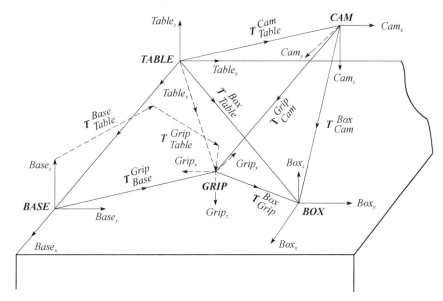

图 3-13　机器人视觉系统坐标系配置

已知下列变换：

$$
{}^C_T T = \begin{bmatrix} 0 & 1 & 0 & 10 \\ 1 & 0 & 0 & 20 \\ 0 & 0 & -1 & 10 \\ 0 & 0 & 0 & 1 \end{bmatrix}, \quad
{}^{B2}_C T = \begin{bmatrix} 0 & 1 & 0 & 1 \\ 1 & 0 & 0 & 3 \\ 0 & 0 & -1 & 8 \\ 0 & 0 & 0 & 1 \end{bmatrix}
$$

$$
{}^G_C T = \begin{bmatrix} -1 & 0 & 0 & -4 \\ 0 & -1 & 0 & 2 \\ 0 & 0 & 1 & 7 \\ 0 & 0 & 0 & 1 \end{bmatrix}, \quad
{}^{B1}_T T = \begin{bmatrix} 1 & 0 & 0 & 20 \\ 0 & 1 & 0 & 0 \\ 0 & 0 & 1 & 0 \\ 0 & 0 & 0 & 1 \end{bmatrix}
$$

（1）画出有向变换图。

（2）求变换矩阵 ${}^G_{B2} T$，并说明其各列的含义。

（3）求矩阵 ${}^G_{B1} T$。

（4）求矩阵 ${}^{B2}_T T$。

(5) 求矩阵 $_T^G T$。

(6) 如果让摄像机绕 z_C 轴旋转 $90°$，求 $_T^G T$，$_{B2}^C T$ 和 $_C^G T$ 各矩阵。

3.6 试求 PUMA 250 各关节变量的解 θ_i，$i=1，2，\cdots，6$。

3.7 已知 $T=\text{Trans}(5，10，0)\text{Rot}(x，-90°)\text{Rot}(z，-90°)$

$$\Delta = \text{Trans}(0,1,0)\text{Rot}(r,0.1,\text{rad}) - I$$

式中 $r=[1/\sqrt{3}，1/\sqrt{3}，1/\sqrt{3}，1]^T$。

(1) 用 $4×4$ 矩阵表示 T 和 Δ。

(2) 据下式确定 $^T\Delta$。

$$^T\Delta = T^{-1}\Delta T$$

式中，T^{-1} 可由式(3.26)和式(3.28)计算。

第 4 章

机器人动力学

操作机器人是一种主动机械装置，原则上它的每个自由度都具有单独传动。从控制观点来看，机械手系统代表冗余的、多变量的和本质非线性的自动控制系统，也是个复杂的动力学耦合系统。每个控制任务本身，就是一个动力学任务。因此，研究机器人机械手的动力学问题，就是为了进一步讨论控制问题。

本书主要采用下列两种理论来分析机器人操作的动态数学模型：

1）动力学基本理论，包括牛顿-欧拉方程。

2）拉格朗日力学，特别是二阶拉格朗日方程。

第一个方法即为力的动态平衡法。应用此法时需要从运动学出发求得加速度，并消去各内作用力。对于较复杂的系统，此种分析方法十分复杂与麻烦。因此，我们只讨论一些比较简单的例子。第二个方法即拉格朗日功能平衡法，它只需要速度而不必求内作用力。因此，这是一种直截了当和简便的方法。在本书中，主要采用这一方法来分析和求解机械手的动力学问题。特别感兴趣的是求得动力学问题的符号解答，因为它有助于对机器人控制问题的深入理解。

动力学有两个相反的问题。其一是已知机械手各关节的作用力或力矩，求各关节的位移、速度和加速度，求得运动轨迹。其二是已知机械手的运动轨迹，即各关节的位移、速度和加速度，求各关节所需要的驱动力或力矩。前者称为动力学正问题，后者称为动力学逆问题。一般的操作机器人的动态方程由六个非线性微分联立方程表示。实际上，除了一些比较简单的情况外，这些方程式是不可能求得一般解答的。将以矩阵形式求得动态方程，并简化它们，以获得控制所需要的信息。在实际控制时，往往要对动态方程做出某些假设，进行简化处理。

4.1 刚体动力学

我们把拉格朗日函数 L 定义为系统的动能 K 和位能 P 之差，即

$$L = K - P \tag{4.1}$$

其中，K 和 P 可以用任何方便的坐标系来表示。

系统动力学方程式，即拉格朗日方程如下：

$$F_i = \frac{\mathrm{d}}{\mathrm{d}t}\frac{\partial L}{\partial \dot{q}_i} - \frac{\partial L}{\partial q_i}, \quad i = 1, 2, \cdots, n \tag{4.2}$$

式中，q_i 为表示动能和位能的坐标，$\dot{q}_i$ 为相应的速度，而 F_i 为作用在第 i 个坐标上的力或是力矩。F_i 是力或是力矩，是由 q_i 为直线坐标或角坐标决定的。这些力、力矩和坐标称为广义力、广义力矩和广义坐标，n 为连杆数目。

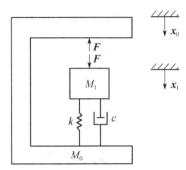

4.1.1　刚体的动能与位能

根据力学原理，对如图 4-1 所示的一般物体平动时所具有的动能和位能进行计算如下：

图 4-1　一般物体的动能与位能

$$K = \frac{1}{2}M_1\dot{x}_1^2 + \frac{1}{2}M_0\dot{x}_0^2$$

$$P = \frac{1}{2}k(x_1 - x_0)^2 - M_1gx_1 - M_0gx_0$$

$$D = \frac{1}{2}c(\dot{x}_1 - \dot{x}_0)^2$$

$$W = Fx_1 - Fx_0$$

式中，K、P、D 和 W 分别表示物体所具有的动能、位能、所消耗的能量和外力所做的功；M_0 和 M_1 为支架和运动物体的质量；x_0 和 x_1 为运动坐标；g 为重力加速度；k 为弹簧虎克系数；c 为摩擦系数；F 为外施作用力。

对于这一问题，存在两种情况。

1. $x_0 = 0$，x_1 为广义坐标

$$\frac{\mathrm{d}}{\mathrm{d}t}\left(\frac{\partial K}{\partial \dot{x}_1}\right) - \frac{\partial K}{\partial x_1} + \frac{\partial D}{\partial \dot{x}_1} + \frac{\partial P}{\partial x_1} = \frac{\partial W}{\partial x_1}$$

其中，左式第一项为动能随速度（或角速度）和时间的变化；第二项为动能随位置（或角度）的变化；第三项为能耗随速度的变化；第四项为位能随位置的变化。右式为实际外加力或力矩。代入相应各项的表达式，并化简可得：

$$\frac{\mathrm{d}}{\mathrm{d}t}(M_1\dot{x}_1) - 0 + c_1\dot{x}_1 + kx_1 - M_1g = F$$

表示为一般形式为：

$$M_1\ddot{x}_1 + c_1\dot{x}_1 + kx_1 = F + M_1g$$

即为所求 $x_0 = 0$ 时的动力学方程式。其中，左式三项分别表示物体的加速度、阻力和弹力，而右式两项分别表示外加作用力和重力。

2. $x_0 = 0$，x_0 和 x_1 均为广义坐标

这时有下式：

$$M_1\ddot{x}_1 + c(\dot{x}_1 - \dot{x}_0) + k(x_1 - x_0) - M_1 g = F$$

$$M_0\ddot{x}_0 + c(\dot{x}_1 - \dot{x}_0) - k(x_1 - x_0) - M_0 g = -F$$

或用矩阵形式表示为：

$$
\begin{bmatrix} M_1 & 0 \\ 0 & M_0 \end{bmatrix}\begin{bmatrix} \ddot{x}_1 \\ \ddot{x}_0 \end{bmatrix} + \begin{bmatrix} c & -c \\ -c & c \end{bmatrix}\begin{bmatrix} \dot{x}_1 \\ \dot{x}_0 \end{bmatrix} + \begin{bmatrix} k & -k \\ -k & k \end{bmatrix}\begin{bmatrix} x_1 \\ x_0 \end{bmatrix} = \begin{bmatrix} F \\ -F \end{bmatrix}
$$

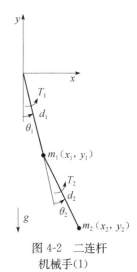

图 4-2　二连杆机械手(1)

下面来考虑二连杆机械手（见图 4-2）的动能和位能。这种运动机构具有开式运动链，与复摆运动有许多相似之处。图中，m_1 和 m_2 为连杆 1 和连杆 2 的质量，且以连杆末端的点质量表示；d_1 和 d_2 分别为两连杆的长度，θ_1 和 θ_2 为广义坐标；g 为重力加速度。

先计算连杆 1 的动能 K_1 和位能 P_1。因为：

$$K_1 = \frac{1}{2}m_1 v_1^2, \quad v_1 = d_1\dot{\theta}_1, \quad P_1 = m_1 g h_1, \quad h_1 = -d_1\cos\theta_1$$

所以有：

$$K_1 = \frac{1}{2}m_1 d_1^2 \dot{\theta}_1^2$$

$$P_1 = -m_1 g d_1 \cos\theta_1$$

再求连杆 2 的动能 K_2 和位能 P_2：

$$K_2 = \frac{1}{2}m_2 v_2^2, \quad P_2 = mgy_2$$

式中

$$v_2^2 = \dot{x}_2^2 + \dot{y}_2^2$$

$$x_2 = d_1\sin\theta_1 + d_2\sin(\theta_1 + \theta_2)$$

$$y_2 = -d_1\cos\theta_1 - d_2\cos(\theta_1 + \theta_2)$$

$$\dot{x}_2 = d_1\cos\theta_1\dot{\theta}_1 + d_2\cos(\theta_1 + \theta_2)(\dot{\theta}_1 + \dot{\theta}_2)$$

$$\dot{y}_2 = d_1\sin\theta_1\dot{\theta}_1 + d_2\sin(\theta_1 + \theta_2)(\dot{\theta}_1 + \dot{\theta}_2)$$

于是可求得：

$$v_2^2 = d_1^2\dot{\theta}_1^2 + d_2^2(\dot{\theta}_1^2 + 2\dot{\theta}_1\dot{\theta}_2 + \dot{\theta}_2^2) + 2d_1 d_2\cos\theta_2(\dot{\theta}_1^2 + \dot{\theta}_1\dot{\theta}_2)$$

以及

$$K_2 = \frac{1}{2}m_2 d_1^2 \dot{\theta}_1^2 + \frac{1}{2}m_2 d_2^2(\dot{\theta}_1 + \dot{\theta}_2)^2 + m_2 d_1 d_2\cos\theta_2(\dot{\theta}_1^2 + \dot{\theta}_1\dot{\theta}_2)$$

$$P_2 = -m_2 g d_1\cos\theta_1 - m_2 g d_2\cos(\theta_1 + \theta_2)$$

这样，二连杆机械手系统的总动能和总位能分别为：

$$
\begin{aligned}
K &= K_1 + K_2 \\
&= \frac{1}{2}(m_1 + m_2)d_1^2\dot{\theta}_1^2 + \frac{1}{2}m_2 d_2^2(\dot{\theta}_1 + \dot{\theta}_2)^2 + m_2 d_1 d_2\cos\theta_2(\dot{\theta}_1^2 + \dot{\theta}_1\dot{\theta}_2)
\end{aligned}
\tag{4.3}
$$

$$P = P_1 + P_2$$

$$= -(m_1 - m_2)gd_1\cos\theta_1 - m_2gd_2\cos(\theta_1 + \theta_2) \tag{4.4}$$

4.1.2 动力学方程的两种求法

1. 拉格朗日功能平衡法

二连杆机械手系统的拉格朗日函数 L 可据式(4.1)、式(4.3)和式(4.4)求得:

$$L = K - P$$

$$= \frac{1}{2}(m_1 + m_2)d_1^2\dot{\theta}_1^2 + \frac{1}{2}m_2d_2^2(\dot{\theta}_1^2 + 2\dot{\theta}_1\dot{\theta}_2 + \dot{\theta}_2^2)$$

$$+ m_2d_1d_2\cos\theta_2(\dot{\theta}_1^2 + \dot{\theta}_1\dot{\theta}_2) + (m_1 + m_2)gd_1\cos\theta_1 + m_2gd_2\cos(\theta_1 + \theta_2) \tag{4.5}$$

对 L 求偏导数和导数:

$$\frac{\partial L}{\partial \theta_1} = -(m_1 + m_2)gd_1\sin\theta_1 - m_2gd_2\sin(\theta_1 + \theta_2)$$

$$\frac{\partial L}{\partial \theta_2} = -m_2d_1d_2\sin\theta_2(\dot{\theta}_1^2 + \dot{\theta}_1\dot{\theta}_2) - m_2gd_2\sin(\theta_1 + \theta_2)$$

$$\frac{\partial L}{\partial \dot{\theta}_1} = (m_1 + m_2)d_1^2\dot{\theta}_1 + m_2d_2^2\dot{\theta}_1 + m_2d_2^2\dot{\theta}_2 + 2m_2d_1d_2\cos\theta_2\dot{\theta}_1 + m_2d_1d_2\cos\theta_2\dot{\theta}_2$$

$$\frac{\partial L}{\partial \dot{\theta}_2} = m_2d_2^2\dot{\theta}_1 + m_2d_2^2\dot{\theta}_2 + m_2d_1d_2\cos\theta_2\dot{\theta}_1$$

以及

$$\frac{\mathrm{d}}{\mathrm{d}t}\frac{\partial L}{\partial \dot{\theta}_1} = [(m_1 + m_2)d_1^2 + m_2d_2^2 + 2m_2d_1d_2\cos\theta_2]\ddot{\theta}_1 + (m_2d_2^2 + m_2d_1d_2\cos\theta_2)\ddot{\theta}_2$$

$$- 2m_2d_1d_2\sin\theta_2\dot{\theta}_1\dot{\theta}_2 - m_2d_1d_2\sin\theta_2\dot{\theta}_2^2$$

$$\frac{\mathrm{d}}{\mathrm{d}t}\frac{\partial L}{\partial \dot{\theta}_2} = m_2d_2^2\ddot{\theta}_1 + m_2d_2^2\ddot{\theta}_2 + m_2d_1d_2\cos\theta_2\ddot{\theta}_1 - m_2d_1d_2\sin\theta_2\dot{\theta}_1\dot{\theta}_2$$

把相应各导数和偏导数代入式(4.2),即可求得力矩 T_1 和 T_2 的动力学方程式:

$$T_1 = \frac{\mathrm{d}}{\mathrm{d}t}\frac{\partial L}{\partial \dot{\theta}_1} - \frac{\partial L}{\partial \theta_1}$$

$$= [(m_1 + m_2)d_1^2 + m_2d_2^2 + 2m_2d_1d_2\cos\theta_2]\ddot{\theta}_1 + (m_2d_2^2 + m_2d_1d_2\cos\theta_2)\ddot{\theta}_2$$

$$- 2m_2d_1d_2\sin\theta_2\dot{\theta}_1\dot{\theta}_2 - m_2d_1d_2\sin\theta_2\dot{\theta}_2^2 + (m_1 + m_2)gd_1\sin\theta_1 + m_2gd_2\sin(\theta_1 + \theta_2) \tag{4.6}$$

$$T_2 = \frac{\mathrm{d}}{\mathrm{d}t}\frac{\partial L}{\partial \dot{\theta}_2} - \frac{\partial L}{\partial \theta_2}$$

$$= (m_2d_2^2 + m_2d_1d_2\cos\theta_2)\ddot{\theta}_1 + m_2d_2^2\ddot{\theta}_2 + m_2d_1d_2\sin\theta_2\dot{\theta}_1^2 + m_2gd_2\sin(\theta_1 + \theta_2) \tag{4.7}$$

式(4.6)和式(4.7)的一般形式和矩阵形式如下:

$$T_1 = D_{11}\ddot{\theta}_1 + D_{12}\ddot{\theta}_2 + D_{111}\dot{\theta}_1^2 + D_{122}\dot{\theta}_2^2 + D_{112}\dot{\theta}_1\dot{\theta}_2 + D_{121}\dot{\theta}_2\dot{\theta}_1 + D_1 \tag{4.8}$$

$$T_2 = D_{21}\ddot{\theta}_1 + D_{22}\ddot{\theta}_2 + D_{211}\dot{\theta}_1^2 + D_{222}\dot{\theta}_2^2 + D_{212}\dot{\theta}_1\dot{\theta}_2 + D_{221}\dot{\theta}_2\dot{\theta}_1 + D_2 \tag{4.9}$$

$$\begin{bmatrix} T_1 \\ T_2 \end{bmatrix} = \begin{bmatrix} D_{11} & D_{12} \\ D_{21} & D_{22} \end{bmatrix} \begin{bmatrix} \ddot{\theta}_1 \\ \ddot{\theta}_2 \end{bmatrix} + \begin{bmatrix} D_{111} & D_{122} \\ D_{211} & D_{222} \end{bmatrix} \begin{bmatrix} \dot{\theta}_1^2 \\ \dot{\theta}_2^2 \end{bmatrix} + \begin{bmatrix} D_{112} & D_{121} \\ D_{212} & D_{221} \end{bmatrix} \begin{bmatrix} \dot{\theta}_1\dot{\theta}_2 \\ \dot{\theta}_2\dot{\theta}_1 \end{bmatrix} + \begin{bmatrix} D_1 \\ D_2 \end{bmatrix}$$
$$\tag{4.10}$$

式中，D_{ii} 称为关节 i 的有效惯量，因为关节 i 的加速度 $\ddot{\theta}_i$ 将在关节 i 上产生一个等于 $D_{ii}\ddot{\theta}_i$ 的惯性力；D_{ij} 称为关节 i 和 j 间的耦合惯量，因为关节 i 和 j 的加速度 $\ddot{\theta}_i$ 和 $\ddot{\theta}_j$ 将在关节 j 或 i 上分别产生一个等于 $D_{ij}\ddot{\theta}_i$ 或 $D_{ij}\ddot{\theta}_j$ 的惯性力；$D_{ijk}\dot{\theta}_1^2$ 项是由关节 j 的速度 $\dot{\theta}_j$ 在关节 i 上产生的向心力；$(D_{ijk}\dot{\theta}_j\dot{\theta}_k + D_{ikj}\dot{\theta}_k\dot{\theta}_j)$ 项是由关节 j 和 k 的速度 $\dot{\theta}_j$ 和 $\dot{\theta}_k$ 引起的作用于关节 i 的哥氏力；D_i 表示关节 i 处的重力。

比较式(4.6)、式(4.7)与式(4.8)、式(4.9)，可得本系统各系数如下：

有效惯量
$$D_{11} = (m_1 + m_2)d_1^2 + m_2 d_2^2 + 2m_2 d_1 d_2 \cos\theta_2$$
$$D_{22} = m_2 d_2^2$$

耦合惯量
$$D_{12} = m_2 d_2^2 + m_2 d_1 d_2 \cos\theta_2 = m_2(d_2^2 + d_1 d_2 \cos\theta_2)$$

向心加速度系数
$$D_{111} = 0$$
$$D_{122} = -m_2 d_1 d_2 \sin\theta_2$$
$$D_{211} = m_2 d_1 d_2 \sin\theta_2$$
$$D_{222} = 0$$

哥氏加速度系数
$$D_{112} = D_{121} = -m_2 d_1 d_2 \sin\theta_2$$
$$D_{212} = D_{221} = 0$$

重力项
$$D_1 = (m_1 + m_2)gd_1 \sin\theta_1 + m_2 gd_2 \sin(\theta_1 + \theta_2)$$
$$D_2 = m_2 gd_2 \sin(\theta_1 + \theta_2)$$

下面对上例指定一些数字，以估计此二连杆机械手在静止和固定重力负荷下的 T_1 和 T_2 值。计算条件如下：

1) 关节 2 锁定，维持恒速($\ddot{\theta}_2$)=0，即 $\dot{\theta}_2$ 为恒值；

2) 关节 2 是不受约束的，即 $T_2 = 0$。

在第一个条件下，式(4.8)和式(4.9)简化为：$T_1 = D_{11}\ddot{\theta}_1 = I_1\ddot{\theta}_1$，$T_2 = D_{12}\ddot{\theta}_1$。在第二个条件下，$T_2 = D_{12}\ddot{\theta}_1 + D_{22}\ddot{\theta}_2 = 0$，$T_1 = D_{11}\ddot{\theta}_1 + D_{12}\ddot{\theta}_2$。解之得：

$$\ddot{\theta}_2 = -\frac{D_{12}}{D_{22}}\ddot{\theta}_1$$

$$T_1 = \left(D_{11} - \frac{D_{12}^2}{D_{22}}\right)\ddot{\theta}_1 = I_i\ddot{\theta}_1$$

取 $d_1 = d_2 = 1$，$m_1 = 2$，计算 $m_2 = 1$，4 和 100（分别表示机械手在地面空载、地面满载和在外空间负载的三种不同情况；对于后者，由于失重而允许有大的负载）三个不同数值下的各系数值。表 4-1 给出这些系数值及其与位置 θ_2 的关系。其中，对于地面空载，$m_1 = m_2 = 1$；对于地面满载，$m_1 = 2$，$m_2 = 4$；对于外空间负载，$m_1 = 2$，$m_2 = 100$。

表 4-1　各系数值及其与位置 θ_2 的关系

负载	θ_2	$\cos\theta_2$	D_{11}	D_{12}	D_{22}	I_1	I_f
地面空载	0°	1	6	2	1	6	2
	90°	0	4	1	1	4	3
	180°	−1	2	0	1	2	2
	270°	0	4	1	1	4	3
地面满载	0°	1	18	8	4	18	2
	90°	0	10	4	4	10	6
	180°	−1	2	0	4	2	2
	270°	0	10	4	4	10	6
外空间负载	0°	1	402	200	100	402	2
	90°	0	202	100	100	202	102
	180°	−1	2	0	100	2	2
	270°	0	202	100	100	202	102

表 4-1 中最右两列为关节 1 上的有效惯量。在空载下，当 θ_2 变化时，关节 1 的有效惯量值在 3∶1（关节 2 锁定时）或 3∶2（关节 2 自由时）范围内变动。由表 4-1 还可以看出，在地面满载下，关节 1 的有效惯量随 θ_2 在 9∶1 范围内变化，此有效惯量值比空载时提高到三倍。在外空间负载 100 情况下，有效惯量变化范围更大，可达 201∶1。这些惯量的变化将对机械手的控制产生显著影响。

2. 牛顿-欧拉动态平衡法

为了与拉格朗日法进行比较，看看哪种方法比较简便，用牛顿-欧拉（Newton-Euler）动态平衡法来求上述同一个二连杆系统的动力学方程，其一般形式为：

$$\frac{\partial W}{\partial q_i} = \frac{\mathrm{d}}{\mathrm{d}t}\frac{\partial K}{\partial \dot{q}_i} - \frac{\partial K}{\partial q_i} + \frac{\partial D}{\partial \dot{q}_i} + \frac{\partial P}{\partial q_i}, \quad i = 1, 2, \cdots, n \qquad (4.11)$$

式中的 W、K、D、P 和 q_i 等的含义与拉格朗日法一样；i 为连杆代号，n 为连杆数目。

质量 m_1 和 m_2 的位置矢量 $\boldsymbol{r}_1$ 和 $\boldsymbol{r}_2$（见图 4-3）为：

$$\boldsymbol{r}_1 = \boldsymbol{r}_0 + (d_1\cos\theta_1)\boldsymbol{i} + (d_1\sin\theta_1)\boldsymbol{j}$$

$$= (d_1\cos\theta_1)\boldsymbol{i} + (d_1\sin\theta_1)\boldsymbol{j}$$

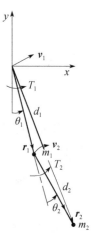

图 4-3　二连杆机械手(2)

$$\boldsymbol{r}_2 = \boldsymbol{r}_1 + [d_2\cos(\theta_1+\theta_2)]\boldsymbol{i} + [d_2\sin(\theta_1+\theta_2)]\boldsymbol{j}$$

$$= [d_1\cos\theta_1 + d_2\cos(\theta_1+\theta_2)]\boldsymbol{i} + [d_1\sin\theta_1 + d_2\sin(\theta_1+\theta_2)]\boldsymbol{j}$$

速度矢量 $\boldsymbol{v}_1$ 和 $\boldsymbol{v}_2$ 为：

$$\boldsymbol{v}_1 = \frac{\mathrm{d}\boldsymbol{r}_1}{\mathrm{d}t} = [-\dot{\theta}_1 d_1\sin\theta_1]\boldsymbol{i} + [\dot{\theta}_1 d_1\cos\theta_1]\boldsymbol{j}$$

$$\boldsymbol{v}_2 = \frac{\mathrm{d}\boldsymbol{r}_2}{\mathrm{d}t} = [-\dot{\theta}_1 d_1\sin\theta_1 - (\dot{\theta}_1+\dot{\theta}_2)d_2\sin(\theta_1+\theta_2)]\boldsymbol{i}$$

$$= [\dot{\theta}_1 d_1\cos\theta_1 - (\dot{\theta}_1+\dot{\theta}_2)d_2\cos(\theta_1+\theta_2)]\boldsymbol{j}$$

再求速度的平方，计算结果得：

$$\boldsymbol{v}_1^2 = d_1^2\dot{\theta}_1^2$$

$$\boldsymbol{v}_2^2 = d_1^2\dot{\theta}_1^2 + d_2^2(\dot{\theta}_1^2 + 2\dot{\theta}_1\dot{\theta}_2 + \dot{\theta}_2^2) + 2d_1 d_2(\dot{\theta}_1^2 + \dot{\theta}_1\dot{\theta}_2)\cos\theta_2$$

于是可得系统动能：

$$K = \frac{1}{2}m_1 v_1^2 + \frac{1}{2}m_2 v_2^2$$

$$= \frac{1}{2}(m_1+m_2)d_1^2\dot{\theta}_1^2 + \frac{1}{2}m_2 d_2^2(\dot{\theta}_1^2 + 2\dot{\theta}_1\dot{\theta} + \dot{\theta}_2^2) + m_2 d_1 d_2(\dot{\theta}_1^2 + \dot{\theta}_1\dot{\theta}_2)\cos\theta_2$$

系统的位能随 r 的增大（位置下降）而减少。我们以坐标原点为参考点进行计算：

$$P = -m_1\boldsymbol{g}\boldsymbol{r}_1 - m_2\boldsymbol{g}\boldsymbol{r}_2$$

$$= -(m_1+m_2)gd_1\cos\theta_1 - m_2 gd_2\cos(\theta_1+\theta_2)$$

系统能耗：

$$D = \frac{1}{2}C_1\dot{\theta}_1^2 + \frac{1}{2}C_2\dot{\theta}_2^2$$

外力矩所做的功：

$$W = T_1\theta_1 + T_2\theta_2$$

至此，求得关于 K、P、D 和 W 的四个标量方程式。有了这四个方程式，就能够按式(4.11)求出系统的动力学方程式。为此，先求有关导数和偏导数。

当 $q_i = \theta_1$ 时，

$$\frac{\partial K}{\partial \dot{\theta}_1} = (m_1+m_2)d_1^2\dot{\theta}_1 + m_2 d_2^2(\theta_1+\theta_2) + m_2 d_1 d_2(2\dot{\theta}_1+\dot{\theta}_2)\cos\theta_2$$

$$\frac{\mathrm{d}}{\mathrm{d}t}\frac{\partial K}{\partial \dot{\theta}_1} = (m_1+m_2)d_1^2\ddot{\theta}_1 + m_2 d_2^2(\ddot{\theta}_1+\ddot{\theta}_2) + m_2 d_1 d_2(2\ddot{\theta}_1+\ddot{\theta}_2)\cos\theta_2$$

$$- m_2 d_1 d_2(2\dot{\theta}_1+\dot{\theta}_2)\dot{\theta}_2\sin\theta_2$$

$$\frac{\partial K}{\partial \theta_1} = 0$$

$$\frac{\partial D}{\partial \dot{\theta}_1} = C_1\dot{\theta}_1$$

$$\frac{\partial P}{\partial \theta_1}(m_1 + m_2)gd_1\sin\theta_1 + m_2d_2g\sin(\theta_1 + \theta_2)$$

$$\frac{\partial W}{\partial \theta_1} = T_1$$

把所求得的上列各导数代入式(4.11)，经合并整理可得：

$$
\begin{aligned}
T_1 =& \left[(m_1 + m_2)d_1^2 + m_2d_2^2 + 2m_2d_1d_2\cos\theta_2\right]\ddot{\theta}_1 \\
&+ \left[m_2d_2^2 + m_2d_1d_2\cos\theta_2\right]\ddot{\theta}_2 + c_1\dot{\theta}_1 - (2m_2d_1d_2\sin\theta_2)\dot{\theta}_1\dot{\theta}_2 \\
&- (m_2d_1d_2\sin\theta_2)\dot{\theta}_2^2 + \left[(m_1 + m_2)gd_1\sin\theta_1 + m_2d_2g\sin(\theta_1 + \theta_2)\right]
\end{aligned}
\quad (4.12)
$$

当 $q_i = \theta_2$ 时，

$$\frac{\partial K}{\partial \dot{\theta}_2} = m_2d_2^2(\dot{\theta}_1 + \dot{\theta}_2) + m_2d_1d_2\dot{\theta}_1\cos\theta_2$$

$$\frac{\mathrm{d}}{\mathrm{d}t}\frac{\partial K}{\partial \dot{\theta}_2} = m_2d_2^2(\ddot{\theta}_1 + \ddot{\theta}_2) + m_2d_1d_2\ddot{\theta}_1\cos\theta_2 - m_2d_1d_2\dot{\theta}_1\dot{\theta}_2\sin\theta_2$$

$$\frac{\partial K}{\partial \dot{\theta}_2} = -m_2d_2^2(\dot{\theta}_1^2 + \dot{\theta}_1\dot{\theta}_2)\sin\theta_2$$

$$\frac{\partial D}{\partial \dot{\theta}_2} = C_2\dot{\theta}_2$$

$$\frac{\partial P}{\partial \dot{\theta}_2} = m_2gd_2\sin(\theta_1 + \theta_2)$$

$$\frac{\partial W}{\partial \dot{\theta}_2} = T_2$$

把上列各式代入式(4.11)，并化简得：

$$T_2 = (m_2d_2^2 + m_2d_1d_2\cos\theta_2)\ddot{\theta}_1 + m_2d_2^2\ddot{\theta}_2 + m_2d_1d_2\sin\theta_2\dot{\theta}_1^2 + c_2\dot{\theta}_2 + m_2gd_2\sin(\theta_1 + \theta_2)$$

$$(4.13)$$

也可以把式(4.12)和式(4.13)写成式(4.8)和式(4.9)那样的一般形式。

比较式(4.6)、式(4.7)与式(4.12)、式(4.13)可见，如果不考虑摩擦损耗(取 $c_1 = c_2 = 0$)，那么式(4.6)与式(4.12)完全一致，式(4.7)与式(4.13)完全一致。在式(4.6)和式(4.7)中，没有考虑摩擦所消耗的能量，而式(4.12)和式(4.13)则考虑了这一损耗。因此，所求两种结果出现了这一差别。

4.2　机械手动力学方程

上一节分析了二连杆机械手系统，下面进而分析由一组 A 变换描述的任何机械手，求出其动力学方程。推导过程分五步进行：

1) 计算任一连杆上任一点的速度；

2）计算各连杆的动能和机械手的总动能；

3）计算各连杆的位能和机械手的总位能；

4）建立机械手系统的拉格朗日函数；

5）对拉格朗日函数求导，以得到动力学方程式。

图 4-4 表示一个四连杆机械手的结构。我们先从这个例子出发，求得此机械手某个连杆（例如连杆 3）上某一点（如点 P）的速度、质点和机械手的动能与位能、拉格朗日算子，再求系统的动力学方程式。然后，由特殊到一般，导出任何机械手的速度、动能、位能和动力学方程的一般表达式。

4.2.1 速度的计算

图 4-4 中连杆 3 上点 P 的位置为：

$$^0\boldsymbol{r}_p = T_3\,^3\boldsymbol{r}_p$$

式中，$^0\boldsymbol{r}_p$ 为总（基）坐标系中的位置矢量；$^3\boldsymbol{r}_p$ 为局部（相对关节 O_3）坐标系中的位置矢量；T_3 为变换矩阵，包括旋转变换和平移变换。

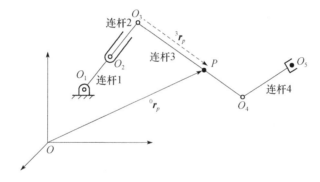

图 4-4 四连杆机械手

对于任一连杆 i 上的一点，其位置为：

$$^0\boldsymbol{r} = T_i\,^i\boldsymbol{r} \tag{4.14}$$

点 P 的速度为：

$$^0\boldsymbol{v}_p = \frac{\mathrm{d}}{\mathrm{d}t}(^0\boldsymbol{r}_p) = \frac{\mathrm{d}}{\mathrm{d}t}(T_3\,^3\boldsymbol{r}_p) = \dot{T}_3\,^3\boldsymbol{r}_p$$

式中，$\dot{T}_3 = \dfrac{\mathrm{d}T_3}{\mathrm{d}t} = \displaystyle\sum_{j=1}^{3} \frac{\partial T_3}{\partial q_i}\dot{q}_j$，所以有：

$$^0\boldsymbol{v}_p = \left(\sum_{j=1}^{3} \frac{\partial T_3}{\partial q_j}\dot{q}_i\right)(^3\boldsymbol{r}_p)$$

对于连杆 i 上任一点的速度为：

$$\boldsymbol{v} = \frac{\mathrm{d}\boldsymbol{r}}{\mathrm{d}t} = \left(\sum_{j=1}^{i} \frac{\partial T_i}{\partial q_j}\dot{q}_j\right)^i\boldsymbol{r} \tag{4.15}$$

P 点的加速度：

$$
\begin{aligned}
{}^0\boldsymbol{a}_p &= \frac{\mathrm{d}}{\mathrm{d}t}({}^0\boldsymbol{v}_p) = \frac{\mathrm{d}}{\mathrm{d}t}(\dot{T}_3\,{}^3\boldsymbol{r}_p) = \ddot{T}_3\,{}^3\boldsymbol{r}_p = \frac{\mathrm{d}}{\mathrm{d}t}\Big(\sum_{j=1}^{3}\frac{\partial T_3}{\partial q_i}\dot{q}_i\Big)({}^3\boldsymbol{r}_p) \\
&= \Big(\sum_{j=1}^{3}\frac{\partial T_3}{\partial q_i}\frac{\mathrm{d}}{\mathrm{d}t}\dot{q}_i\Big)({}^3\boldsymbol{r}_p) + \Big(\sum_{k=1}^{3}\sum_{j=1}^{3}\frac{\partial^2 T_3}{\partial q_j\partial q_k}\dot{q}_k\dot{q}_j\Big)({}^3\boldsymbol{r}_p) \\
&= \Big(\sum_{j=1}^{3}\frac{\partial T_3}{\partial q_i}\ddot{q}_i\Big)({}^3\boldsymbol{r}_p) + \Big(\sum_{k=1}^{3}\sum_{j=1}^{3}\frac{\partial^2 T_3}{\partial q_j\partial q_k}\dot{q}_k\dot{q}_j\Big)({}^3\boldsymbol{r}_p)
\end{aligned}
$$

速度的平方：

$$
\begin{aligned}
({}^0\boldsymbol{v}_p)^2 &= ({}^0\boldsymbol{v}_p)\cdot({}^0\boldsymbol{v}_p) = \mathrm{Trace}\big[({}^0\boldsymbol{v}_p)\cdot({}^0\boldsymbol{v}_p)^{\mathrm{T}}\big] \\
&= \mathrm{Trace}\Big[\sum_{j=1}^{3}\frac{\partial T_3}{\partial q_j}\dot{q}_j({}^3\boldsymbol{r}_p)\cdot\sum_{k=1}^{3}\Big(\frac{\partial T_3}{\partial q_k}\dot{q}_k\Big)({}^3\boldsymbol{r}_p)^{\mathrm{T}}\Big] \\
&= \mathrm{Trace}\Big[\sum_{j=1}^{3}\sum_{k=1}^{3}\frac{\partial T_3}{\partial q_j}({}^3\boldsymbol{r}_p)({}^3\boldsymbol{r}_p)^{\mathrm{T}}\frac{\partial T_3}{\partial q_k}^{\mathrm{T}}\dot{q}_j\dot{q}_k\Big]
\end{aligned}
$$

对于任一机械手上一点的速度平方为：

$$
\begin{aligned}
\boldsymbol{v}^2 &= \Big(\frac{\mathrm{d}r}{\mathrm{d}t}\Big)^2 = \mathrm{Trace}\Big[\sum_{j=1}^{i}\frac{\partial T_i}{\partial q_j}\dot{q}_j\,{}^i\boldsymbol{r}\sum_{k=1}^{i}\Big(\frac{\partial T_i}{\partial q_k}\dot{q}_k\,{}^i\boldsymbol{r}\Big)^{\mathrm{T}}\Big] \\
&= \mathrm{Trace}\Big[\sum_{j=1}^{i}\sum_{k=1}^{i}\frac{\partial T_i}{\partial q_k}\,{}^i\boldsymbol{r}\,{}^i\boldsymbol{r}^{\mathrm{T}}\Big(\frac{\partial T_i}{\partial q_k}\Big)^{\mathrm{T}}\dot{q}_k\dot{q}_k\Big]
\end{aligned}
\tag{4.16}
$$

式中，Trace 表示矩阵的迹。对于 n 阶方阵来说，其迹即为它的主对角线上各元素之和。

4.2.2　动能和位能的计算

令连杆 3 上任一质点 P 的质量为 $\mathrm{d}m$，则其动能为：

$$
\begin{aligned}
\mathrm{d}K_3 &= \frac{1}{2}v_p^2\mathrm{d}m \\
&= \frac{1}{2}\mathrm{Trace}\Big[\sum_{j=1}^{3}\sum_{k=1}^{3}\frac{\partial T_3}{\partial q_i}\,{}^3r_p({}^3r_p)^{\mathrm{T}}\Big(\frac{\partial T_3}{\partial q_k}\Big)^{\mathrm{T}}\dot{q}_i\dot{q}_k\Big]\mathrm{d}m \\
&= \frac{1}{2}\mathrm{Trace}\Big[\sum_{j=1}^{3}\sum_{k=1}^{3}\frac{\partial T_3}{\partial q_i}({}^3r_p\mathrm{d}m\,{}^3r_p^{\mathrm{T}})^{\mathrm{T}}\Big(\frac{\partial T_3}{\partial q_k}\Big)^{\mathrm{T}}\dot{q}_i\dot{q}_k\Big]
\end{aligned}
$$

任一机械手连杆 i 上位置矢量 ${}^i\boldsymbol{r}$ 的质点，其动能如下式所示：

$$
\begin{aligned}
\mathrm{d}K_i &= \frac{1}{2}\mathrm{Trace}\Big[\sum_{j=1}^{i}\sum_{k=1}^{i}\frac{\partial T_i}{\partial q_j}\,{}^j\boldsymbol{r}\,{}^i\boldsymbol{r}^{\mathrm{T}}\frac{\partial T_i^{\mathrm{T}}}{\partial q_k}\dot{q}_j\dot{q}_k\Big]\mathrm{d}m \\
&= \frac{1}{2}\mathrm{Trace}\Big[\sum_{j=1}^{i}\sum_{k=1}^{i}\frac{\partial T_i}{\partial q_j}({}^i\boldsymbol{r}\mathrm{d}m\,{}^i\boldsymbol{r}^{\mathrm{T}})^{\mathrm{T}}\frac{\partial T_i^{\mathrm{T}}}{\partial q_k}\dot{q}_j\dot{q}_k\Big]
\end{aligned}
$$

对连杆 3 积分 $\mathrm{d}K_3$，得连杆 3 的动能为：

$$
K_3 = \int_{\text{连杆3}}\mathrm{d}K_3 = \frac{1}{2}\mathrm{Trace}\Big[\sum_{j=1}^{3}\sum_{k=1}^{3}\frac{\partial T_3}{\partial q_j}\Big(\int_{\text{连杆3}}{}^3\boldsymbol{r}_p^3\boldsymbol{r}_p^{\mathrm{T}}\mathrm{d}m\Big)\Big(\frac{\partial T_3}{\partial q_k}\Big)^{\mathrm{T}}\dot{q}_j\dot{q}_k\Big]
$$

式中，积分 $\int {}^3\boldsymbol{r}_p^3\boldsymbol{r}_p^{\mathrm{T}}\mathrm{d}m$ 称为连连杆的伪惯量矩阵，并记为：

$$I_3 = \int\limits_{\text{连杆}3} {}^3\boldsymbol{r}_p^3\boldsymbol{r}_p^{\mathrm{T}}\mathrm{d}m$$

这样，

$$K_3 = \frac{1}{2}\mathrm{Trace}\Big[\sum_{j=1}^{3}\sum_{k=1}^{3}\frac{\partial T_3}{\partial q_j}J_3\Big(\frac{\partial T_3}{\partial q_k}\Big)^{\mathrm{T}}\dot{q}_j\dot{q}_k\Big]$$

任何机械手上任一连杆 i 动能为：

$$K_i = \int\limits_{\text{连杆}i}\mathrm{d}K_i = \frac{1}{2}\mathrm{Trace}\Big[\sum_{j=1}^{i}\sum_{k=1}^{i}\frac{\partial T_i}{\partial q_j}I_i\Big(\frac{\partial T_i}{\partial q_k}\Big)\dot{q}_j\dot{q}_k\Big] \tag{4.17}$$

式中，I_i 为伪惯量矩阵，其一般表达式为：

$$I_i = \int\limits_{\text{连杆}3}{}^i r^i r^{\mathrm{T}}\mathrm{d}m = \int\limits_i {}^i r^i r^{\mathrm{T}}\mathrm{d}m$$

$$= \begin{bmatrix} \int\limits_i {}^i x^2\mathrm{d}m & \int\limits_i {}^i x^i y\mathrm{d}m & \int\limits_i {}^i x^i z\mathrm{d}m & \int\limits_i {}^i x\mathrm{d}m \\[2mm] \int\limits_i {}^i x^i y\mathrm{d}m & \int\limits_i {}^i y^2\mathrm{d}m & \int\limits_i {}^i y^i z\mathrm{d}m & \int\limits_i {}^i y\mathrm{d}m \\[2mm] \int\limits_i {}^i x^i z\mathrm{d}m & \int\limits_i {}^i y^i z\mathrm{d}m & \int\limits_i {}^i z^2\mathrm{d}m & \int\limits_i {}^i z\mathrm{d}m \\[2mm] \int\limits_i {}^i x\mathrm{d}m & \int\limits_i {}^i y\mathrm{d}m & \int\limits_i {}^i z\mathrm{d}m & \int\limits_i \mathrm{d}m \end{bmatrix}$$

根据理论力学或物理学可知，物体的转动惯量、矢量积以及一阶矩量为：

$$I_{xx} = \int(y^2 + z^2)\mathrm{d}m, \quad I_{yy} = \int(x^2 + z^2)\mathrm{d}m, \quad I_{zz} = \int(x^2 + y^2)\mathrm{d}m;$$

$$I_{xy} = I_{yx} = \int xy\mathrm{d}m, \quad I_{xz} = I_{zx} = \int xz\mathrm{d}m, \quad I_{yz} = I_{zy} = \int yz\mathrm{d}m;$$

$$mx = \int x\mathrm{d}m, \quad my = \int y\mathrm{d}m, \quad mz = \int z\mathrm{d}m$$

如果令

$$\int x^2\mathrm{d}m = -\frac{1}{2}\int(y^2 + z^2)\mathrm{d}m + \frac{1}{2}\int(x^2 + z^2)\mathrm{d}m + \frac{1}{2}\int(x^2 + y^2)\mathrm{d}m$$

$$= (-I_{xx} + I_{yy} + I_{zz})/2$$

$$\int y^2\mathrm{d}m = +\frac{1}{2}\int(y^2 + z^2)\mathrm{d}m - \frac{1}{2}\int(x^2 + z^2)\mathrm{d}m + \frac{1}{2}\int(x^2 + y^2)\mathrm{d}m$$

$$= (+I_{xx} - I_{yy} + I_{zz})/2$$

$$\int z^2\mathrm{d}m = +\frac{1}{2}\int(y^2 + z^2)\mathrm{d}m + \frac{1}{2}\int(x^2 + z^2)\mathrm{d}m - \frac{1}{2}\int(x^2 + y^2)\mathrm{d}m$$

$$= (+I_{xx} + I_{yy} - I_{zz})/2$$

于是可把 I_i 表示为：

$$I_i = \begin{bmatrix} \dfrac{-I_{ixx}+I_{iyy}+I_{izz}}{2} & I_{ixy} & I_{ixz} & m_i\bar{x}_i \\[3mm] I_{ixy} & \dfrac{I_{ixx}-I_{iyy}+I_{izz}}{2} & I_{iyz} & m_i\bar{y}_i \\[3mm] I_{ixz} & I_{iyz} & \dfrac{I_{ixx}+I_{iyy}-I_{izz}}{2} & m_i\bar{z}_i \\[3mm] m_i\bar{x}_i & m_i\bar{y}_i & m_i\bar{z}_i & m_i \end{bmatrix} \tag{4.18}$$

具有 n 个连杆的机械手总的功能为：

$$K = \sum_{i=1}^{n} K_i = \frac{1}{2}\sum_{i=1}^{n}\mathrm{Trace}\Big[\sum_{j=1}^{n}\sum_{k=1}^{i}\frac{\partial T_i}{\partial q_j}I_i\frac{\partial T_i^{\mathrm{T}}}{\partial q_k}\dot{q}_i\dot{q}_k\Big] \tag{4.19}$$

此外，连杆 i 的传动装置动能为：

$$K_{ai} = \frac{1}{2}I_{ai}\dot{q}_i^2$$

式中，I_{ai} 为传动装置的等效转动惯量，对于平动关节，I_a 为等效质量；$\dot{q}_i$ 为关节 i 的速度。

所有关节的传动装置总动能为：

$$K_a = \frac{1}{2}\sum_{i=1}^{n}I_{ai}\dot{q}_i^2$$

于是得到机械手系统（包括传动装置）的总动能为：

$$\begin{aligned} K_t &= K + K_a \\ &= \frac{1}{2}\sum_{i=1}^{6}\sum_{j=1}^{i}\sum_{k=1}^{i}\mathrm{Trace}\Big(\frac{\partial T_i}{\partial q_i}I_i\frac{\partial T_i^{\mathrm{T}}}{\partial q_k}\Big)\dot{q}_j\dot{q}_k + \frac{1}{2}\sum_{i=1}^{6}I_{ai}\dot{q}_i^2 \end{aligned} \tag{4.20}$$

下面再来计算机械手的位能。众所周知，一个在高度 h 处质量为 m 的物体，其位能为：

$$P = mgh$$

连杆 i 上位置 $^i r$ 处的质点 $\mathrm{d}m$，其位能为：

$$\mathrm{d}P_i = -\mathrm{d}m\boldsymbol{g}^{\mathrm{T}\,0}r = -\boldsymbol{g}^{\mathrm{T}}T_i{}^i r\,\mathrm{d}m$$

式中，$\boldsymbol{g}^{\mathrm{T}} = [g_x,\ g_y,\ g_z,\ 1]$。

$$\begin{aligned} P_i &= \int_{\text{连杆}i}\mathrm{d}P_i = -\int_{\text{连杆}i}\boldsymbol{g}^{\mathrm{T}}T_i{}^i r\,\mathrm{d}m = -\boldsymbol{g}^{\mathrm{T}}T_i\int_{\text{连杆}i}{}^i r\,\mathrm{d}m \\ &= -\boldsymbol{g}^{\mathrm{T}}T_i m_i{}^i r_i = -m_i\boldsymbol{g}^{\mathrm{T}}T_i{}^i r_i \end{aligned}$$

其中，m_i 为连杆 i 的质量；$^i r_i$ 为连杆 i 相对于其前端关节坐标系的重心位置。

由于传动装置的重力作用 P_{ai} 一般是很小的，可以略之不计，所以，机械手系统的总位能为：

$$\begin{aligned} P &= \sum_{i=1}^{n}(P_i - P_{ai}) \approx \sum_{i=1}^{n}P_i \\ &= -\sum_{i=1}^{n}m_i\boldsymbol{g}^{\mathrm{T}}T_i{}^i r_i \end{aligned} \tag{4.21}$$

4.2.3　动力学方程的推导

据式(4.1)求拉格朗日函数：

$$L = K_t - P$$

$$= \frac{1}{2}\sum_{i=1}^{n}\sum_{j=1}^{i}\sum_{k=1}^{i}\mathrm{Trace}\Big(\frac{\partial T_i}{\partial q_i}I_i\frac{\partial T_i^{\mathrm{T}}}{\partial q_k}\Big)\dot{q}_j\dot{q}_k + \frac{1}{2}\sum_{i=1}^{n}I_{ai}\dot{q}_i^2 + \sum_{i=1}^{n}m_i\boldsymbol{g}^{\mathrm{T}}T_i{}^i r_i$$

$$n = 1,2,\cdots \tag{4.22}$$

再据式(4.2)求动力学方程。先求导数：

$$\frac{\partial L}{\partial \dot{q}_p} = \frac{1}{2}\sum_{i=1}^{n}\sum_{k=1}^{i}\mathrm{Trace}\Big(\frac{\partial T_i}{\partial q_p}I_i\frac{\partial T_i^{\mathrm{T}}}{\partial q_k}\Big)\dot{q}_k + \frac{1}{2}\sum_{i=1}^{n}\sum_{j=1}^{i}\mathrm{Trace}\Big(\frac{\partial T_i}{\partial q_i}I_i\frac{\partial T_i^{\mathrm{T}}}{\partial q_p}\Big)\dot{q}_j + I_{ap}\dot{q}_p$$

$$p = 1,2,\cdots,n$$

据式(4.18)知，I_i 为对称矩阵，即 $I_i^{\mathrm{T}} = I_i$，所以下式成立：

$$\mathrm{Trace}\Big(\frac{\partial T_i}{\partial q_j}I_i\frac{\partial T_i^{\mathrm{T}}}{\partial q_k}\Big) = \mathrm{Trace}\Big(\frac{\partial T_i}{\partial q_k}I_i^{\mathrm{T}}\frac{\partial T_i^{\mathrm{T}}}{\partial q_j}\Big) = \mathrm{Trace}\Big(\frac{\partial T_i}{\partial q_k}I_i\frac{\partial T_i^{\mathrm{T}}}{\partial q_j}\Big)$$

$$\frac{\partial L}{\partial \dot{q}_p} = \sum_{i=1}^{n}\sum_{k=1}^{i}\mathrm{Trace}\Big(\frac{\partial T_i}{\partial q_k}I_i\frac{\partial T_i^{\mathrm{T}}}{\partial q_p}\Big)\dot{q}_k + I_{ap}\dot{q}_p$$

当 $p > i$ 时，后面连杆变量 q_p 对前面各连杆不产生影响，即 $\partial T_i/\partial q_p = 0$，$p > i$。这样可得：

$$\frac{\partial L}{\partial \dot{q}_p} = \sum_{i=p}^{n}\sum_{k=1}^{i}\mathrm{Trace}\Big(\frac{\partial T_i}{\partial q_k}I_i\frac{\partial T_i^{\mathrm{T}}}{\partial q_p}\Big) + \dot{q}_k + I_{ap}\dot{q}_p$$

因为

$$\frac{\mathrm{d}}{\mathrm{d}t}\Big(\frac{\partial T_i}{\partial q_j}\Big) = \sum_{k=1}^{i}\frac{\partial}{\partial q_k}\Big(\frac{\partial T_i}{\partial q_i}\Big)\dot{q}_k$$

所以

$$\frac{\mathrm{d}}{\mathrm{d}t}\frac{\partial L}{\partial \dot{q}_p} = \sum_{i=p}^{n}\sum_{k=1}^{i}\mathrm{Trace}\Big(\frac{\partial T_i}{\partial q_k}I_i\frac{\partial T_i^{\mathrm{T}}}{\partial q_p}\Big)\ddot{q}_k + I_{ap}\ddot{q}_p + \sum_{i=p}^{n}\sum_{j=1}^{i}\sum_{k=1}^{i}\mathrm{Trace}\Big(\frac{\partial^2 T_i}{\partial q_j\partial q_k}I_i\frac{\partial T_i^{\mathrm{T}}}{\partial q_i}\Big)\dot{q}_j\dot{q}_k$$

$$+ \sum_{i=p}^{n}\sum_{j=1}^{i}\sum_{k=1}^{i}\mathrm{Trace}\Big(\frac{\partial^2 T_i}{\partial q_p\partial q_k}I_i\frac{\partial T_i^{\mathrm{T}}}{\partial q_i}\Big)\dot{q}_j\dot{q}_k$$

$$= \sum_{i=p}^{n}\sum_{k=1}^{i}\mathrm{Trace}\Big(\frac{\partial T_i}{\partial q_k}I_i\frac{\partial T_i^{\mathrm{T}}}{\partial q_p}\Big)\ddot{q}_k + I_{ap}\ddot{q}_p + 2\sum_{i=p}^{n}\sum_{j=1}^{i}\sum_{k=1}^{i}\mathrm{Trace}\Big(\frac{\partial^2 T_i}{\partial q_j\partial q_k}I_i\frac{\partial T_i^{\mathrm{T}}}{\partial q_k}\Big)\dot{q}_j\dot{q}_k$$

再求 $\partial L/\partial q_p$ 项：

$$\frac{\partial L}{\partial q_p} = \frac{1}{2}\sum_{i=p}^{n}\sum_{j=1}^{i}\sum_{k=1}^{i}\mathrm{Trace}\Big(\frac{\partial^2 T_i}{\partial q_j\partial q_k}I_i\frac{\partial T_i^{\mathrm{T}}}{\partial q_k}\Big)\dot{q}_j\dot{q}_k$$

$$+ \frac{1}{2}\sum_{i=p}^{n}\sum_{i=1}^{i}\sum_{k=1}^{i}\mathrm{Trace}\Big(\frac{\partial^2 T_i}{\partial q_k\partial q_p}I_i\frac{\partial T_i^{\mathrm{T}}}{\partial q_j}\Big)\dot{q}_j\dot{q}_k + \sum_{i=p}^{n}m_i\boldsymbol{g}^{\mathrm{T}}\frac{\partial T_i}{\partial q_p}{}^i r_i$$

$$= \sum_{i=p}^{n}\sum_{j=1}^{i}\sum_{k=1}^{i}\mathrm{Trace}\Big(\frac{\partial^2 T_i}{\partial q_p\partial q_j}I_i\frac{\partial T_i^{\mathrm{T}}}{\partial q_k}\Big)\dot{q}_j\dot{q}_k + \sum_{i=p}^{n}m_i\boldsymbol{g}^{\mathrm{T}}\frac{\partial T_i}{\partial q_p}{}^i r_i$$

在上列两式运算中，交换第二项和式的哑元 j 和 k，然后与第一项和式合并，获得化简式。把上述两式代入(4.2)的右式得：

$$\frac{\mathrm{d}}{\mathrm{d}t}\frac{\partial L}{\partial \dot{q}_p} - \frac{\partial L}{\partial q_p} = \sum_{i=p}^{n}\sum_{k=1}^{i}\mathrm{Trace}\Big(\frac{\partial T_i}{\partial q_k}I_i\frac{\partial T_i^{\mathrm{T}}}{\partial q_p}\Big)\ddot{q}_k + I_{ap}\ddot{q}_p$$

$$+ \sum_{i=p}^{n}\sum_{j=1}^{i}\sum_{k=1}^{i}\mathrm{Trace}\Big(\frac{\partial^2 T_i}{\partial q_j \partial q_k}I_i\frac{\partial T_i^{\mathrm{T}}}{\partial q_p}\Big)\dot{q}_j\dot{q}_k - \sum_{i=p}^{n}m_i\boldsymbol{g}^{\mathrm{T}}\frac{\partial T_i}{\partial q_p}\,{}^{i}r_i$$

交换上列各和式中的哑元，以 i 代替 p，以 j 代替 i，以 m 代替 j，即可得具有 n 个连杆的机械手系统动力学方程如下：

$$T_i = \sum_{j=i}^{n}\sum_{k=1}^{j}\mathrm{Trace}\Big(\frac{\partial T_j}{\partial q_k}I_j\frac{\partial T_j^{\mathrm{T}}}{\partial q_i}\Big)\ddot{q}_k + I_{ai}\ddot{q}_i$$

$$+ \sum_{j=1}^{n}\sum_{k=1}^{j}\sum_{m=1}^{j}\mathrm{Trace}\Big(\frac{\partial^2 T_i}{\partial q_k \partial q_m}I_j\frac{\partial T_j^{\mathrm{T}}}{\partial q_i}\Big)\dot{q}_k\dot{q}_m - \sum_{j=1}^{n}m_j\boldsymbol{g}^{\mathrm{T}}\frac{\partial T_i}{\partial q_i}\,{}^{i}r_i \qquad (4.23)$$

这些方程式是与求和次序无关的。我们把式(4.23)写成下列形式：

$$T_i = \sum_{j=1}^{n}D_{ij}\ddot{q}_j + I_{ai}\ddot{q}_i + \sum_{j=1}^{6}\sum_{k=1}^{6}D_{ijk}\dot{q}_j\dot{q}_k + D_i \qquad (4.24)$$

式中，取 $n=6$，而且

$$D_{ij} = \sum_{p=\max i,j}^{6}\mathrm{Trace}\Big(\frac{\partial T_p}{\partial q_j}I_p\frac{\partial T_p^{\mathrm{T}}}{\partial q_i}\Big) \qquad (4.25)$$

$$D_{ijk} = \sum_{p=\max i,j,k}^{6}\mathrm{Trace}\Big(\frac{\partial^2 T_p}{\partial q_j \partial q_k}I_i\frac{\partial T_p^{\mathrm{T}}}{\partial q_i}\Big) \qquad (4.26)$$

$$D_i = \sum_{p=i}^{6}-m_p\boldsymbol{g}^{\mathrm{T}}\frac{\partial T_p}{\partial q_i}\,{}^{p}r_p \qquad (4.27)$$

上述各方程与 4.1.2 节中的惯量项及重力项一样。这些项在机械手控制中特别重要，因为它们直接影响机械手系统的稳定性和定位精度。只有当机械手高速运动时，向心力和哥氏力才是重要的。这时，它们所产生的误差不大。传动装置的惯量 I_a 往往具有相当大的值，而且可减少有效惯量的结构相关性，会对耦合惯量项的相对重要性产生影响。

4.3   本章小结

研究机器人动力学问题，对于快速运动的机器人及其控制具有特别重要的意义。本章首先研究刚体动力学问题，着重分析了机器人机械手动力学方程的两种求法，即拉格朗日功能平衡法和牛顿-欧拉动态平衡法。然后，在分析二连杆机械手的基础上，总结出建立拉格朗日方程的步骤，并据之计算出机械手连杆上一点的速度、动能和位能。

习　题

4.1　确定图 4-5 所示二连杆机械手的动力学方程式，把每个连杆当作均匀长方形刚体，其长、宽、高分别为 l_i，W_i 和 h_i，总质量为 $m_i(i=1，2)$。

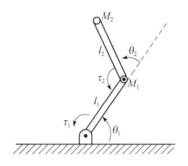

图 4-5　质量均匀分布的二连杆机械手

4.2　建立图 4-6 所示三连杆机械手的动力学方程式。每个连杆均为均匀长方形刚体，其尺寸为长×宽×高$=l_i\times W_i\times h_i$，质量为 $m_i(i=1，2，3)$。

4.3　二连杆机械手如图 4-7 所示。连杆长度为 d_i，质量为 m_i，重心位置为 $(0.5d_i，0，0)$，连杆惯量为 $I_{zz_i}=\dfrac{1}{3}m_id_i^2$，$I_{yy}=\dfrac{1}{3}m_id_i^2$，$I_{xx_i}=0$，传动机构的惯量为 $I_{a_i}=0(i=1，2)$。

(1) 用矩阵法求运动方程，即确定其参数 D_{ij}，D_{ijk} 和 D_i。

(2) 已知 $\theta_1=45°$，$\dot{\theta}_1=\Omega$，$\ddot{\theta}_1=0$，$\theta_2=-20°$，$\dot{\theta}_2=0$，$\ddot{\theta}_2=0$，求矩阵 T_1 和 T_2。

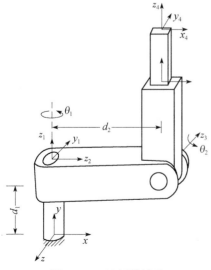

图 4-6　三连杆机械手

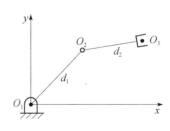

图 4-7　质量集中的二连杆机械手

4.4 求出图 4-8 所示二连杆机械手的动力学方程式。连杆 1 的惯量矩阵为：

$$^{c_1}I = \begin{bmatrix} I_{xx1} & 0 & 0 \\ 0 & I_{yy1} & 0 \\ 0 & 0 & I_{zz1} \end{bmatrix}$$

假设连杆 2 的全部质量 m_2 集中在末端执行器一点上，而且重力方向是垂直向下的。

4.5 求图 4-9 所示的三连杆操作手的动力学方程式。连杆 1 的惯量矩阵为：

$$^{c_1}I = \begin{bmatrix} I_{xx1} & 0 & 0 \\ 0 & I_{yy1} & 0 \\ 0 & 0 & I_{zz1} \end{bmatrix}$$

连杆 2 具有点质量 m_2，位于此连杆坐标系的原点。连杆 3 的惯量矩阵为：

$$^{c_3}I = \begin{bmatrix} I_{xx3} & 0 & 0 \\ 0 & I_{yy3} & 0 \\ 0 & 0 & I_{zz3} \end{bmatrix}$$

假设重力的作用方向垂直向下，而且各关节都存在有黏性摩擦，其摩擦系数为 v_i，$i=$
1，2，3。

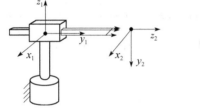

图 4-8 极坐标型二连杆机械手

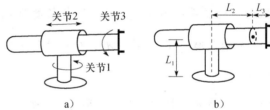

图 4-9 具有一个滑动关节的三连杆机械手

4.6 有个单连杆机械手，其惯量矩阵为：

$$^{c_1}I = \begin{bmatrix} I_{xx1} & 0 & 0 \\ 0 & I_{yy1} & 0 \\ 0 & 0 & I_{zz1} \end{bmatrix}$$

假设这正好是连杆本身的惯量。如果电动机电枢的转动惯量为 I_m，减速齿轮的传动
比为 100，那么，从电动机轴来看，传动系统的总惯量应为多大？

第 5 章

机器人控制

本章将讨论机器人机械手的控制问题，涉及设计与选择可靠又适用的机器人机械手控制器，并使机械手按规定的轨迹进行运动，以满足控制要求。

首先将讨论机器人控制的基本原则，然后分别介绍与分析机器人的位置控制、力/位置混合控制、分解运动控制、自适应模糊控制和神经控制等智能控制。

5.1 机器人的基本控制原则

研究机器人的控制问题是与其运动学和动力学问题密切相关的。从控制观点看，机器人系统代表冗余的、多变量和本质上非线性的控制系统，同时又是复杂的耦合动态系统。每个控制任务本身就是一个动力学任务。在实际研究中，往往把机器人控制系统简化为若干个低阶子系统来描述。

5.1.1 基本控制原则

1. 控制器分类

机器人控制器具有多种结构形式，包括非伺服控制、伺服控制、位置和速度反馈控制、力（力矩）控制、基于传感器的控制、非线性控制、分解加速度控制、滑模控制、最优控制、自适应控制、递阶控制以及各种智能控制等。

本节将讨论工业机器人常用控制器的基本控制原则及控制器的设计问题。从关节（或连杆）角度看，可把工业机器人的控制器分为单关节（连杆）控制器和多关节（连杆）控制器两种。对于前者，设计时应考虑稳态误差的补偿问题；对于后者，则应首先考虑耦合惯量的补偿问题。

机器人的控制取决于其"脑子"，即处理器的研制。随着实际工作情况的不同，可以采用各种不同的控制方式，从简单的编程自动化、小型计算机控制到微处理机控制等。机器人控制系统的结构也可以大为不同，从单处理机控制到多处理机分级分布式控制。对于后者，每台处理机执行一个指定的任务，或者与机器人某个部分（如某个自由度或轴）直接联系。表 5-1 表示机器人控制系统分类和分析的主要方法。

表 5-1　机器人控制的分类及其分析方法

任务分类	把控制分为许多级──→每级包括许多任务──→把每个任务分成许多子任务
结构分类	把所有能施于同一结构部件的任务都由同一处理机来处理，并与其他各处理机协调工作
混合分类	实际上并非把所有任务都施于所有的部件。在上述两种分类之间，往往有交叠

下面的讨论不涉及结构细节，而与控制原理有关。

2. 主要控制变量

图 5-1 表示一台机器人的各关节控制变量。如果要教机器人去抓起工件 A，那么就必须知道末端执行装置（如夹手）在任何时刻相对于 A 的状态，包括位置、姿态和开闭状态等。工件 A 的位置是由它所在工作台的一组坐标轴给出的。这组坐标轴叫作任务轴（R_0）。末端执行装置的状态是由这组坐标轴的许多数值或参数表示的，而这些参数是矢量 X 的分量。我们的任务就是要控制矢量 X 随时间变化的情况，即 $X(t)$，它表示末端执行装置在空间的实时位置。只有当关节 θ_1 至 θ_6 移动时，X 才变化。我们用矢量 $\theta(t)$ 来表示关节变量 θ_1 至 θ_6。

各关节在力矩 C_1 至 C_6 作用下而运动，这些力矩构成矢量 $C(t)$。矢量 $C(t)$ 由各传动电动机的力矩矢量 $T(t)$ 经过变速机送到各个关节。这些电动机在电流或电压矢量 $V(t)$ 所提供的动力作用下，在一台或多台微处理机的控制下，产生力矩 $T(t)$。

对一台机器人的控制，本质上就是对下列双向方程式的控制：

$$V(t) \leftrightarrow T(t) \leftrightarrow C(t) \leftrightarrow \Theta(t) \leftrightarrow X(t) \quad (5.1)$$

3. 主要控制层次

图 5-2 表示机器人的主要控制层次。由图可见，它主要分为三个控制级，即人工智能级、控制模式级和伺服系统级。现对它们

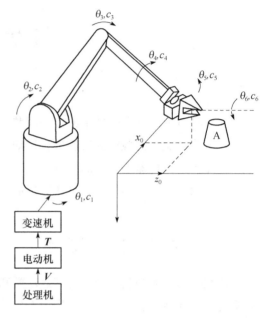

图 5-1　机械手各关节的控制变量

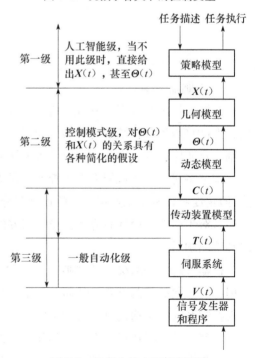

图 5-2　机器人的主要控制层次

进一步讨论如下。

（1）第一级：人工智能级

如果命令一台机器人去"把工件 A 取过来！"那么如何执行这个任务呢？首先必须确定，该命令的成功执行至少是由于机器人能为该指令产生矢量$X(t)$。$X(t)$表示末端执行装置相对工件 A 的运动。

表示机器人所具有的指令和产生矢量 $X(t)$ 以及这两者间的关系，是建立第一级（最高级）控制的工作。它包括与人工智能有关的所有可能问题：如词汇和自然语言理解、规划的产生以及任务描述等。

这一级主要仍处于研究阶段。我们将在后面进一步研究与控制模式级有关的问题。

人工智能级在工业机器人上目前应用仍不够多，还有许多实际问题有待解决。

（2）第二级：控制模式级

能够建立起这一级的 $X(t)$ 和 $T(t)$ 之间的双向关系。必须注意到，有多种可供采用的控制模式。这是因为下列关系

$$X(t) \leftrightarrow \Theta(t) \leftrightarrow C(t) \leftrightarrow T(t) \tag{5.2}$$

实际上提出各种不同的问题。因此，要得到一个满意的方法，所提出的假设可能是极不相同的。这些假设取决于操作人员所具有的有关课题的知识深度以及机器人的应用场合。

考虑式(5.2)，式中四个矢量之间的关系可建立四种模型：

$T(t)$	$C(t)$	$\Theta(t)$	$X(t)$
传动装置模型	关节式机械系统的机器人模型	任务空间内的关节变量与被控制值间的关系模型	实际空间内的机器人模型

第一个问题是系统动力学问题。这方面存在许多困难，其中包括：

1）无法知道如何正确地建立各连接部分的机械误差，如干摩擦和关节的挠性等。

2）即使能够考虑这些误差，但其模型将包含数以千计的参数，而且处理机将无法以适当的速度执行所有必需的在线操作。

3）控制对模型变换的响应。毫无疑问，模型越复杂，对模型的变换就越困难，尤其是当模型具有非线性时，困难将更大。

因此，在工业上一般不采用复杂的模型，而采用两种控制（又有很多变种）模型。这些控制模型是以稳态理论为基础的，即认为机器人在运动过程中依次通过一些平衡状态。这两种模型分别称为几何模型和运动模型。前者利用 X 和 Θ 间的坐标变换，后者则对几何模型进行线性处理，并假定 X 和 Θ 变化很小。属于几何模型的控制有位置控制和速度控制等；属于运动模型的控制有变分控制和动态控制等。

（3）第三级：伺服系统级

第三级所关心是机器人的一般实际问题。5.1.2 节将举例介绍机器人伺服控制系统。在此，必须指出下列两点。

1）控制第一级和第二级并非总是截然分开的。是否把传动机构和减速齿轮包括在第二级，更是一个问题。这个问题涉及解决下列问题：

$$V \leftrightarrow T \tag{5.3}$$

或

$$V \leftrightarrow T \leftrightarrow C \tag{5.4}$$

当前的趋向是研究具有组合减速齿轮的电动机，它能直接安装在机器人的关节上。不过，这样做的结果又产生惯性力矩和减速比的问题。这是需要进一步解决的。

2）一般的伺服系统是模拟系统，但它们已越来越普遍地为数字控制伺服系统所代替。

5.1.2 伺服控制系统举例

对于直流电动机的伺服控制，我们将在位置控制等节中仔细讨论。这里只对液压伺服控制系统加以分析。

液压传动机器人具有结构简单、机械强度高和速度快等优点。这种机器人一般采用液压伺服控制阀和模拟分解器实现控制和反馈。一些最新的液压伺服控制系统还应用数字译码器和感觉反馈控制装置，因而其精度和重复性通常与电气传动机器人相似。

当在伺服阀门内采用伺服电动机时，就构成电-液压伺服控制系统。

下面分析两个伺服控制液压系统，简要分析其数学模型。

1. 液压缸伺服传动系统

采用液压缸作为液压传动系统的动力元件，能够省去中间动力减速器，从而消除了齿隙和磨损问题。加上液压缸的结构简单、比较便宜，因而使它在工业机器人机械手的往复运动装置和旋转运动装置上都获得广泛应用。

为了控制液压缸或液压马达，在机器人传动系统中使用惯量小的液压滑阀。应用在电-液压随动系统中的滑阀装有正比于电信号的位移量电-机变换器。图 5-3 就是这种系统的一个方案。其中，机器人的执行机构由带滑阀的液压缸带动，并用放大器控制滑阀。放大器输入端的控制信号由三个信号叠加而成。主反馈回路（外环）由位移传感器把位移反馈信号送至比较元件，与给定位置信号比较后得到误差信号 e，经校正后，再与另两个反馈信号比较。第二个反馈信号是由速度反馈回路（速度环）取得的，它包括速度传感器和校正元件。第三个反馈信号是加速度反馈，它是由液压缸中的压力传感器和校正元件实现的。

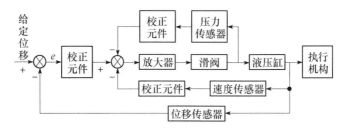

图 5-3 液压缸伺服传动系统结构图

2. 电-液压伺服控制系统

当采用力矩伺服电动机作为位移给定元件时，液压系统的方框如图 5-4 所示。

图 5-4 电-液压伺服控制系统

在图 5-4 中，控制电流 I 与配油器输入信号的关系可由下列传递函数表示：

$$T_1(S) = \frac{U(S)}{I(S)} = \frac{k_1}{1 + 2\xi_1 \dfrac{S}{\omega_1} + \dfrac{S^2}{\omega_1}} \tag{5.5}$$

式中，k_1 为增益；ξ_1 为阻尼系数，$\xi_1 \to 1$；ω_1 为自然振荡角频率。

同样可得活塞位移 x 与配油器输入信号（位移误差信号）间的关系为：

$$T_2(S) = \frac{X(S)}{U(S)} = \frac{k_2}{S\left(1 + 2\xi_2 \dfrac{S}{\omega_2} + \dfrac{S^2}{\omega_2}\right)} \tag{5.6}$$

据式(5.5)、式(5.6)和图 5-4 可得系统的传递函数：

$$\begin{aligned} T(S) &= \frac{X(S)}{I(S)} = \frac{T_2(S)}{1 + T_1(S)T_2(S)} \\ &= \frac{k_1 k_2}{S\left(1 + 2\xi_1 \dfrac{S}{\omega_1} + \dfrac{S^2}{\omega_1^2}\right)\left(1 + 2\xi_2 \dfrac{S}{\omega_2} + \dfrac{S^2}{\omega_2^2}\right) + 1} \end{aligned} \tag{5.7}$$

当采用力矩电动机作为位移给定元件时：

$$T_1'(S) = \frac{X_c(S)}{I(S)} = \frac{k_1'}{\tau_1 S + 1} \tag{5.8}$$

式中，k_1' 为增益，τ_1 为时间常数。当 τ_1 很小而又可以忽略时，式(5.8)简化为 $T_1'(S) \approx k_1'$；这样，式(5.7)也被化简为：

$$T'(S) = \frac{k_1' k_2}{S\left(1 + 2\xi_2 \dfrac{S}{\omega_2} + \dfrac{S^2}{\omega_2^2}\right) + 1} \tag{5.9}$$

5.2　机器人的位置控制

我们知道，机器人为串续连杆式机械手，其动态特性具有高度的非线性。要控制这种由马达驱动的操作机器人，用适当的数学方程式来表示其运动是十分重要的。这种数学表达式就是数学模型，或简称模型。控制机器人运动的计算机，运用这种数学模型来预测和控制将要进行的运动过程。

由于机械零部件比较复杂，例如，机械部件可能因承受负载而弯曲，关节可能具有弹性以及机械摩擦(它是很难计算的)等，所以在实际上不可能建立起准确的模型。一般采用近似模型。尽管这些模型比较简单，但却十分有用。

在设计模型时，提出下列两个假设：

1) 机器人的各段是理想刚体，因而所有关节都是理想的，不存在摩擦和间隙。

2) 相邻两连杆间只有一个自由度，要么为完全旋转的，要么是完全平移的。

5.2.1　直流传动系统的建模

首先讨论一下直流电动机伺服控制系统的数学模型。

1. 传递函数与等效方框图

图 5-5 表示具有减速齿轮和旋转负载的直流电动机工作原理图。图中，伺服电动机的参数规定如下：

r_f, l_f ——励磁回路电阻与电感；

i_f, V_f ——励磁回路电流与电压；

R_m, L_m ——电枢回路电阻与电感；

i_m, V_m ——电枢回路电流与电压；

θ_m, ω_m ——电枢(转子)角位移与转速；

J_m, f_m ——电动机转子转动惯量及黏滞摩擦系数；

T_m, k_m ——电动机转矩及转矩常数；

k_e ——电动机电势常数；

θ_c, ω_c ——负载角位移和转速；

$\eta=\theta_m/\theta_c$ ——减速比；

J_c, f_c ——负载转动惯量和负载黏滞摩擦系数；

k_c ——负载返回系数。

这些参数用来计算伺服电动机的传递函数。

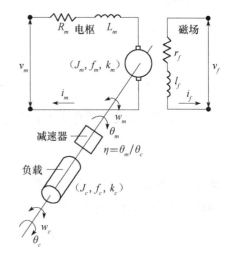

图 5-5　直流电动机伺服传动原理

首先，求算磁场控制电动机的传递函数。我们能够建立下列方程式：

$$V_f = r_f i_f + l_f \frac{\mathrm{d}i_f}{\mathrm{d}t} \tag{5.10}$$

$$T_m = k_m i_f \tag{5.11}$$

$$T_m = J \frac{\mathrm{d}^2 \theta_m}{\mathrm{d}t^2} + F \frac{\mathrm{d}\theta_m}{\mathrm{d}t} + K\theta_m \tag{5.12}$$

式中，$J = J_m + J_c / \eta^2$，$F = f_m + f_c / \eta^2$，$K = k_c / \eta^2$，分别表示传动系统对传动轴的总转动惯量、总黏滞摩擦系数和总反馈系数。引用拉氏变换，上列三式变为：

$$V_f(S) = (r_f + l_f S) I_f(S) \tag{5.13}$$

$$T_m(S) = k_m I_f(S) \tag{5.14}$$

$$T_m(S) = (JS^2 + FS + K)\Theta_m(S) \tag{5.15}$$

其等效方框图见图 5-6。

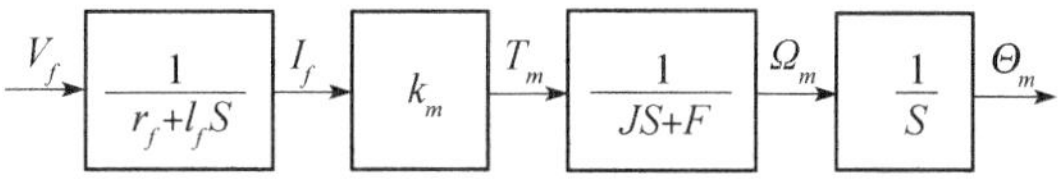

图 5-6　励磁控制直流电动机带负载时的开环方框图

据式(5.13)至式(5.15)可得电动机的开环传递函数如下：

$$\frac{\Theta_m(S)}{V_f(S)} = \frac{k_m}{(r_f + l_f S)(JS^2 + FS + K)} \tag{5.16}$$

实际上，往往假设 $K = 0$，因而有：

$$\frac{\Theta_m(S)}{V_f(S)} = \frac{k_m}{S(r_f + l_f S)(JS + F)} = \frac{k_m}{r_f F} \cdot \frac{1}{S(1 + \frac{l_f}{r_f}S)(1 + \frac{J}{F}S)} = \frac{k_0}{S(1 + \tau_e S)(1 + \tau_m S)}$$
$$\tag{5.17}$$

式中，τ_e 为电气时间常数，τ_m 机械时间常数。与 τ_m 相比，τ_e 可以略之不计，于是：

$$\frac{\Theta_m(S)}{V_f(S)} = \frac{k_0}{S(1 + \tau_m S)} \tag{5.18}$$

因为 $\omega_m = \mathrm{d}\theta_m / \mathrm{d}t$，所以式(5.18)变为：

$$\frac{\Omega_m(S)}{V_f(S)} = \frac{k_0}{1 + \tau_m S} \tag{5.19}$$

再来计算电枢控制直流电动机的传递函数。这时，方程式变为：

$$V_m = R_m i_m + L_m \frac{\mathrm{d}i_m}{\mathrm{d}t} + k_e \omega_m \tag{5.20}$$

$$T_m = k_m' i_m \tag{5.21}$$

由式(5.12)知：

$$T_m = J\,\frac{\mathrm{d}^2\theta_m}{\mathrm{d}t^2} + F\,\frac{\mathrm{d}\theta_m}{\mathrm{d}t} + K\theta_m$$

式中，k_e 是考虑电动机转动时产生反电势的系数，此电势与电动机角速度成正比。

运用前述同样方法，能够求得下列关系式：

$$\frac{\Theta_m(S)}{V_m(S)} = \frac{k_m'}{JL_mS^3 + (JR_m + FL_m)S^2 + (L_mK + R_mF + k_m'k_e)S + kR_m} \tag{5.22}$$

考虑到实际上 $K \approx 0$，所以式(5.22)变为：

$$\frac{\Theta_m(S)}{V_m(S)} = \frac{k_m'}{S[(R_m + L_mS)(F + JS) + k_ek_m']} \tag{5.23}$$

即为所求的电枢控制直流电动机的传递函数。图 5-7 就是它的方框图。

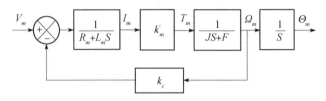

图 5-7　电枢控制直流电动机传动装置方框图

2. 直流电动机的转速调整

图 5-8 表示一个励磁控制直流电动机的闭环位置控制结构图。要求图中所需输出位置 θ_o 等于系统的输入 θ_i。为此，θ_i 由输入电位器给定，而 θ_o 则由反馈电位器测量，并对两者进行比较，把其差值放大后，送入励磁绕组。

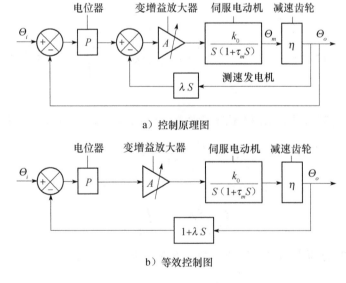

a）控制原理图

b）等效控制图

图 5-8　具有测速反馈的直流电动机控制原理图

从稳定性和精度观点看，要获得满意的伺服传动性能，必须在伺服电路内引入补偿网络。更确切地说，必须引入与误差信号 $e(t) = \theta_i(t) - \theta_o(t)$ 有关的补偿。其中，$\theta_i(t)$ 和 $\theta_o(t)$

分别为输入和输出位移。主要有下列四种补偿。

比例补偿：与 $e(t)$ 成比例。

微分补偿：与 $e(t)$ 的微分 $\mathrm{d}e(t)/\mathrm{d}t$ 成比例。

积分补偿：与 $e(t)$ 的积分 $\int_0^t e(t)\mathrm{d}t$ 成比例。

测速补偿：与输出位置的微分成比例。

上述前三种补偿属于前馈控制，而测速补偿则属于反馈控制。在实际系统中，至少要组合采用两种补偿，如比例-微分补偿(PD)、比例-积分补偿(PI)和比例-积分-微分补偿(PID)等。

当采用比例-微分补偿时，补偿环节的输出信号为：

$$e'(S) = (k + \lambda_d S)e(S) \tag{5.24}$$

当采用比例-积分补偿时，补偿环节的输出信号为：

$$e'(S) = \left(k + \frac{\lambda_i}{S}\right)e(S) \tag{5.25}$$

当采用比例-微分-积分补偿时，补偿环节的输出信号为：

$$e'(S) = \left(k + \lambda_d S + \frac{\lambda_i}{S}\right)e(S) \tag{5.26}$$

当采用测速发电机实现速度反馈时，补偿信号为：

$$e'(S) = e(S) - \lambda_t S\Theta_o(S) = \Theta_i(S) - (1 + \lambda_t S)\Theta_o(S) \tag{5.27}$$

上述四式中的 k, λ_d, λ_i 和 λ_t 分别为比例补偿系数、微分补偿系数、积分补偿系数和速度反馈系数。图 5-8 表示具有测速反馈的直流电动机控制原理结构图。图 5-8a 和图 5-8b 是等效的。

5.2.2　位置控制的基本结构

1. 基本控制结构

机器人的许多作业是控制机械手末端工具的位置和姿态，以实现点到点(PTP)的控制(如搬运、点焊机器人)或连续路径(CP)的控制(如弧焊、喷漆机器人)。因此实现机器人的位置控制是机器人的最基本的控制任务。机器人位置控制有时也称位姿控制或轨迹控制。对于有些作业，如装配、研磨等，只有位置控制是不够的，还需要力控制。

主要有两种机器人的位置控制结构形式，即关节空间控制结构和直角坐标空间控制结构，分别如图 5-9a 和图 5-9b 所示。

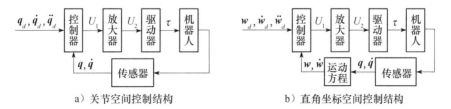

a) 关节空间控制结构　　　　　　　　b) 直角坐标空间控制结构

图 5-9　机器人位置控制基本结构

在图 5-9a 中，$\boldsymbol{q}_d = [q_{d1}，q_{d2}，\cdots，q_{dn}]^{\mathrm{T}}$ 是期望的关节位置矢量，$\dot{\boldsymbol{q}}_d$ 和 $\ddot{\boldsymbol{q}}_d$ 是期望的关节速度矢量和加速度矢量，$\boldsymbol{q}$ 和 $\dot{\boldsymbol{q}}$ 是实际的关节位置矢量和速度矢量。$\tau = [\tau_1，\tau_2，\cdots，\tau_n]^{\mathrm{T}}$ 是关节驱动力矩矢量，$\boldsymbol{U}_1$ 和 $\boldsymbol{U}_2$ 是相应的控制矢量。

在图 5-9b 中，$w_d = [\boldsymbol{p}_d^{\mathrm{T}}，\varphi_d^{\mathrm{T}}]^{\mathrm{T}}$ 是期望的工具位姿，其中 $\boldsymbol{p}_d = [x_d，y_d，z_d]$ 表示期望的工具位置，φ_d 表示期望的工具姿态。$\dot{w}_d = [\boldsymbol{v}_d^{\mathrm{T}}，\omega_d^{\mathrm{T}}]^{\mathrm{T}}$，其中 $\boldsymbol{v}_d = [v_{d_x}，v_{d_y}，v_{d_z}]^{\mathrm{T}}$ 是期望的工具线速度，$w_d = [\omega_{d_x}，\omega_{d_y}，\omega_{d_z}]^{\mathrm{T}}$ 是期望的工具角速度，$\ddot{w}_d$ 是期望的工具加速度，w 和 $\dot{w}$ 表示实际的工具位姿和工具速度。运行中的工业机器人一般采用图 5-9a 所示控制结构。该控制结构的期望轨迹是关节的位置、速度和加速度，因而易于实现关节的伺服控制。这种控制结构的主要问题是：由于往往要求的是在直角坐标空间的机械手末端运动轨迹，因而为了实现轨迹跟踪，需将机械手末端的期望轨迹经逆运动学计算变换为在关节空间表示的期望轨迹。

2. PUMA 机器人的伺服控制结构

机器人控制器一般均由计算机来实现。计算机的控制结构具有多种形式，常见的有集中控制、分散控制和递阶控制等。图 5-10 表示 PUMA 机器人两级递阶控制的结构图。

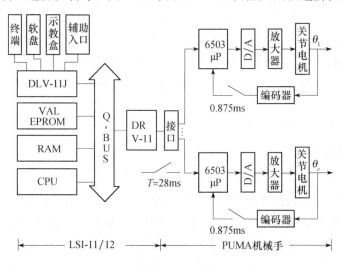

图 5-10　PUMA 机器人的伺服控制结构

机器人控制系统是以机器人作为控制对象的，它的设计方法及参数选择，仍可参照一般计算机控制系统。不过，用得较多的仍是连续系统的设计方法，即首先把机器人控制系统当作连续系统进行设计，然后将设计好的控制规律离散化，最后由计算机来加以实现。对于有些设计方法(如采用自校正控制的设计方法)，则采用直接离散化的设计方法，即首先将机器人控制对象模型离散化，然后直接设计出离散的控制器，再由计算机实现。

现有的工业机器人大多采用独立关节的 PID 控制。图 5-10 所示 PUMA 机器人的控制结构即为一典型。然而，由于独立关节 PID 控制未考虑被控对象(机器人)的非线性及关节间的耦合作用，因而控制精度和速度的提高受到限制。除了本节介绍的独立关节 PID 控制外，还将在后续各节讨论一些新的控制方法。

5.2.3　单关节位置控制器

采用常规技术，通过独立控制每个连杆或关节来设计机器人的线性反馈控制器是可能的。重力以及各关节间的互相作用力的影响，可由预先计算好的前馈来消除。为了减少计算工作量，补偿信号往往是近似的，或者采用简化计算公式。

1. 位置控制系统结构

现在市场上供应的工业机器人，其关节数为 3～7 个。最典型的工业机器人具有 6 个关节，存在 6 个自由度，带有夹手（通常称为手或末端执行装置）。辛辛那提-米拉克龙 T3、尤尼梅逊的 PUMA 650 和斯坦福机械手都是具有 6 个关节的工业机器人，并分别由液压、气压或电气传动装置驱动。其中，斯坦福机械手具有反馈控制，它的一个关节控制方框图如图 5-11 所示。从图可见，它有个光学编码器，以便与测速发电机一起组成位置和速度反馈。这种工业机器人是一种定位装置，它的每个关节都有一个位置控制系统。

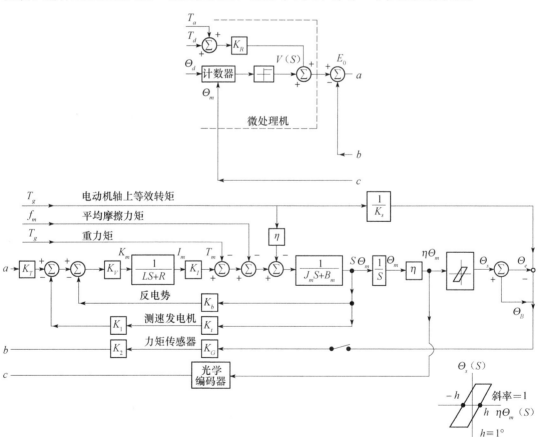

图 5-11　斯坦福机械手的位置控制系统方框图

如果不存在路径约束，那么控制器只要知道夹手要经过路径上所有指定的转弯点就够了。控制系统的输入是路径上所需要转弯点的笛卡儿坐标，这些坐标点可能通过两种方法输入，即：

1）以数字形式输入系统。

2）以示教方式供给系统，然后进行坐标变换，即计算各指定转弯点处在笛卡儿坐标系中的相应关节坐标$[q_1，\cdots，q_6]$。计算方法与坐标点信号输入方式有关。

对于数字输入方式，对$f^{-1}[q_1，\cdots，q_6]$进行数字计算；对于示教输入方式，进行模拟计算。其中，$f^{-1}[q_1，\cdots，q_6]$为$f[q_1，\cdots，q_6]$的逆函数，而$f[q_1，\cdots，q_6]$为含有六个坐标数值的矢量函数。最后，对机器人的关节坐标点逐点进行定位控制。假如允许机器人依次只移动一个关节，而把其他关节锁住，那么每个关节控制器都很简单。如果多个关节同时运动，那么各关节间力的互相作用会产生耦合，使控制系统变得复杂。

2. 单关节控制器的传递函数

把机器人看作刚体结构。图 5-12 给出单个关节的电动机-齿轮-负载联合装置示意图。

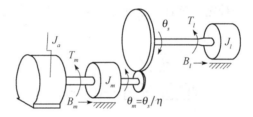

图 5-12　一个关节的电动机-齿轮-负载联合装置示意图

J_a——一个关节的驱动电动机转动惯量；J_m——机械手一个关节的夹手负载在传动端的转动惯量；J_l——机械手连杆的转动惯量；B_m——传动端的阻尼系数；B_l——负载端阻尼系数；θ_m——传动端角位移；θ_s——负载端角位移；$N_m，N_s$——传动轴和负载上的齿轮齿数；$r_m，r_s$——传动轴和负载轴上的齿轮节距半径；$\eta = r_m/r_s = N_m/N_s$——减速齿轮传动比

令 F 为从电动机传至负载的作用在齿轮啮合点上的力，则

$$T'_l = Fr_m$$

为折算到电动机轴上的等效负载力矩，而且

$$T_l = Fr_s \tag{5.28}$$

又因为 $\theta_m = 2\pi/N_m$，$\theta_s = 2\pi/N_s$，所以

$$\theta_s = \theta_m N_m/N_s = \eta\theta_m \tag{5.29}$$

传动侧和负载侧的角速度及角加速度关系如下：

$$\dot{\theta}_s = \eta\dot{\theta}_m，\ddot{\theta}_s = \eta\ddot{\theta}_m$$

负载力矩 T_l 用于克服连杆惯量的作用 $J_l\ddot{\theta}_s$ 和阻尼效应 $B_l\dot{\theta}_s$，即

$$T_l = J_l\ddot{\theta}_s + B_l\dot{\theta}_s$$

或者改写为：

$$T_l - B_l \dot{\theta}_s = J_l \ddot{\theta}_s \tag{5.30}$$

在传动轴一侧，同理可得：

$$T_m = T'_l - B_m \dot{\theta}_m = (J_a - J_m) \ddot{\theta}_m \tag{5.31}$$

下列两式成立：

$$T'_l = \eta^2 (J_l \ddot{\theta}_m + B_l \dot{\theta}_m) \tag{5.32}$$

$$T_m = (J_a + J_m + \eta^2 J_l) \ddot{\theta}_m + (B_m + \eta^2 B_l) \dot{\theta}_m \tag{5.33}$$

或

$$T_m = J \ddot{\theta}_m + B \dot{\theta}_m \tag{5.34}$$

式中，$J = J_{\text{eff}} = J_a + J_m + \eta^2 J_l$ 为传动轴上的等效转动惯量；$B = B_{\text{eff}} = B_m + \eta^2 B_l$ 为传动轴上的等效阻尼系数。

在5.2.1节，曾建立过电枢控制直流电动机的传递函数，见式(5.22)和式(5.23)。因此得到与式(5.23)相似的传递函数如下：

$$\frac{\Theta_m(S)}{V_m(S)} = \frac{K_I}{S[L_m J S^2 + (R_m J + L_m B)S + (R_m B + k_e K_I)]} \tag{5.35}$$

式中的 K_I 和 B 相当于式(5.23)中的 k'_m 和 F。

因为

$$e(t) = \theta_d(t) - \theta_s(t) \tag{5.36}$$

$$\theta_s(t) = \eta \theta_m(t) \tag{5.37}$$

$$V_m(t) = K_\theta [\theta_d(t) - \theta_s(t)] \tag{5.38}$$

其拉氏变换为：

$$E(S) = \Theta_d(S) - \Theta_s(S) \tag{5.39}$$

$$\Theta_s(S) = \eta \Theta_m(S) \tag{5.40}$$

$$V_m(S) = K_\Theta [\Theta_d(S) - \Theta_s(S)] \tag{5.41}$$

式中，K_θ 为变换系数。

图5-13a给出这种位置控制器的方框图。从式(5.35)至式(5.41)可得其开环传递函数为：

$$\frac{\Theta_s(S)}{E(S)} = \frac{\eta K_\theta K_I}{S[L_m J S^2 + (R_m J + L_m B)S + (R_m B + k_e K_I)]} \tag{5.42}$$

由于实际上 $\omega L_m \ll R_m$，所以可以忽略式(5.42)中含有 L_m 的项，式(5.42)也就简化为：

$$\frac{\Theta_s(S)}{E(S)} = \frac{\eta K_\theta K_I}{S(R_m J S + R_m B + k_e K_I)} \tag{5.43}$$

再求闭环传递函数：

$$\frac{\Theta_s(S)}{\Theta_d(S)} = \frac{\Theta_s(S)/E(S)}{1 + \Theta_s(S)/E(S)}$$

$$= \frac{\eta K_\theta K_I}{R_m J} \cdot \frac{1}{S^2 + (R_m B + K_I k_e) S/(R_m J) + \eta K_\theta K/(R_m J)} \tag{5.44}$$

所求的式(5.44)即为二阶系统的闭环传递函数。从理论上，认为它总是稳定的。要提高响应速度，通常是要提高系统的增益(如增大 K_θ)以及由电动机传动轴速度负反馈把某些阻尼引入系统，以加强反电势的作用。要做到这一点，可以采用测速发电机，或者计算一定时间间隔内传动轴角位移的差值。图 5-13b 即为具有速度反馈的位置控制系统。图中，K_t 为测速发电机的传递系数；K_1 为速度反馈信号放大器的增益。因为电动机电枢回路的反馈电压已从 $k_e \theta_m(t)$ 变为 $k_e \theta_m(t) + K_1 K_t \theta_m(t) = (k_e + K_1 K_t) \theta_m(t)$，所以其开环传递函数和闭环传递函数也相应变为：

$$\frac{\Theta_s(S)}{E(S)} = \frac{\eta K_\Theta}{S} \cdot \frac{S \Theta_m(S)}{K_\theta E(S)}$$

$$= \frac{\eta K_\theta K_I}{R_m J S^2 + [R_m B + K_I (k_e + K_1 K_t)] S} \tag{5.45}$$

$$\frac{\Theta_s(S)}{\Theta_d(S)} = \frac{\Theta_s(S)/E(S)}{1 + \Theta_s(S)/E(S)}$$

$$= \frac{\eta K_\theta K_I}{R_m J S^2 + [R_m B + K_I (k_e + K_1 K_t)] S + \eta K_\theta K_I} \tag{5.46}$$

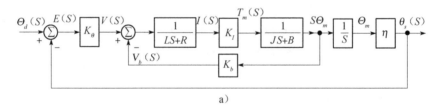

a)

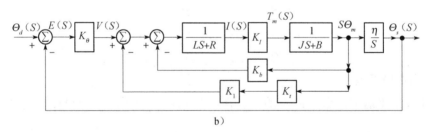

b)

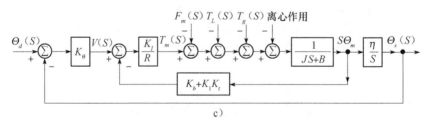

c)

图 5-13 机械手位置控制器结构图

对于某台具体的机器人来说，其特征参数 η，K_I，K_t，k_e，R_m，J 和 B 等的数值是由部件的制造厂家提供的，或者通过实验测定。例如，斯坦福机械手的关节 1 和关节 2 的组合装置，分别包括有 U9M4T 和 U12M4T 型直流电动机以及 030/105 型测速发电机，其有关参数如表 5-2 所示。

表 5-2　电动机-测速机组参数值

型　号	U9M4T	U12M4T
$K_I(\text{oz} \cdot \text{in}/\text{A})$	6.1	14.4
$J_a(\text{oz} \cdot \text{in} \cdot \text{S}^2/\text{rad})$	0.008	0.033
$B_m(\text{oz} \cdot \text{in} \cdot \text{S}/\text{rad})$	0.01146	0.04297
$k_e(\text{V} \cdot \text{S}/\text{rad})$	0.04297	0.10123
$L_m(\mu\text{H})$	100.0	100.0
$R_m(\Omega)$	1.025	0.91
$K_t(\text{V} \cdot \text{S}/\text{rad})$	0.02149	0.05062
$f_m(\text{pz} \cdot \text{in})$	6.0	6.0
η	0.01	0.01

斯坦福-JPL（喷气推进实验室）机械手每个关节的有效转动惯量示于表 5-3。

表 5-3　斯坦福- JPL 机械手有效惯量

关节号码	最小值（空载时）$(\text{kg} \cdot \text{m}^2)$	最大值（空载时）$(\text{kg} \cdot \text{m}^2)$	最大值（满载时）$(\text{kg} \cdot \text{m}^2)$
1	1.417	6.176	9.570
2	3.590	6.950	10.300
3	7.257	7.257	9.057
4	0.108	0.123	0.234
5	0.114	0.114	0.225
6	0.040	0.040	0.040

值得注意的是，变换常数 K_θ 和放大器增益 K_1 必须根据相应的机器人结构谐振频率和阻尼系数来确定。

电动机必须克服电动机-测速机组的平均摩擦力矩 f_m、外加负载力矩 T_1、重力矩 T_g 以及离心作用力矩 T_c。这些物理量表示实际附加负载对机器人的作用。把这些作用插到图 5-13b 位置控制器方框图中电动机产生有关力矩的作用点上，即可得图 5-13c 所示的控制方框图。图中，$F_m(S)$，$T_L(S)$ 和 $T_g(S)$ 分别为 f_m，T_L 和 T_g 的拉氏变换变量。

3. 参数确定及稳态误差

（1）K_θ 和 K_1 的确定

据式（5.46），闭环传递函数可写为：

$$\frac{\Theta_s(S)}{\Theta_d(S)} = \frac{\eta K_\theta K_I}{R_m J} \cdot \frac{1}{S^2 + [R_m B + K_I(k_e + K_1 K_t)S/(R_m J) + \eta K_\theta K_1/(R_m J)]} \quad (5.47)$$

因此，闭环系统的特征方程式为：

$$S^2 + [R_m B + K_I (k_e + K_1 K_t)] S / R_m J + \eta K_\theta K_I / R_m J = 0 \tag{5.48}$$

一般把上式表示为：

$$S^2 + 2 \xi \omega_n S + \omega_n^2 = 0 \tag{5.49}$$

这时，

$$\omega_n = \sqrt{\eta K_\theta K_I / R_m J} > 0 \tag{5.50}$$

$$2 \xi \omega_n = [R_m B + K_I (k_e + K_1 K_t)] / R_m J$$

于是可得：

$$\xi = [R_m B + K_I (k_e + K_1 K_t)] / 2 \sqrt{\eta K_\theta K_I R_m J} \tag{5.51}$$

令 k_{eff} 为机器人关节的有效刚度，ω_r 为关节结构谐振频率，ω 表示有效惯量为 J_{eff} 的关节测量结构谐振频率，则

$$\omega_r = \sqrt{k_{\text{eff}} / J}$$

$$\omega = \sqrt{k_{\text{eff}} / J_{\text{eff}}}$$

$$\omega_r = \omega \sqrt{J_{\text{eff}} / J} \tag{5.52}$$

测量所得斯坦福机械手的 ω 及其对应的 J_{eff} 值示于表 5-4。

表 5-4　斯坦福机械手的测量结构谐振频率

关节号码	J_{eff}	f (Hz)	$\omega = 2\pi f$ (rad/s)
1	5	4	25.1327
2	5	6	37.6991
3	7	20	125.6636
4	0.1	15	94.2477
5	0.1	15	94.2477
6	0.04	20	125.6636

保罗(Paul)曾经建议，对于一个谨慎的安全系数为 200% 的设计，必须设定自然振荡角频率 ω_n 不大于结构谐振角频率 ω_r 的一半。据式(5.50)和(5.52)可得：

$$\sqrt{\eta K_\theta K_I / R_m J} \leqslant \frac{\omega}{2} \sqrt{J_{\text{eff}} / J}$$

化简得：

$$K_\theta \leqslant J_{\text{eff}} \omega^2 R_m / 4 \eta K_I \tag{5.53}$$

上式确定了 K_θ 的上限。

下面讨论 K_1 变化范围。实际上，要防止机器人的位置控制器处于低阻尼工作状态，必须要求 $\xi \geqslant 1$。据式(5.51)有：

$$R_m B + K_I (k_e + K_1 K_t) \geqslant 2 \sqrt{\eta K_\theta K_I R_m J} > 0 \tag{5.54}$$

以式(5.53)代入上式得：

$$K_1 \geqslant R_m(\omega/\sqrt{J_{\mathrm{eff}} \cdot J} - B)/K_I K_t - k_e/K_t \tag{5.55}$$

因为 J 值随负载变化，所以 K_1 的低限也随之相应变化。为简化控制器设计，必须固定放大器的增益。于是，把最大的 J 值代入式(5.55)，就不会出现欠阻尼系统的任何可能性。

（2）关节控制器的稳态误差

在图 5-13c 中，由于引入 f_m、T_1、T_g 和 T_c 等实际附加负载，使控制器的闭环传递函数发生变化。必须推导出新的闭环传递函数。由图 5-13c 可知：

$$(JS + B)S\Theta_m(S) = T_m(S) - F_m(S) - T_g(S) - \eta T_L(S) \tag{5.56}$$

式(5.56)未考虑离心作用。又由图 5-13c 可知：

$$T_m(S) = K_I[V(S) - S(k_e + K_1 K_t)\Theta_s(S)/\eta]/R \tag{5.57}$$

$$V(S) = K_\theta[\Theta_d(S) - \Theta_s(S)] \tag{5.58}$$

经代数运算后得：

$$\Theta_s(S) = \{nK_\theta K_I \Theta_d(S) - \eta R[F_m(S) + T_g(S) + \eta T_L(S)]\}/\Omega(S) \tag{5.59}$$

式中，

$$\Omega(S) = R_m J S^2 + [R_m B + K_I(k_e + K_1 K_t)]S + \eta K_\theta K_I \tag{5.60}$$

无论什么时候，当 $F_m(S)$，$T_g(S)$ 和 $T_L(S)$ 消失时，式(5.59)就简化为式(5.46)。因为

$$e(t) = \theta_d(t) - \theta_s(t)$$

所以据式(5.59)可得：

$$\begin{aligned} E(S) &= \Theta_d(S) - \Theta_s(S) \\ &= (\{R_m J S^2 + [R_m B + K_I(k_e + K_1 K_t)]S\}\Theta_d(S) \\ &\quad + \eta R[F_m(S) + T_g(S) + \eta T_L(S)])/\Omega(S) \end{aligned} \tag{5.61}$$

当负载为恒值时，$T_L = C_L$，又 $f_m = C_f$ 和 $T_g = C_g$ 也均为恒值，所以 $T_L(S) = C_L/S$，$F_m(S) = C_L/S$，$T_g(S) = C_g/S$，而且式(5.61)变换为：

$$\begin{aligned} E(S) &= (\{R_m J S^2 + [R_m B + K_I(k_e + K_1 K_t)]S\}X(S) \\ &\quad + \eta R(C_f + C_g + \eta C_L)/S)/\Omega(S) \end{aligned} \tag{5.62}$$

式中，$X(S)$ 取代 $\Theta_d(S)$，以表示广义输入指令。

应用终值定理

$$e_{ss} = \lim_{t \to \infty} e(t) = \lim_{s \to 0} SE(S)$$

能够确定稳态误差。

当输入为一恒定位移 C_θ 时，

$$X(S) = \Theta_d(S) = C_\theta/S \tag{5.63}$$

于是可得稳态位置误差为：

$$e_{sp} = R_m(C_f + C_g + \eta C_L)/K_\theta K_I \qquad (5.64)$$

位置控制器的稳态位置误差，可由要求的补偿力矩信号来限制在允许范围内。

应用自动控制的一般原理与方法，还可以分析控制器的稳态速度误差和加速度误差。

5.2.4 多关节位置控制器

锁住机器人的其他各关节而依次移动一个关节，这种工作方法显然是低效率的。这种工作过程使执行规定任务的时间变得过长，因而是不经济的。不过，如果要让一个以上的关节同时运动，那么各运动关节间的力和力矩会产生互相作用，而且不能对每个关节适当地应用前述位置控制器。因此，要克服这种互相作用，就必须附加补偿作用。要确定这种补偿，就需要分析机器人的动态特征。

1. 动态方程的拉格朗日公式

动态方程式表示一个系统的动态特征。我们已在本书第4章中讨论过动态方程的一般形式和拉格朗日方程(4.2)和式(4.24)，如下：

$$T_i = \frac{\mathrm{d}}{\mathrm{d}t}\frac{\partial L}{\partial \dot{q}_i} - \frac{\partial L}{\partial q_i}, i = 1,2,\cdots,n$$

$$T_i = \sum_{i=1}^{6} D_{ij}\ddot{q}_j + J_{ai}\ddot{q}_i + \sum_{j=1}^{6}\sum_{k=1}^{6} D_{ijk}\dot{q}_j\dot{q}_k + D_i$$

式中，取 $n=6$，而且 D_{ij}、D_{ijk} 和 D_i 分别由式(4.25)、式(4.26)和式(4.27)表示。

拉格朗日方程(4.24)至方程(4.27)是计算机器人系统动态方程的一个重要方法。我们用它来讨论和计算与补偿有关的问题。

2. 各关节间的耦合与补偿

由式(4.24)可见，每个关节所需要的力或力矩 T_i 是由五个部分组成的。式中，第一项表示所有关节惯量的作用。在单关节运动情况下，所有其他的关节均被锁住，而且各个关节的惯量被集中在一起。在多关节同时运动的情况下，存在有关节间耦合惯量的作用。这些力矩项 $\sum_{j=1}^{6} D_{ij}\ddot{q}_j$ 必须通过前馈输入至关节 i 的控制器输入端，以补偿关节间的互相作用，见图5-14。式(4.24)中的第二项表示传动轴上的等效转动惯量为 J 的关节 i 传动装置的惯性力矩；已在单关节控制器中讨论过它。式(4.24)的最后一项是由重力加速度求得的，它也由前馈项 τ_a 来补偿。这是个估计的重力矩信号，并由下式计算

$$\tau_a = (R_m/KK_R)\bar{\tau}_g \qquad (5.65)$$

式中 $\bar{\tau}_g$ 为重力矩 τ_g 的估计值。采用 D_i 作为关于 i 控制器的最好估计值。据式(4.27)能够设定关节 i 的 $\bar{\tau}_g$ 值。

式(4.24)中的第三项和第四项分别表示向心力和哥氏力的作用。这些力矩项也必须前馈输入至关节 i 的控制器，以补偿各关节间的实际互相作用，亦示于图5-14上。图中画出

了工业机器人的关节 $i(i=1, 2, \cdots, n)$ 控制器的完整框图。要实现这 n 个控制器，必须计算具体机器人的各前馈元件的 D_{ij}，D_{ijk} 和 D_i 值。

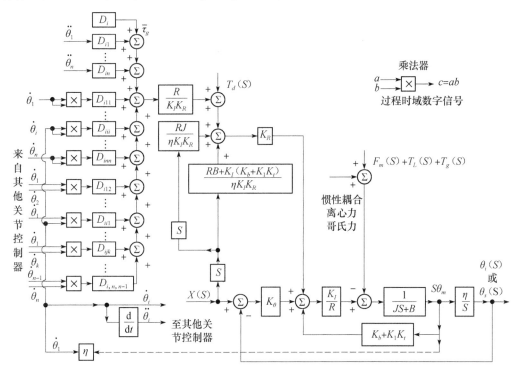

图 5-14　含有 n 个关节的第 i 个关节完全控制器

3. 耦合惯量补偿的计算

对 D_{ij} 的计算是十分复杂和费时的。为了说明计算的困难，我们把式 (4.24) 扩展于下：

$$
\begin{aligned}
T_i =\ & D_{i1}\ddot{q}_1 + D_{i2}\ddot{q}_2 + \cdots + D_{i6}\ddot{q}_6 + J_{ai}\ddot{q}_i \\
& + D_{i11}\dot{q}_1^2 + D_{i22}\dot{q}_2^2 + \cdots + \dot{q}_{i66}^2\dot{q}_6^2 + D_{i12}\dot{q}_1\dot{q}_2 + D_{i13}\dot{q}_1\dot{q}_3 + \cdots + D_{i16}\dot{q}_1\dot{q}_6 \\
& + \cdots + D_{i45}\dot{q}_4\dot{q}_5 + \cdots + D_{i56}\dot{q}_5\dot{q}_6 + D_i
\end{aligned}
\tag{5.66}
$$

对于 $i=1$，式 (5.66) 中的 $D_{i1}=D_{11}$。令 $\theta_i=q_i$，$i=1, 2, \cdots, 6$，那么 D_{11} 的表达式如下：

$$
\begin{aligned}
D_{11} =\ & m_1 k_{122}^2 \\
& + m_2 \left[k_{211}^2 s^2\theta_2 + k_{233}^2 c^2\theta_2 + r_2(2\overline{y}_2 + r_2) \right] \\
& + m_3 \left[k_{322}^2 s^2\theta_2 + k_{333}^2 c^2\theta_2 + r_3(2\overline{z}_2 + r_3)s^2\theta_2 + r_2^2 \right] \\
& + m_4 \left\{ \frac{1}{2}k_{411}^2 \left[s^2\theta_2(2s^2\theta_4 - 1) + s^2\theta_4 \right] + \frac{1}{2}k_{422}^2(1 + c^2\theta_2 + s^2\theta_4) \right. \\
& + \frac{1}{2}k_{433}^2 \left[s^2\theta_2(1 - 2s^2\theta_4) - s^2\theta_4 \right] + r_3^2 s^2\theta_2 + r_2^2 - 2\overline{y}_4 r_3 s^2\theta_2 \\
& \left. + 2\overline{z}_4(r_2 s\theta_4 + r_3 s\theta_2 c\theta_2 c\theta_4) \right\}
\end{aligned}
$$

$$+ m_5 \left\{ \frac{1}{2}(-k_{511}^2 + k_{522}^2 + k_{533}^2)[(s\theta_2 s\theta_5 - c\theta_2 s\theta_4 c\theta_5)^2 + c^2\theta_4 c^2\theta_5] \right.$$

$$+ \frac{1}{2}(k_{511}^2 - k_{522}^2 - k_{533}^2)(s^2\theta_4 + c^2\theta_2 c^2\theta_4)$$

$$+ \frac{1}{2}(k_{511}^2 + k_{522}^2 - k_{533}^2)[(s\theta_2 c\theta_5 + c\theta_2 s\theta_4 s\theta_5)^2 + c^2\theta_4 c^2\theta_5]$$

$$+ r_3^2 s^2\theta_2 + r_2^2$$

$$\left. + 2\overline{z}_5[r_3(s^2\theta_2 c\theta_5 + s\theta_2 s\theta_4 c\theta_4 s\theta_5) - r_2 c\theta_4 s\theta_5] \right\}$$

$$+ m_6 \left\{ \frac{1}{2}(-k_{611}^2 + k_{622}^2 + k_{633}^2)[(s\theta_2 s\theta_5 c\theta_6 - c\theta_2 s\theta_4 c\theta_5 c\theta_6 - c\theta_2 c\theta_4 s\theta_6)^2 \right.$$

$$+ (c\theta_4 c\theta_5 c\theta_6 - s\theta_4 s\theta_6)^2]$$

$$+ \frac{1}{2}(k_{611}^2 - k_{622}^2 + k_{633}^2)[(c\theta_2 s\theta_4 c\theta_5 s\theta_6 - s\theta_2 s\theta_5 s\theta_6 - c\theta_2 c\theta_4 c\theta_6)^2$$

$$+ (c\theta_4 c\theta_5 s\theta_6 + s\theta_4 c\theta_6)^2]$$

$$+ \frac{1}{2}(k_{611}^2 + k_{622}^2 - k_{633}^2)[(c\theta_2 s\theta_4 s\theta_5 + s\theta_2 c\theta_5)^2 + c^2\theta_4 s^2\theta_5]$$

$$+ [r_6 c\theta_2 s\theta_4 s\theta_5 + (r_6 c\theta_5 + r_3)s\theta_2]^2 + (r_6 c\theta_4 s\theta_5 - r_2)^2$$

$$+ 2\overline{z}_6[r_6(s^2\theta_2 c^2\theta_5 + c^2\theta_4 s^2\theta_5 + c^2\theta_2 s^2\theta_4 s^2\theta_5 + 2s\theta_2 c\theta_2 s\theta_4 s\theta_5 c\theta_5)$$

$$\left. + r_3(s\theta_2 c\theta_2 s\theta_4 s\theta_5 + s^2\theta_2 c\theta_5) - r_2 c\theta_4 s\theta_5] \right\}$$

不难看出，对 D_{i1} 的计算并非一项简单的任务。特别是当机器人运动时，如果它的位置和姿态参数发生变化，那么计算任务就更为艰巨。因此，力图寻找简化这种计算的新方法。已有三种简化方法，即几何/数字法、混合法以及微分变换法。

贝杰齐(Bejezy)的几何/数字方法涉及旋转关节和棱柱式关节的特性，它能够对式 (4.25)至式(4.27)中与计算 $\dfrac{\partial T_p}{\partial q_j}$ 和 $\dfrac{\partial^2 T_p}{\partial q_j \partial q_k}$ 有关的四阶方阵 J_j^k（它能够把任何以第 k 个坐标系表示的矢量变换为以第 j 个坐标系表示的同一矢量）预先进行化简。由于四阶方阵中的许多元素均为零，所以求得的 D_i, D_{ij} 和 D_{ijk} 表达式就不像原先那样复杂。由陆(Luh)和林 (Lin)提出的混合法，首先用计算机比较动态方程中牛顿-欧拉公式所有的项，然后根据各种判定准则，把其中的某些项删略去。最后，把留下的各项重新放入拉格朗日方程。此法所得结果为一个以符号形式表示的简化方程的计算机输出。

5.3　机器人的力和位置混合控制

5.3.1　力和位置混合控制方案

有好多种对机械手进行力控制的方案。下面列举几种典型的方案。

1. 主动刚性控制

图 5-15 示出一个主动刚性控制（active stiffness control）系统框图。图中，J 为机械手末端执行装置的雅可比矩阵；K_p 为定义于末端笛卡儿坐标系的刚性对角矩阵，其元素由人为确定。如果希望在某个方向上遇到实际约束，那么这个方向的刚性应当降低，以保证有较低的结构应力；反之，在某些不希望碰到实际约束的方向上，则应加大刚性，这样可使机械手紧紧跟随期望轨迹。于是，就能够通过改变刚性来适应变化的作业要求。

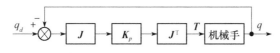

图 5-15　主动刚性控制系统框图

2. 雷伯特-克雷格位置/力混合控制器

雷伯特（M. H. Raibert）和克雷格（J. J. Craig）于 1981 年进行了机器人机械手位置和力混合控制的重要实验，并取得良好结果。后来，就称这种控制器为 R-C 控制器。

图 5-16 表示 R-C 控制器的结构。图中，S 和 $\overline{S}$ 为适从选择矩阵；x_d 和 F_d 为定义于笛卡儿坐标系的期望位置和力的轨迹；$P(q)$ 为机械手运动学方程；^CT 为力变换矩阵。

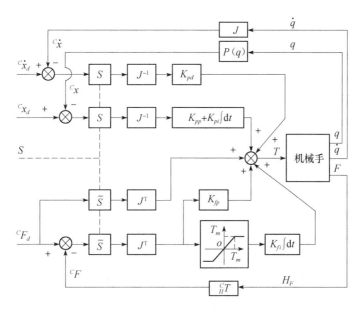

图 5-16　R-C 控制器结构

这种 R-C 控制器没有考虑机械手动态耦合的影响，这就会导致机械手在工作空间某些非奇异位置上出现不稳定。在深入分析 R-C 系统所存在的问题之后，可对之进行如下改进：

1）在混合控制器中考虑机械手的动态影响，并对机械手所受重力及哥氏力和向心力进行补偿。

2）考虑力控制系统的欠阻尼特性，在力控制回路中，加入阻尼反馈，以削弱振荡因素。

3）引入加速度前馈，以满足作业任务对加速度的要求，也可使速度平滑过渡。

改进后的 R-C 力/位置混合控制系统结构图如图 5-17 所示。图中，$\hat{M}(q)$ 为机械手的惯量矩阵模型。

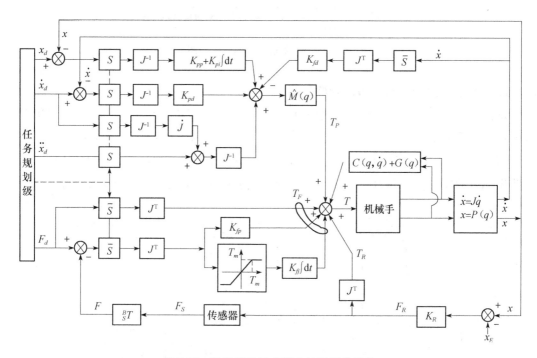

图 5-17　改进后的 R-C 混合控制系统结构

3. 操作空间力和位置混合控制系统

由于机器人机械手是通过工具进行操作作业的，所以其末端工具的动态性能将直接影响操作质量。又因末端的运动是所有关节运动的复杂函数，因此，即使每个关节的动态性能可行，而末端的动态性能则未必能满足要求。当动态摩擦和连杆挠性特别显著时，使用传统的伺服控制技术将无法保证作业要求。因此，有必要在 {C} 坐标系中直接建立控制算法，以满足作业性能要求。图 5-18 就是卡蒂布（O. Khatib）设计的操作空间力和位置混合控制系统的结构图。图中，$\Lambda(x)=J^{-T}M(q)J^{-1}$ 为机械手末端的动能矩阵；$\tilde{C}(q, \dot{q})=C(q, \dot{q})-J^{T}\Lambda(x)\dot{J}\dot{q}$；$K_p$，$K_v$，$K_i$ 及 K_i，K_{vf} 和 K_{ji} 为 PID 常增益对角矩阵。

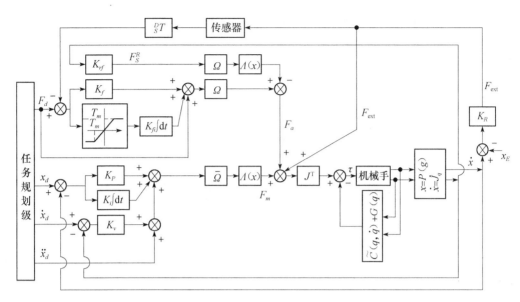

图 5-18　操作空间力/位置混合控制系统框图

此外，还有阻力控制和速度/力混合控制等。

5.3.2　力和位置混合控制系统控制规律的综合

这里仅以 R-C 控制器为例来讨论力和位置混合控制系统的控制规律。

1. 位置控制规律

断开图 5-17 中所有力前馈和力反馈通道，并令 $\overline{S}$ 为零矩阵，S 为单位矩阵，约束反力为零，则系统即成为一个具有哥氏力、重力和向心力补偿的以及具有加速度前馈的标准 PID 位置控制系统。图中的积分环节，用于提高系统的稳态精度。当不考虑积分环节作用时，系统的控制器方程为：

$$T = \hat{M}(q)[J^{-1}(\ddot{x}_d - \dot{J}J^{-1}\dot{x}_d) + K_{pd}J^{-1}(\dot{x}_d - \dot{x}) + K_{pp}J^{-1}(x_d - x)] + C(q,\dot{q}) + G(q)$$

或者

$$T = \hat{M}(q)[\ddot{q}_d + K_{pd}(\dot{q}_d - \dot{q}) + K_{pp}(q_d - q)] + C(q,\dot{q}) + G(q) \tag{5.67}$$

令

$$\Delta q = J^{-1}(x - x_d) = J^{-1}\Delta x = q - q_d \tag{5.68}$$

以式(5.67)代入下列机械手动态方程：

$$T = M(q)\ddot{q} + C(q,\dot{q}) + G(q) - J^{T}F_{ext} \tag{5.69}$$

式中，取 $\hat{M}(q) = M(q)$，而 F_{ext} 为外界施于末端约束反力矩。于是可得闭环系统的动态方程：

$$\ddot{\Delta q} + K_{pd}\dot{\Delta q} + K_{pp}\Delta q = 0 \tag{5.70}$$

取 K_{pp}、K_{pd} 为对角矩阵，则系统变为解耦的单位质量二阶系统。增益矩阵 K_{pp}、K_{pd} 的选择，最好使得机械手各关节的动态响应特性为近似临界阻尼状态，或有点过阻尼状态，因为机械手的控制是不允许超调的。

取

$$K_{fd} = 2\xi\omega_n I$$
$$K_{pp} = \omega_n^2 I$$

(5.71)

式中，I 为单位矩阵，ω_n 为系统自然振荡频率，ξ 为系统的阻尼比，一般 $\xi \geqslant 1$。若取 $\omega_n = 20$，$\xi = 1$，则 $K_{pd} = 40I$，$K_{pp} = 400I$。

积分增益 K_{pi} 不宜选得过大，否则，当系统初始偏差较大时，会引起不稳定。

2. 力控制规律

令图 5-17 中的位置适从选择矩阵 $S = 0$，控制末端在基坐标系 z_0 方向上受到反作用力。设约束表面为刚体，末端受力如图 5-19 所示，那么对三连杆机械手进行力控制时有力控制选择矩阵：

$$\overline{S} = \begin{bmatrix} 0 & 0 & 0 \\ 0 & 0 & 0 \\ 0 & 0 & 1 \end{bmatrix}$$

希望的力为：

$$F_d = \begin{bmatrix} 0 \\ 0 \\ -f_d \end{bmatrix}$$

(5.72)

约束反力为：

$$F_R = \begin{bmatrix} 0 \\ 0 \\ f \end{bmatrix}$$

(5.73)

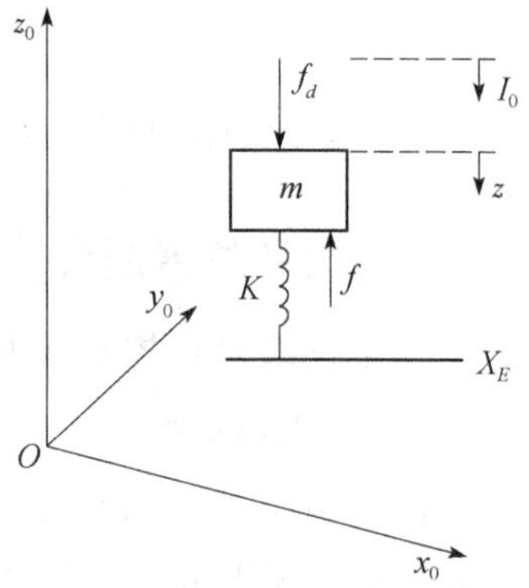

图 5-19 机械手末端受力图

式中，f 值由弹簧长度及末端与约束面接触与否而定。则不考虑积分作用时的控制器方程为：

$$T = J^{\mathrm{T}}\overline{S}F_d + K_{fp}J^{\mathrm{T}}\overline{S}(F_d + F_R) + C(q,\dot{q}) + G(q) - M(q)K_{fd}J^{\mathrm{T}}\overline{S}J\dot{q}$$

(5.74)

将式(5.74)代入(5.69)得：

$$\begin{bmatrix} \ddot{q}_1 \\ \ddot{q}_2 \\ \ddot{q}_s \end{bmatrix} + K_{fd}J^{\mathrm{T}}\overline{S}J \begin{bmatrix} \dot{q}_1 \\ \dot{q}_2 \\ \dot{q}_3 \end{bmatrix} = M^{-1}(q)(I + K_{fp})J^{\mathrm{T}} \begin{bmatrix} 0 \\ 0 \\ f - f_d \end{bmatrix}$$

(5.75)

式中，

$$K_{fd}J^{\mathrm{T}}\overline{S}J = \begin{bmatrix} K_{fd1} & 0 & 0 \\ 0 & K_{fd2} & 0 \\ 0 & 0 & K_{fd3} \end{bmatrix} \begin{bmatrix} J_{11} & J_{21} & J_{31} \\ J_{12} & J_{22} & J_{32} \\ J_{13} & J_{23} & J_{33} \end{bmatrix} \begin{bmatrix} 0 & 0 & 0 \\ 0 & 0 & 0 \\ 0 & 0 & 1 \end{bmatrix} \begin{bmatrix} J_{11} & J_{12} & J_{13} \\ J_{21} & J_{22} & J_{23} \\ J_{31} & J_{32} & J_{33} \end{bmatrix}$$

$$= \begin{bmatrix} 0 & 0 & 0 \\ 0 & K_{fd2}J_{32}^2 & K_{fd2}J_{32}J_{33} \\ 0 & K_{fd3}J_{32}J_{33} & K_{fd3}J_{33}^2 \end{bmatrix}$$

令

$$M^{-1}(q) = \begin{bmatrix} a & 0 & 0 \\ 0 & b & c \\ 0 & c & d \end{bmatrix}$$

$$式(5.75) \ 左边 = \begin{bmatrix} 0 \\ [J_{32}b(1+K_{fp2})+J_{33}c(1+K_{fp3})](f-f_d) \\ [J_{32}c(1+K_{fp2})+J_{33}d(1+K_{fp3})](f-f_d) \end{bmatrix}$$

$$\triangleq \begin{bmatrix} 0 \\ H_1(f-f_d) \\ H_2(f-f_d) \end{bmatrix}$$

$$式(5.75) \ 左边 = \begin{bmatrix} \ddot{q}_1 \\ \ddot{q}_2 + J_{32}^2 K_{fd2}\dot{q}_2 + J_{32}J_{33}K_{fd2}\dot{q}_3 \\ \ddot{q}_3 + J_{33}^2 K_{fd3}\dot{q}_3 + J_{32}J_{33}K_{fd3}\dot{q}_2 \end{bmatrix}$$

则得闭环系统的动态方程：

$$\begin{cases} \ddot{q}_1 = 0 \\ \ddot{q}_2 + J_{32}^2 K_{fd2}\dot{q}_2 + J_{32}J_{33}K_{fd2}\dot{q}_3 = H_1(f-f_d) \\ \ddot{q}_3 + J_{33}^2 K_{fd3}\dot{q}_3 + J_{32}J_{33}K_{fd3}\dot{q}_2 = H_2(f-f_d) \end{cases} \tag{5.76}$$

式中，$H_1 > 0$，$H_2 > 0$。

方程式(5.76)表明，关节1对力控制不起作用，关节2和关节3对力控制有作用。动态方程开始时或刚发生接触时，如果约束面刚性较大，往往有 $f \gg f_d$；要是反馈比例增益 K_{fp} 选得过大，必然会使关节2和关节3很快加速或减速，那么机械手末端就会不停地与接触面碰撞，甚至引起系统振荡。力反馈阻尼增益 K_{fd} 越大，系统就越稳定，但快速性变差。K_{fd} 的选择与多种因素有关。积分增益 K_{ji} 也不宜选得过大，并在其前面串接一个非线性限幅器。因为末端与约束面发生碰撞时，力偏差信号很大。

3. 力和位置混合控制规律

设约束坐标系与基坐标系重合。如果要求作业在基坐标系的 z_0 方向进行力控制，在某个与 x_0y_0 平面平行的约束面上进行位置控制，则适从选择矩阵为：

$$位置 \ S = \begin{bmatrix} 1 & 0 & 0 \\ 0 & 1 & 0 \\ 0 & 0 & 0 \end{bmatrix}, \quad 力 \ \overline{S} = \begin{bmatrix} 0 & 0 & 0 \\ 0 & 0 & 0 \\ 0 & 0 & 1 \end{bmatrix}$$

期望末端轨迹：$x_d(t)=[\begin{matrix} x_d & y_d & z_d \end{matrix}]^T$

$$F_d(t) = [\begin{matrix} 0 & 0 & -f_d \end{matrix}]^T \tag{5.77}$$

实际末端轨迹：$x(t)=[\begin{matrix} x & y & z \end{matrix}]^T$

$$F_{\text{ext}}(t) = [\begin{matrix} 0 & 0 & f \end{matrix}]^T$$

于是，对图 5-17 系统有：

$$
\begin{aligned}
T_p &= M(q)[J^{-1}(S\ddot{x}_d) - \dot{J}J^{-1}S\dot{x}_d] + K_{pd}J^{-1}S(\dot{x}_d - \dot{x}) \\
&\quad + K_{pp}J^{-1}S(x_d - x) - M(q)K_{fd}J^{\mathrm{T}}\overline{S}\dot{x} \\
T_F &= J^{\mathrm{T}}\overline{S}F_d + K_{FP}J^{-1}\overline{S}(F_d + F)
\end{aligned} \tag{5.78}
$$

对机械手的控制输入：

$$T = T_p + T_F + C(q,\dot{q}) + G(q) \tag{5.79}$$

将式(5.79)代入式(5.69)可得：

$$M(q)\ddot{q} = T_p + T_F + J^{\mathrm{T}}F_{\text{ext}} \tag{5.80}$$

或

$$M(q)J^{-1}(\ddot{x} - \dot{J}J^{-1}\dot{x}) = T_p + T_F + J^{\mathrm{T}}F_{\text{ext}} \tag{5.81}$$

将式(5.78)代入式(5.81)得：

$$
J^{-1}\begin{bmatrix} \Delta\ddot{x} \\ \Delta\ddot{y} \\ 0 \end{bmatrix} + (K_{pd} - J^{-1}\dot{J})J^{-1}\begin{bmatrix} \Delta\dot{x} \\ \Delta\dot{y} \\ 0 \end{bmatrix} + K_{pp}J^{-1}\begin{bmatrix} \Delta x \\ \Delta y \\ 0 \end{bmatrix} + J^{-1}\begin{bmatrix} 0 \\ 0 \\ \ddot{z} \end{bmatrix} + (K_{fd} - J^{-1}\dot{J})J^{-1}\begin{bmatrix} 0 \\ 0 \\ \dot{z} \end{bmatrix} = \begin{bmatrix} 0 \\ H_1 \cdot \Delta f \\ H_2 \cdot \Delta f \end{bmatrix}
$$

$$\tag{5.82}$$

式中，$\Delta x = x - x_d$，$\Delta y = y - y_d$，$\Delta f = f - f_d$，H_1 和 H_2 见式(5.76)。若取

$$
\begin{cases}
K_{pd} = J^{-1}K'_{pd}J + J^{-1}\dot{J} \\
K_{pp} = J^{-1}K'_{pp}J \\
K_{fd} = J^{-1}K'_{fd}J + J^{-1}\dot{J}
\end{cases} \tag{5.83}
$$

式中，K'_{pd}，K'_{pp} 和 K'_{fd} 均为正定对角矩阵，把式(5.83)代入式(5.82)可得

$$
\begin{bmatrix} \Delta\ddot{x} + K'_{pd1}\Delta\dot{x} + K'_{pp1}\Delta x \\ \Delta\ddot{y} + K'_{pd2}\Delta\dot{y} + K'_{pp2}\Delta y \\ \ddot{z} + K'_{fd3}\dot{z} \end{bmatrix} = J\begin{bmatrix} 0 \\ H_1 \cdot \Delta f \\ H_2 \cdot \Delta f \end{bmatrix} = \begin{bmatrix} J_{12}H_1 + J_{13}H_2 \\ J_{22}H_1 + J_{23}H_2 \\ J_{32}H_1 + J_{33}H_2 \end{bmatrix}\Delta f \tag{5.84}
$$

因为 $J_{32}H_1 + J_{33}H_2 > 0$，取 $K'_{fd3} > 0$，则式(5.84)中的第三个方程稳定。

式(5.84)表明，只有当 $\Delta f = 0$ 时，力和位置混合控制系统中的力控制与位置控制才互不影响。仿真实验证实了这一结论。因此，混合控制系统中的力控制子系统的性能，对整个系统产生重要的作用。

5.4 机器人的智能控制

本节研究机器人的智能控制。

5.4.1 智能控制系统的分类

下面将要研究的智能控制系统包括递阶控制系统、专家控制系统、模糊控制系统、神经控制系统、学习控制系统和进化控制系统等。实际上，几种方法和机制往往结合在一起，用于一个实际的智能控制系统或装置，从而建立起混合或集成的智能控制系统。不过，为了便于研究与说明，我们试图逐一讨论这些控制系统。

1. 递阶控制系统

由萨里迪斯(Saridis)和梅斯特尔(Mystel)等人提出的递阶智能控制是按照精度随智能降低而提高的原理(IPDI)分级分布的，这一原理是递阶管理系统中常用的。

智能控制系统是由三个基本控制级构成的，其级联交互结构如图 5-20 所示。图中 f_E^C 为自执行级至协调级的在线反馈信号；f_C^O 为自协调级至组织级的离线反馈信号；$C=\{c_1, c_2, \cdots, c_m\}$ 为输入指令；$U=\{u_1, u_2, \cdots, u_m\}$ 为分类器的输出信号，即组织器的输入信号。

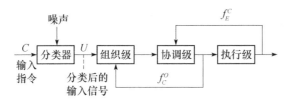

图 5-20 递阶智能机器的级联结构

递阶智能控制系统是个整体，它把定性的用户指令变换为一个物理操作序列。系统的输出是通过一组施于驱动器的具体指令来实现的。其中，组织级代表控制系统的主导思想，并由人工智能起控制作用。协调级是上(组织)级和下(执行)级间的接口，承上启下，并由人工智能和运筹学共同作用。执行级是递阶控制的底层，要求具有较高的精度和较低的智能，它按控制论进行控制，对相关过程执行适当的控制作用。

递阶智能控制系统遵循提高精度而降低智能(IPDI)的原理。概率模型用于表示组织级推理、规划和决策的不确定性、指定协调级的任务以及执行级的控制作用。采用熵来度量智能机器执行各种指令的效果，并采用熵进行最优决策。

本方法为使自主智能控制系统适应现代工业、空间探索、核处理和医学等领域的需要提供了一个有效途径。图 5-21 表示具有视觉反馈的 PUMA 600 机械手的智能系统分级结构图。

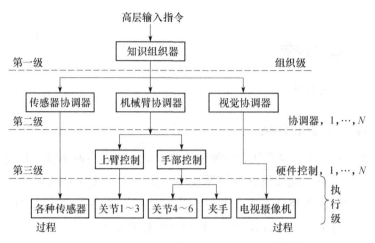

图 5-21 具有视觉反馈的机械手递阶控制结构

2. 专家控制系统

专家控制系统是一个应用专家系统技术的控制系统，也是一个典型的和广泛应用的基于知识的控制系统。

专家控制系统因为应用场合和控制要求不同，其结构也可能不一样。然而，几乎所有的专家控制系统（控制器）都包含知识库、推理机、控制规则集和/或控制算法等。

图 5-22 表示专家控制系统的基本结构。从性能指标的观点看，专家控制系统应当为控制目标提供与专家操作时一样或十分相似的性能指标。

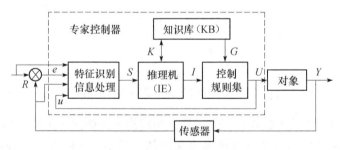

图 5-22 专家控制器的典型结构

本专家控制系统为一工业专家控制器（EC），它由知识库、推理机、控制规则集和特征识别信息处理等单元组成。知识库用于存放工业过程控制的领域知识；推理机用于记忆所采用的规则和控制策略，使整个系统协调地工作；推理机能够根据知识进行推理，搜索并导出结论。

特征识别与信息处理单元的作用是实现对信息的提取与加工，为控制决策和学习适应提供依据。它主要包括抽取动态过程的特征信息，识别系统的特征状态，并对特征信息做必要的加工。

EC 的输入集为 $E=(R, e, Y, U)$，S 为特征信息输出集，K 为经验知识集，G 为规则修改命令，I 为推理机构输出集，U 为 EC 的输出集。

EC 的模型可用下式表示：

$$U = f(E,K,I) \tag{5.85}$$

智能算子 f 为几个算子的复合运算：

$$f = g \cdot h \cdot p$$

其中，g：$E{\rightarrow}S$；h：$S{\times}K{\rightarrow}I$；p：$I{\times}G{\rightarrow}U$。

g、h、p 均为智能算子，其形式为：

$$\text{IF}\quad A\quad \text{THEN}\quad B \tag{5.86}$$

其中，A 为前提条件，B 为结论。A 与 B 之间的关系可以包括解析表达式、模糊关系、因果关系和经验规则等多种形式。B 还可以是一个子规则集。

3. 模糊控制系统

模糊控制是一类应用模糊集合理论的控制方法。模糊控制的有效性可从两个方面来考虑。一方面，模糊控制提供一种实现基于知识(基于规则)的甚至语言描述的控制规律的新机理。另一方面，模糊控制提供了一种改进非线性控制器的替代方法，这些非线性控制器一般用于控制含有不确定性和难以用传统非线性控制理论处理的装置。

模糊控制系统的基本结构如图 5-23 所示。其中，模糊控制器由模糊化接口、知识库、推理机和模糊判决接口 4 个基本单元组成。

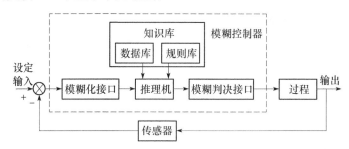

图 5-23　模糊控制系统的基本结构

（1）模糊化接口

测量输入变量(设定输入)和受控系统的输出变量，并把它们映射到一个合适的响应论域的量程，然后，精确地输入数据被变换为适当的语言值或模糊集合的标识符。本单元可视为模糊集合的标记。

（2）知识库

涉及应用领域和控制目标的相关知识，它由数据库和语言(模糊)控制规则库组成，数据库为语言控制规则的论域离散化和隶属函数提供必要的定义、语言控制规则标记控制目标和领域专家的控制策略。

（3）推理机

推理机是模糊控制系统的核心，以模糊概念为基础，模糊控制信息可通过模糊蕴涵和模糊逻辑的推理规则来获取，并可实现拟人决策过程，根据模糊输入和模糊控制规则、模糊推理求解模糊关系方程，获得模糊输出。

（4）模糊判决接口

起到模糊控制的推断作用，并产生一个精确的或非模糊的控制作用；此精确控制作用必须进行逆定标（输出定标），这一作用是在对受控过程进行控制之前通过量程变换来实现的。

4. 学习控制系统

学习控制系统是智能控制最早的研究领域之一。在过去十多年中，学习控制用于动态系统（如机器人操作控制和飞行器制导等）的研究，已成为日益重要的研究课题。已经研究并提出许多学习控制方案和方法，并获得更好的控制效果。这些控制方案包括：

1）基于模式识别的学习控制；

2）反复学习控制；

3）重复学习控制；

4）连接主义学习控制，包括再励（强化）学习控制；

5）基于规则的学习控制，包括模糊学习控制；

6）拟人自学习控制；

7）状态学习控制。

学习控制具有 4 个主要功能：搜索、识别、记忆和推理。在学习控制系统的研制初期，对搜索和识别的研究较多，而对记忆和推理的研究比较薄弱。学习控制系统分为两类，即在线学习控制系统和离线学习控制系统，分别如图 5-24a 和图 5-24b 所示。图中，R 代表参考输入；Y 为输出响应；u 为控制作用；s 为转换开关。当开关接通时，该系统处于离线学习状态。

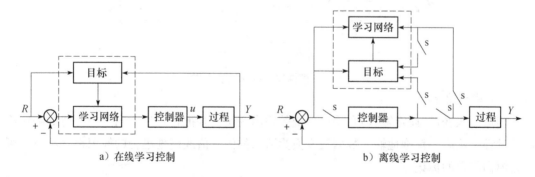

a）在线学习控制   b）离线学习控制

图 5-24　学习控制系统原理图

离线学习控制系统应用比较广泛，而在线学习控制系统则主要用于比较复杂的随机环境。在线学习控制系统需要高速和大容量计算机，而且处理信号需要花费较长时间。在许多情况下，这两种方法互相结合。首先，无论什么时候只要可能，先验经验总是通过离线方法获取，然后再在运行中进行在线学习控制。

5. 神经控制系统

基于人工神经网络的控制（ANN-based control），简称神经控制（neurocontrol）或 NN 控制，是智能控制的一个新的研究方向，可能成为智能控制的"后起之秀"。

神经控制是个很有希望的研究方向。这不但是由于神经网络技术和计算机技术的发展为神经控制提供了技术基础，而且还由于神经网络具有一些适合于控制的特性和能力。这些特性和能力包括：

1）神经网络对信息的并行处理能力和快速性，适于实时控制和动力学控制。

2）神经网络的本质非线性特性，为非线性控制带来新的希望。

3）神经网络可通过训练获得学习能力，能够解决那些用数学模型或规则描述难以处理或无法处理的控制过程。

4）神经网络具有很强的自适应能力和信息综合能力，因而能够同时处理大量的不同类型的控制输入，解决输入信息之间的互补性和冗余性问题，实现信息融合处理。这特别适用于复杂系统、大系统和多变量系统的控制。

当然，神经控制的研究还有大量的有待解决的问题。神经网络自身存在的问题，也必然会影响到神经控制器的性能。现在，神经控制的硬件实现问题尚未真正解决；对实用神经控制系统的研究，也有待继续开展与加强。

由于分类方法的不同，神经控制器的结构很自然地有所不同。已经提出的神经控制的结构方案很多，包括 NN 学习控制、NN 直接逆控制、NN 自适应控制、NN 内模控制、NN 预测控制、NN 最优决策控制、NN 强化控制、CMAC 控制、分级 NN 控制和多层 NN 控制等。

当受控系统的动力学特性是未知的或仅部分已知时，必须设法摸索系统的规律性，以便对系统进行有效的控制。基于规则的专家系统或模糊控制能够实现这种控制。监督（即有导师）学习神经网络控制（Supervised Neural Control，SNC）为另一实现途径。

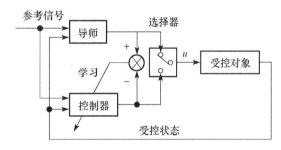

图 5-25 监督式学习 NN 控制器的结构

图 5-25 表示监督式神经控制器的结构。图中，含有一个导师和一个可训练控制器。实现 SNC 包括下列步骤：

1）通过传感器及传感信息处理获取必要的和有用的控制信息。

2）构造神经网络，包括选择合适的神经网络类型、结构参数和学习算法等。

3）训练 SNC，实现从输入到输出的映射，以产生正确的控制。在训练过程中，作为导师的可以是线性控制律，或是采用反馈线性化和解耦变换的非线性反馈，也可以是以人作为导师对 SNC 进行训练。

6. 进化控制系统

进化也是人们发现的蕴涵于自然界的一种适应机制。相较于反馈而言，进化更着重于影响和改变控制生命特征的内在本质因素。通过反馈作用获得的性能提高，要由进化加以巩固。因此，两者都是存在于自然界中的"自然优化"方法，如何利用这两种方法的基本原理，并形成相应的技术应该是控制理论研究的重要内容。

进化与反馈作为自然界存在的两种基本调节机制，具有明显的互补性，其结合不仅是实践发展的需要，而且在技术实现上也是可行的。把进化思想与反馈控制理论相结合，产生了一种新的智能控制方法——进化控制。

进化控制在对待机器智能的问题上较现有智能控制方法实现了认识与思考方法上的飞跃。传统意义上的机器智能是人赋予的，这里体现的智能应归功于设计者。进化控制则不然，它的目标是要探索导致自主智能产生的机制和本质过程及其作用机制——一种真正意义上的智能控制。在进化控制中，进化思想的实现手段——进化计算，已不局限于作为一种寻找次优解的工具，而且成为一种探索自适应性原理和开发智能系统的方法。进化过程被视为对未知环境的一种创造性的自组织、自适应的发展过程，而不仅仅是一种优化技术。

将进化控制应用于复杂系统的控制器设计，可以很好地解决其学习与适应能力问题。进化机制提供了在复杂的环境中创造性地寻找具有竞争力的优化结构和控制策略的方法，使之根据环境的特点和自身的目标自主地产生各种行为能力，并调整它们之间的约束关系，从而展现适应复杂环境的自主性。

进化控制是综合考察了几种典型智能控制方法的思想起源、组成结构、实现方法和技术等之后提出来的，它模拟生物界演化的进化机制，将进化思想与反馈控制理论相结合，提高了系统在复杂环境下的自主性、创造性和学习能力。

5.4.2　机器人自适应模糊控制

模糊控制是应用最广的一种智能控制，它具有多种结构形式，如PID模糊控制、自组织模糊控制、自校正模糊控制、自学习模糊控制、专家模糊控制等。其中，自校正模糊控制属于自适应模糊控制。下面提出一种由神经网络训练模糊控制规则的自适应模糊控制器，并把它应用于附加力外环的机器人力/位置混合控制。

随着机器人在工业生产中的广泛应用，对机器人的力/位置控制显得愈加重要，特别是在一些高精度作业的场合更是如此。在以往的机器人力/位置控制方案中，为了加入力控制信号，通常需要对一般工业机器人原有的位置控制器进行改造或重新设计控制器。

我们提出一种附加力外环的机器人力/位置自适应模糊控制方法，在不改变机器人原有位置控制器的前提下实现力/位置自适应模糊控制。其主要思想是把力控制器的输出作为位置控制给定的修正值，通过提高位置控制的精度达到控制力的目的，并利用自适应模糊控制的鲁棒性，使控制系统对不同的刚性环境具有自适应能力。在控制过程中，神经网络(NN)不直接进行控制，而仅仅根据输入信号确定相应的模糊规划调整因子。实验结果表明，该方法不仅使模糊控制系统的自适应能力得到提高，而且克服了神经网络在控制中实时性差的缺点，系统的动、静态响应性能、自适应能力和鲁棒性均得到显著改善。

1. 控制系统设计

所提出的附加力外环的机器人力/位置自适应模糊控制方法，应用在一台带力传感器的Zebra-ZERO(斑马)6关节机器人上，其模型如图5-26所示。机器人的位置控制器为常规PID控制，且人-机接口界面只提供简单的操作指令，如初始化指令、状态输出指令、关节角移动指令等。在实现跟踪控制时，固定j_1，j_4和j_6三个关节，由j_2和j_3关节在x_2方向实现跟踪，并对x_1方向的接触力进行控制，关节j_5使机器人末端执行器与跟踪面垂直。整个控制系统由一台PC486主机(带机器人控制器)、电源、控制接口板及机器人主体组成，其系统原理框图如图5-27所示。

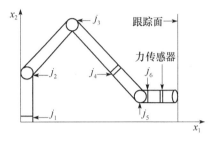

图 5-26 Zebra-ZERO 机器人模型

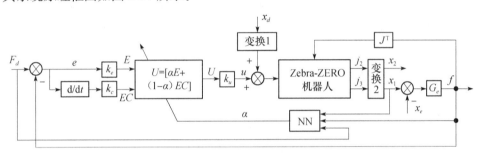

图 5-27 附加力外环的机器人力/位置自适应模糊控制系统框图

图5-27中，x_d为期望位置矢量；x_1，x_2分别为二维平面的横向，纵向位置；x_e为末端执行器的初始横向位置；G_e为接触刚度；F_d、f分别为给定力、实际接触力，并有：

$$f = G_e(x_1 - x_e) \tag{5.87}$$

"变换1"把机器人期望空间运动变换为各关节的角度运动；"变换2"则将各关节的角度运动变换为空间运动。在力外环自适应模糊控制部分，k_e，k_c和k_u分别为模糊控制器的量化因子和比例因子，模糊控制器的控制规则由可调整因子α改变，其解析式为：

$$U = [\alpha E + (1-\alpha)EC] \tag{5.88}$$

式中，U为模糊控制输出量；E、EC分别为误差和误差变化的模糊量；α为调整因子，且$\alpha \in (0, 1)$。

控制系统工作过程为：首先，力外环由单纯的模糊控制完成。对于机器人末端执行器所接触的不同刚性环境及给定力F_d，由ITAE(时间乘误差绝对值积分)性能准则进行优化，获取一组使控制系统得到满意性能的模糊控制规则调整因子，并作为神经网络的训练样本，供神经网络进行离线训练。当误差小于预定的界限后，固定网络的权值。然后，将由神经网络训练模糊控制规则的自适应模糊控制器投入实时控制。在实时控制过程中，神经网络根据输入信号F_d，f和x_1，确定实时的接触刚度，并计算出相应的模糊控制规则调整因子 α。该控制方案主要考虑对外界工作环境接触刚度变化的自适应性，因此把 x_1，f 和 F_d 作为神经网络 NN 的输入，而输出为模糊控制规则的可调整因子 α。神经网络采用 BP 网络，其结构为 $3\times8\times1$，目标函数设定为：

$$E_p = \frac{1}{2}\sum_{i=1}^{N}(a_{di}-a_i)^2 \qquad (5.89)$$

式中，a_{di} 为外界工作环境接触刚度变化时，为使控制系统具有较好的响应性能，经基于 ITAE 准则寻优得到的第 i 个可调整因子；a_i 为 NN 实际输出第 i 个可调整因子。ITAE 性能准则为：

$$Q = \int_0^t t\,|\,e(t)\,|\,\mathrm{d}t \qquad (5.90)$$

2. 实验研究

为了得到具有自适应能力的模糊控制规则，首先在力外环采用单纯模糊控制的情况下，对于给定力 F_d 分别为 1N 和 2N 作用时，机器人末端执行器分别跟踪硬度不同的橡胶平面，并基于 ITAE 准则对模糊控制规则调整因子 α 进行优化，使控制系统具有较好的动、静态性能，得到一组相应的 α_d，如表 5-5 所示。然后将表 5-5 所示数据作为 BP 神经网络离线训练的样本。

表 5-5　不同橡胶平面对应的 α_d

F_d	氯丁橡胶 $E=2.9\mathrm{Mpa}$ 20N/mm	顺丁橡胶 $B=4.5\mathrm{Mpa}$ 35N/mm	丁腈橡胶 $B=5.4\mathrm{Mpa}$ 40N/mm	丁腈橡胶 $E=9.8\mathrm{Mpa}$ 75N/mm	丁腈橡胶 $E=15\mathrm{Mpa}$ 120N/mm
1N	0.61	0.68	0.72	0.69	0.65
2N	0.60	0.65	0.70	0.68	0.66

注意到神经网络的输入信号虽为 x_1，f，F_d，但由式(5.87)知，x_1 与 f 之间的关系是确定的($x_1=x_e+f/G_e$)，任意一个 G_e 可确定一组 $(x_1，f)$。因此实际训练时的样本为 5 组 $(x_1，f，F_d，\alpha_d)$。当目标函数 $E_p\leqslant0.01$ 时，固定网络的权值，并投入实时在线控制。实际控制时，神经网络根据其输入信号 x_1，f 和 F_d 确定接触刚度 G_e，并输出相应的模糊控制可调整因子 α。这样在整个控制过程中，力控制部分由带调整因子的模糊控制器完成，神经网络不直接进行控制，较好地克服了神经网络用于控制时实时性差的缺点。

在实验过程中，使机器人跟踪接触刚度 G_e 不同的橡胶平面和曲面时保持力恒定，以及跟踪橡胶平面时力为方波，得到的响应曲线分别如图 5-28 至图 5-30 所示。

机器人末端执行器在与外界工作环境接触进行受限运动时，外界工作环境的接触刚度的不确定性对系统控制性能影响较大。具有附加力外环的机器人力/位置自适应模糊控制，取得了较好的控制效果，如图 5-28 和图 5-29 所示。无论 F_d 为恒值还是方波，对于接触刚度 G_e 变化较大的工作环境(如 $G_e=20$，75 或 120N/mm)，系统响应的超调量、调节时间及稳态误差均较小。而且当约束面为较复杂的曲面时，末端执行器能实现较好的跟踪

（见图 5-30），从而实现了预期的控制任务。

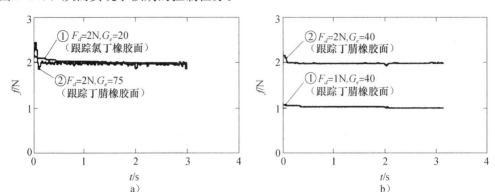

图 5-28　跟踪接触刚度 G_e 不同的橡胶面

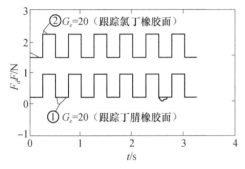

图 5-29　力分别为 0.25N 或 1N、1.5N 或
2.2N，周期为 0.5s 的方波

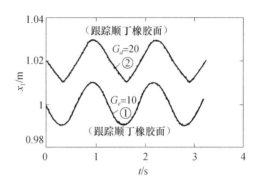

图 5-30　约束面为曲面（$F_d = 0$）

综上分析研究和实验研究结果可知，这种含有附加力外环的力/位置自适应模糊控制方法，可以在不改变机器人原有位置控制器的情况下，使机械手在其末端执行器与接触刚度变化范围较大的外界工作环境接触时具有较强的适应能力，对力和位置的控制具有良好的鲁棒性和跟踪能力。该方法通用性强，具有一定的实用价值。

5.4.3　多指灵巧手的神经控制

多指灵巧手又称多指多关节机械手，是一种并联加串联形式的机器人，一般由手掌和3～5 个手指组成，每个手指有 3～4 个关节。由于其具有多个关节（关节数≥9），因此可以对几乎任意的物体进行抓持及操作。如果安装有指端力传感器和触觉传感器，对抓持力进行控制，可以实现对易碎物体（如鸡蛋等）进行抓持及操作。多指灵巧手的机械本体一般较小，自由度又较多，故多采用伺服电机通过有套管的钢丝或尼龙绳进行远距离驱动，控制伺服电机进行有序的转动，可使多指灵巧手完成各种抓持及操作。由于绳子的变形及绳子与套管间的摩擦，关节之间的耦合，使得多指灵巧手比一般的机器人具有更强的非线性。目前，对多指灵巧手的智能抓持的研究和位置/力协调控制的研究是机器人学研究的热点之一。

下面介绍用经过训练的多层前馈网络作为控制器，控制多指灵巧手的关节跟踪给定的轨迹，以及对网络结构、学习算法、控制系统软硬件组成以及实验结果等。

1. 网络结构及学习算法

本系统采用一个 $3\times20\times1$ 的三层前馈网络来学习原有的控制器的输入输出关系。神经元采用S形函数，即 $y=1/(1+e^{-x})$。学习结束后，用此前馈网络当作控制器。作为网络学习样板的控制器，是经实践验证成功的控制器。利用这个控制器产生的输入输出数据对，供网络进行学习，训练好的网络可以很好地逼近原控制器的输入输出映射关系。

学习采用BP算法与进化算法相结合的混合学习算法，即先用BP算法对网络进行训练，然后再用进化算法训练。实践证明这种混合学习算法能够避免局部极小值且比单独用两者中任一算法具有较快的收敛速度。BP算法是最常见的学习算法，在此不多述。进化算法由Bremermann和Anderson提出，尤其适合于处理动态网络的训练问题，这里所用的进化算法如下：

1) 把权重 W 设为 $[-0.1, 0.1]$ 上的随机初值，即 W_0；
2) 把样本输入网络并计算网络输出；
3) 求目标函数 J 的值，并令 $B_1=J$；
4) 产生与权重 W 维数相同、零均值的 $[-1, +1]$ 上正态分布的随机向量 W'；
5) 令 $W=W_0+a\times W'$，$a<1$，是一实系数；
6) 求目标函数 J 的值，令 $B_2=J$；
7) 如果 $E_2<E_1$，则令 $W_0=W$，转到(4)；如果 $E_2\geqslant E_1$，转到(4)。

由此算法学习得到的权重矩阵是 W_0，目标函数定义为：$J=\sum_{i=1}^{N}(E_{rr}(i))^2$，$E_{rr}(i)$ 是第 i 个样本的学习误差，N 是样本的数量。

2. 基于神经网络的控制器设计

(1) 控制系统硬件

本系统以北京航空航天大学机器人研究所的三指灵巧手作为实验床，其控制器采用分级结构，上层主机是 PC-386，负责进行人机信息交换、任务规划和路径规划。下层是伺服控制器，即对应每个电机有一个基于PC总线的8031单片机的位置伺服控制器。图5-31为控制器的硬件简图。图中的手指关节部位安装有电位计，用作角度传感器，其输出信号作为伺服控制器的反馈信号。

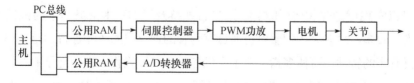

图 5-31 控制器硬件简图

（2）控制系统软件设计

控制软件分为两部分，上位机软件用 C 语言编写，伺服控制器的软件用 MCS−51 单片机汇编语言编写。图 5-32 是控制器的结构图。上位机软件负责根据误差信号，计算网络输出并产生相应的控制信号。伺服控制器从主机得到控制指令，进行适当的处理后，产生相应的 PWM 电机控制信号控制电机转动。对神经网络的计算全由上位机完成，这是因为神经网络的计算包括大量的非线性函数，用汇编语言实现十分困难且速度很慢。图 5-33 是主机软件流程图，其中定时器的作用是保证 40ms 进行一次插值，利用上位机的 CMOS 定时来实现，可以精确到微秒级。

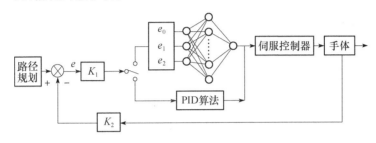

图 5-32 控制器结构图

（3）复合控制方法

通过实验发现，单纯用神经网络控制器进行控制，系统的响应在跟踪阶段可以很好地跟踪给定的轨迹，但稳态效果不好，存在较大的稳态误差。这是因为神经网络能够学习原来的控制器的输入输出映射关系，但并不能完全复现这种关系，总有一定的误差，而且误差小到一定的范围后，再想进一步减小就变得十分困难。由于时间限制，网络学习只能得到一个近似的最优解，而不可能得到真正的最优解。为了使系统具有良好的稳态响应，采用一个 PID 控制器在稳态时对系统进行控制，利用其积分作用来消除稳态误差，实验结果表明这种复合控制器能保证系统具有良好的稳态响应。

3. 实验结果及分析

为了验证前面所提方法的有效性，进行了大量的控制实验，仅举几例。对三指灵巧手的一个手指的 3 个关节进行控制，伺服控制器的控制周期是 3ms，插值周期是 40ms。图 5-34 是单纯用神经网络控制器的响应曲线。图 5-35 是加了 PID 控制器后的响应曲线。从图中可以看出，无论快速还是慢速运动，用复合控制器都能使系统较好地跟踪给

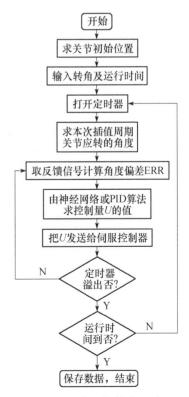

图 5-33 主机软件流程图

定的轨迹，没有稳态误差，满足机器人伺服控制的速度和精度要求。

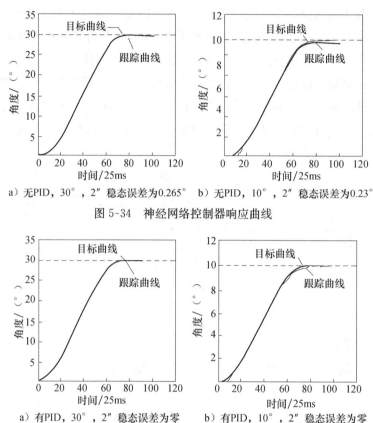

a）无PID，30°，2″ 稳态误差为0.265°   b）无PID，10°，2″ 稳态误差为0.23°

图 5-34　神经网络控制器响应曲线

a）有PID，30°，2″ 稳态误差为零   b）有PID，10°，2″ 稳态误差为零

图 5-35　复合控制器响应曲线

　　综上所述，当单纯采用神经网络作为控制器对三指灵巧手进行了控制实验时，系统在跟踪阶段效果十分好，但稳态响应不是十分理想。在稳态采用 PID 控制器，构成神经网络—PID复合控制器后，无论跟踪阶段还是稳态响应都能满足机器人伺服控制的速度和精度要求。

　　本系统所用的控制器，对神经网络的计算全部由上位机完成，这种结构使得上位机负担较重，运算时间较长，当控制关节较多以及上位机其他计算任务较多时，会使伺服控制周期及插值周期变长，对控制性能有不利影响。解决办法之一是用高速数据处理芯片（DSP）来代替目前的单片机构成伺服控制器，这样就可以把神经网络的计算放在伺服控制器这一级完成，使上位机有更多的时间进行上层的规划和运算，控制器结构更趋合理。

5.5　深度学习在机器人控制中的应用

　　随着机器学习研究的深入发展，越来越多的机器学习算法，特别是深度学习和深度强化学习算法在机器人控制领域获得广泛应用。下面简介国内学者将机器学习策略或算法应用在机器人路径和位置控制、机器人轨迹控制、机器人目标跟踪控制、机器人运动控制、足式机器人步行控制和步态规划以及机器人导航控制等方面的研究和实践。

1. 机器人路径和位置控制

杨淑珍等基于深度强化学习策略，研究了机器人手臂控制问题。结合深度学习与确定性策略梯度强化学习，设计确定性策略梯度(DDPG)深度学习步骤，使得机器人手臂经过训练学习后具有较高的环境适应性，可以快速和准确地找到环境中的移动目标点[杨淑珍等，2019]。钱乐旦发明了一种基于深度学习的机器人控制系统，对整个系统进行调配操控，实现对机器人的速度、角度以及力度的全方位调控，同时能够保证该系统平稳且安全的运行[钱乐旦，2019]。李子璐等发明了一种基于深度学习算法的无盲区扫地机器人，利用目标检测算法检测盲区以及三维成像算法，对清扫区域进行三维重建，得到清扫区域中存在的盲区类型及方位，消除清扫盲区[李子璐等，2018]。宋士吉等提出一种基于强化学习的水下自主机器人固定深度控制方法，分别得到水下自主机器人固定深度控制的状态变量、控制变量、转移模型等；分别建立决策网络和评价网络，得到用于固定深度控制的最终决策网络，在水下自主机器人动力学模型完全未知的情况下实现对水下自主机器人的固定深度控制[宋士吉等，2018]。刘辉等提出一种智能环境下机器人运动路径深度学习控制规划方法，通过分别建立全局静态路径规划模型和局部动态避障规划模型，利用深度学习的非线性拟合特性，快速找到全局最优路径，避免了常见的路径规划中陷入局部最优的问题[刘辉等，2018]。

2. 机器人轨迹控制

马琼雄等提出利用深度强化学习实现水下机器人最优轨迹控制的方法。首先，建立基于2个深度神经网络(Actor 网络和 Critic 网络)的水下机器人控制模型；其次，构造合适的奖励信号使得深度强化学习算法适用于水下机器人的动力学模型；最后，提出了基于奖励信号标准差的网络训练成功评判条件，使得水下机器人在确保精度的同时保证稳定性[马琼雄等，2018]。张浩杰等融合强化学习与深度学习方法，提出一种基于深度Q网络学习的机器人端到端控制方法，提高了机器人在没有障碍物地图或者激光雷达数据稀疏情况下进行无碰撞运动的准确性。该方法训练生成的模型有效地建立了激光雷达数据与机器人运动速度之间的映射关系，使机器人在每一个控制周期选择Q值最大的动作执行，能够平顺运动地规避障碍物[张浩杰等，2018]。唐朝阳等发明了一种基于深度学习的机器人避障控制方法及装置，可以准确地预测移动障碍物的位置信息，快速生成控制机器人规避移动障碍物的控制指令，以快速控制机器人完成障碍物的规避，提升避障准确度[唐朝阳等，2020]。马琼雄等发明了一种基于深度强化学习的水下机器人轨迹控制方法及控制系统，可以实现水下机器人运动轨迹的精确控制[马琼雄等，2017]。

3. 机器人目标跟踪控制

徐继宁等基于不断"试错"机制的强化学习，通过预先训练可实现无地图条件下的路径规划，对当前的多种深度强化学习算法进行研究和分析，利用低维度的雷达数据和少量位置信息，实现在不同智能家居环境下的有效动态目标点跟踪策略和避障功能［徐继宁等，2019］。游科友等发明一种基于深度强化学习的飞行器航线跟踪方法。该方法构建飞行器轨迹跟踪控制的马尔科夫决策过程模型，得到飞行器航线跟踪控制的状态变量、控制变量、转移模型、一步损失函数的表达式；建立策略网络和评价网络；通过强化学习，使得飞行器在航线跟踪控制训练中得到航线跟踪控制的最终策略网络［游科友等，2020］。陈国军等提出一种基于深度学习和单目视觉的水下机器人目标跟踪方法，对于每一个传入的视频帧和没有先验知识的环境，引入先前训练的卷积神经网络计算传输图，提供深度相关的估计，能够找到目标区域，并建立一个跟踪的方向［陈国军等，2019］。张云洲等提出了一种基于深度强化学习的移动机器人视觉跟随方法。采用"模拟图像有监督预训练＋模型迁移＋RL"的架构，使机器人在真实环境中执行跟随任务，结合强化学习机制，使得机器人可以在环境交互的过程中一边跟随，一边对方向控制性能进行提升［张云洲等，2019］。章韵等公开了一种基于深度学习的智能机器人视觉跟踪方法，结合 TLD 框架和 GOTURN 算法，使得整体跟踪情况在光照变化剧烈的条件下能够有较强的适应性［章韵等，2018］。

4. 机器人运动控制

王云凯等发明了一种基于深度强化学习的小型足球机器人主动控制吸球方法，使机器人能够通过与环境交互作用来自主调节，不断提高吸球的效果。本发明可以提高机器人吸球的稳定性与成功率［王云凯等，2019］。吴贺俊等提供了一种基于深度强化学习的六足机器人复杂地形自适应运动控制方法，让机器人能够根据环境的复杂变化情况，自适应地调整运动策略，提高在复杂环境下的"存活率"和适应能力［吴贺俊等，2018］。葛宏伟等针对传统的机械控制方法难以有效地对黄桃挖核机器人进行行为控制问题，提出了一种基于深度强化学习的方法，对具有视觉功能的黄桃挖核机器人进行行为控制。本发明发挥了深度学习的感知能力和强化学习的决策能力，使机器人能够利用深度学习识别桃核状态，通过强化学习方法指导单片机控制电机挖除桃核，以完成挖核任务［葛宏伟等，2018］。张松林认为，以卷积神经网络为代表的技术，可根据不同的控制要求进行相应数据训练，从而提高系统的控制效果，已在机器人控制、目标识别等领域得到广泛应用。因此，随着机器人应用环境的复杂化，张松林提出设计基于卷积神经网络的机器人控制算法，在非结构化环境中实现精准化物体抓取，建立一个完整的机器人自动抓取规划系统［张松林，2019］。

5. 足式机器人步行控制和步态规划

宋光明等提出一种基于深度强化学习的四足机器人跌倒自复位控制方法，利用深度强化学习算法使机器人在跌倒的任意姿态下于平地上实现自主复位，无须预先编程和人为干预，提升了机器人的智能性、灵活性和环境适应性［宋光明等，2020］。毕盛等发明了一种基于深度强化学习的预观控制仿人机器人步态规划方法，可有效解决仿人机器人在复杂环境下的行走问题［毕盛等，2018］。刘惠义等发明一种基于深度 Q 网络的仿人机器人步态控制方法，包括构建步态模型，基于训练样本对深度 Q 网络进行学习训练，获取仿人机器人在动作环境中的状态参数，利用已构建的步态模型对仿人机器人进行步态控制，通过产生奖励函数更新深度 Q 网络。本发明能够提高仿人机器人的步行速度，实现仿人机器人快速稳定的行走[刘惠义等，2020]。

6. 机器人导航控制

陈杰等针对移动机器人在未知环境下的无图导航问题，提出一种基于深度强化学习的端到端的控制方法。机器人需要在没有地图的情况下，仅仅依靠视觉传感器的 RGB 图像以及与目标之间的相对位置作为输入，来完成导航任务并避开沿途的障碍物。在任意构建的仿真环境中，基于学习策略的机器人可以快速适应陌生场景最终到达目标位置，并且不需要任何人为标记[陈杰等，2019]。林俊潼等提出一种基于深度强化学习的端到端分布式多机器人编队导航方法。该方法基于深度强化学习，通过试错的方式得到控制策略，能够将多机器人编队的几何中心点安全、高效地导航至目标点，并且保证多机器人编队在导航过程中的连通性。通过一种集中式学习、分布式执行的机制，该方法能够得到可分布式执行的控制策略，使得机器人拥有更高的自主性[林俊潼等，2019]。

此外，李莹莹等还提出一种基于深度学习的智能工业机器人语音交互与控制方法[李莹莹等，2017]。

5.6　本章小结

本章研究机器人控制问题。首先讨论机器人控制的基本原则。在简述机器人控制器的分类之后，着重分析各控制变量之间的关系和主要控制层次。我们把机器人的控制层次建立在智能机器人控制的基础上，把它分为三级，即人工智能级、控制模式级和伺服控制级，并建立起变量矢量之间的 4 种模型。接着，以伺服控制系统为例，介绍了机器人液压缸伺服、电-液压伺服传动系统，提供一些初步的实例。

位置控制是机器人最基本的控制。主要讨论了机器人位置控制的两种结构，关节空间控制结构和直角坐标空间控制结构，并以 PUMA 机器人为例，介绍了伺服控制结构。在此基础上，分别讨论了单关节位置控制器和多关节位置控制器，涉及这些控制器的结构、传递函数或动态方程。

研究了阻力控制的动力学关系。力/位置混合控制在机器人装配作业上具有特别重要的意义，它的控制方案有主动刚性控制和 R-C 控制两种。我们讨论了这两种控制系统的结构，然后研究了力和位置混合控制系统控制规律的综合问题，涉及位置控制规律、力控制规律以及两者混合控制规律的综合。

智能控制是一种完全新型的控制方法。初步研究和应用结果表明，智能控制不失为机器人控制的一种先进方法。本节首先讨论了智能控制的分类。我们把智能控制分为递阶控制、专家控制、模糊控制、神经控制、学习控制和进化控制等系统，介绍了这些控制系统的典型结构。

作为机器人智能控制的应用实例，我们介绍了机器人自适应模糊控制和多指灵巧手的神经控制。在这些例子中，分别讨论了机器人自适应模糊控制系统的设计和系统结构、多指灵巧手神经控制系统的网络结构和学习算法等。这些例子还提供了实验研究结果，说明各种相关智能控制方法的有效性和适用性。

本章最后综述了基于深度学习的机器人控制，简介近 3 年来国内基于深度学习的机器人控制的研究和应用概况，表明深度学习已在机器人控制的各个方面得到越来越广泛的应用。

习 题

5.1 图 5-36 为一工业机器人的双爪夹手方块图。此夹手由电枢控制直流电动机驱动。电动机轴的旋转经一套传动齿轮传到每个手指。每个手指的惯量为 J，线性摩擦系数为 B。已知直流电动机的传递函数（输入电枢电压 V，输出电动机转矩 T_m）为：

$$\frac{T_m}{V_m} = \frac{1}{LS+R}$$

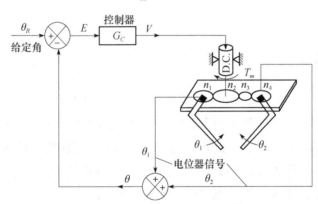

图 5-36 双爪夹手控制系统方块图

式中，L 和 R 分别为电动机电枢电感和电阻。

(1) 从夹手的物理特性出发，证明下列方程式：

$$\frac{\Theta_1}{T_m} = \frac{K_1}{S(JS+B)}$$

$$\frac{\Theta_2}{T_m} = \frac{K_2}{S(JS+B)}$$

并用系统参数表示 K_1 和 K_2。

(2) 利用上述(1)的结果，画出以给定角 θ_R 为输入，以 θ 为输出的系统闭环方框图。

(3) 如果采用比例控制器（$G_e = K$），求出闭环系统的特征方程式。K 是否存在一个极限最大值？为什么？

5.2 求出题 5.1(3)中 θ 的稳态值，并解释控制器的选择。如果要考虑重力作用，那么应在方框图中何处把此重力包括进去？这是否会影响控制器的选择？简要说明在这种情况下如何设计控制器。

5.3 试画出表示图 4-6 三连杆机械手的关节空间控制器方块图。使得此机械手在全部工作空间内处于临界阻尼状态。说明方块图各方框内的方程式。

5.4 试画出图 4-6 所示三连杆机械手的笛卡儿空间控制器的方块图，使此机械手在其全部工作空间内处于临界阻尼状态，并说明方块图各方块内的方程式。

5.5 为图 5-37 所示两个自由度机械系统设计一个控制器，此控制器能够使 x_1 和 x_2 跟随轨迹，并抑制临界阻尼方式的扰动。

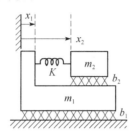

图 5-37 具有两个自由度的机械系统

5.6 为系统

$$f = 5x\dot{x} + 2\ddot{x} - 12$$

设计一个控制系统。选择增益使得此系统总是以 20 的闭环稳定度处于临界阻尼状态。

5.7 给出把一个方形截面的销钉滑装进方形孔所具有的自然约束。作图表示对坐标系的规定。

5.8 已知

$$^A_B T = \begin{bmatrix} 0.860 & -0.500 & 0.000 & 10.0 \\ 0.500 & 0.866 & 0.000 & 0.0 \\ 0.000 & 0.000 & 1.000 & 5.0 \\ 0 & 0 & 0 & 1 \end{bmatrix}$$

如果在坐标系{A}原点的广义力矢量为：

$$^A F = [0,2,-3,0,0,4]^T$$

试求相对于坐标系{B}原点的 6×1 力-转矩矢量。

5.9 已知

$$^A_B T = \begin{bmatrix} 0.866 & -0.500 & 0.000 & 10.0 \\ 0.500 & 0.866 & 0.000 & 0.0 \\ 0.000 & 0.000 & 1.000 & 5.0 \\ 0 & 0 & 0 & 1 \end{bmatrix}$$

　　如果在坐标系{A}原点的力-力矩矢量为：

$$_B^AF = [6,6,0,5,0,0]^T$$

　　试求以坐标系{B}的原点为参考点的力-转矩矢量。

5.10　什么是智能控制？为什么要采用智能控制？

5.11　智能控制有哪几种系统？它们是如何建立起来的？

5.12　试举例分析一个专家控制系统和一个模糊控制系统实例。

5.13　简介深度学习在机器人控制方面的应用情况。

第 6 章

机器人传感器

智能机器人的种类繁多，主要有交互机器人、传感机器人和自主机器人 3 种。其中，传感机器人是通过各种传感器或传感系统，向机器人提供感觉的装置，如视觉、听觉、触觉、力觉、嗅觉等，犹如人具有眼睛、耳朵、皮肤和鼻子等感官一样。这种智能机器人的智能是由传感器提供的，所以称为传感机器人。

机器人的感觉装置以视觉、力觉和触觉最为重要，它们早已进入实用阶段。听觉研究近年来已获很大进展。对嗅觉，特别是味觉的研究，也取得了一些进展。本章介绍机器人常用的各种传感器，为在智能机器人上应用传感器打下一些基础。

6.1 机器人传感器概述

应用传感器进行定位和控制，能够克服机械定位的弊端。在机器人上使用传感器不但是必要的，而且也是十分有效的，它对自动加工以至整个自动化生产具有十分重要的意义。

6.1.1 机器人传感器的特点与分类

机器人感知是把相关特性或相关物体特性转换为执行某一机器人功能所需要的信息。这些物体特征主要有几何的、机械的、光学的、声音的、材料的、电气的、磁性的、放射性的和化学的等。这些特征信息形成符号以表示系统，进而构成与给定工作任务有关的世界状态知识。

1. 机器人的感觉顺序与策略

机器人感觉顺序分两步进行，如图 6-1 所示。

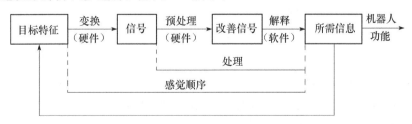

图 6-1 机器人感觉顺序与系统结构

1）变换——通过硬件把相关目标特性转换为信号。

2）处理——把所获信号变换为规划及执行某个机器人功能所需要的信息，包括预处理和解释两个步骤。在预处理阶段，一般通过硬件来改善信号。在解释阶段，一般通过软件对改善了的信号进行分析，并提取所需要的信息。

举例来说，一个传感器（如电视摄像机或模数转换器）把物体的表面反射变换为一组数字化电压值的二维数组，这些电压值是与电视摄像机接收到的光强成正比的。预处理器（如滤波器）用来降低信号噪声，解释器（即计算机程序）用于分析预处理数据，并确定该物体的同一性、位置和完整性。

图 6-1 中的反馈环节表明，如果所获得的信息不适用，那么，这种信息可被反馈以修正和重复该感觉顺序，直至得到所需要的信息为止。

2. 机器人传感器的分类

机器人传感器有多种分类方法，如接触式传感器或非接触式传感器，内传感器或外传感器，无源传感器或有源传感器，无扰动传感器或扰动传感器等。

非接触式传感器以某种电磁射线（可见光、X 射线、红外线、雷达波和电磁射线等）声波、超声波的形式来测量目标的响应。接触式传感器则以某种实际接触（如触碰、力或力矩、压力、位置、温度、磁量、电量等）形式来测量目标的响应。

内传感器以它自己的坐标轴来确定其位置，而外传感器则允许机器人相对其环境而定位。本章将以这种传感器的分类方法来讨论机器人传感器。

表 6-1 列出获取各种传感器信号的传感器类型。

表 6-1　获取各种传感器信号的传感器类型

信　号		传感器
强度	点	光电池、光倍增管、一维阵列、二维阵列
	面	二维阵列或其等效（低维数列扫描）
距离	点	发射器（激光、平面光）/接收器（光倍增管、一维阵列、二维阵列、两个一维或二维阵列、声波扫描）
	面	发射器（激光、平面光）/接收器（光倍增管、二维阵列），二维阵列或其等效
声感	点	声音传感器
	面	声音传感器的二维阵列或其等效
力	点	力传感器
触觉	点	微型开关、触觉传感器的二维阵列或其等效
	面	触觉传感器的二维阵列或其等效
温度	点	热电偶、红外线传感器
	面	红外线传感器的二维阵列或其等效

制造传感器所用的材料有金属、半导体、绝缘体、磁性材料、强电介质和超导体等。其中，以半导体材料用得最多。这是因为传感器必须敏感地反映外界条件的变化，而半导体材料能够最好地满足这一要求。

6.1.2　应用传感器时应考虑的问题

应用传感器会影响到控制程序的编写方法。信号处理技术能够改善一些传感器的性能，而与传感器的工作原理无关。应用机器人传感器时应考虑如下问题。

1. 程序设计与传感器

机器人工作站的任务程序能够应用适当的传感器获取信息，并以这些信息为基础做出决定，选择可取的处理步骤。在机器人正常运行期间，大部分可能获得的传感器读数用于检测各个单一处理步骤（如钻个孔）是否能准确无误地完成。

任务程序只是在运行中进行处理之后，才能获得所需信息。然后，程序能够采取某些纠正或保护措施来排除某些误差的影响。程序开发过程通常包括许多假设和冗长的实验，以便确定所进行的检验是否能发现足够多的误差，以及对这些误差的反应是否恰当。工业上制定机器人加工标准时，由于必须由人做出的选择变少了，因而将使产生可靠的任务程序问题变得比较简单。

由此可见，不但正常的任务程序需要传感器，而且误差检查与纠正也需要传感器。传感器能够获得决策信息，从而参与对处理步骤的决策。

2. 示教与传感器

除获得决策信息外，机器人工作站内的传感器主要用于间接提供中间计算结果或直接提供任务程序中任何延期数据值。任务程序中最常见的延时数据很可能是位置信息。视觉信息次之，也是经常碰到的示教型信息。不过，实际可见输入信息可能很大。力和力矩信息不可能经常进行示教。

位置信息是很容易示教的，因为机械手实际上就是一台大型坐标测量机器。一个形状像指针一样的末端执行装置使训练人员比较容易规定工作空间位置，其 X-Y-Z 位置应当记录下来。根据末端（如工具）的形状与尺寸、臂关节位置以及机械手的集合结构和尺寸，控制机器人的计算机能容易地计算出 X-Y-Z 值。

3. 抗干扰能力

一个非接触式传感器对能量发射装置所产生的干扰往往是很敏感的。传感器对这些能量——光线、声音和电磁辐射等产生反应。这就提出了把噪音（干扰）从信号中分离出去的问题。有三种原理能够有效地提高这类传感器的灵敏度，降低它们对噪声和干扰的敏感性。这就是滤波、调制和均分（averaging）。这些原理使得传感器能应用于能量场（如光波、声波、磁场、静电场和无线电波等）内。

滤波原理的实质在于：以某种特征（如频率特征）为基础，屏蔽去大部分噪声，并尽可能多地把信号集中在滤波器的通带内。

调制原理也是一种滤波，不过其滤波信息是由感觉能量场传播或被编制进感觉能量场。调制以不大可能在噪声中出现的方法，改变能量场的某些特征，如强度、频率或空间分布等。

均分原理是以噪声的随机性为基础而屏蔽去某一期间的噪声。要求信号具有某些非随机特性。这样，在某些意义上就不会均分出零值。

适当地选择传感器能够最大限度地提高传感器对信号的灵敏度，并降低其对噪声的敏感性，即提高其抗干扰能力。

6.2 内传感器

机器人内传感器以自己的坐标系统确定其位置。内传感器一般装在机器人的机械手上，而不是安装在周围环境中。

机器人内传感器包括位移位置传感器、速度和加速度传感器、力觉传感器以及应力传感器等。

6.2.1 位移位置传感器

位移传感器种类繁多，这里只介绍一些常用的。图 6-2 列出现有的各种位移传感器。

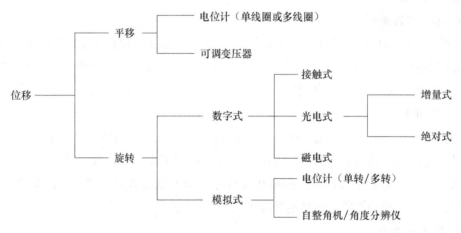

图 6-2 位移传感器的类型

位移传感器要检测的位移可为直线移动，也可为角位移。

1. 直线移动传感器

直线移动传感器有电位计式传感器和可调变压器两种。

（1）电位计式传感器

最常见的位移传感器是直线式电位计，它有两种不同类型，一为绕线式电位计，另一为塑料膜电位计。

电位计的作用原理十分简单。当负载电阻为无穷大时，电位计的输出电压 u_2 与电位计两段的电阻成比例，即

$$u_2 = \frac{R_2}{R_1 + R_2}U \tag{6.1}$$

式中，U 为电源电压；R_2 为电位计滑块至终点间的电阻值；R_1+R_2 为电位计总电阻值。

（2）可调变压器

可调变压器由两个固定线圈和一个活动铁芯组成。该铁芯轴与被测量的移动物体机械地连接，并置于两线圈内。当铁芯随物体移动时，两线圈间的耦合情况发生变化。如果原线圈由交流电源供电，那么副线圈两端将检测出同频率交流电压，其幅值大小由活动铁芯位置决定。这个过程称为调制。应用这种变压器时，必须通过电子装置进行反调制。该电子装置一般安装在传感器内。

2. 角位移传感器

角位移传感器有电位计式传感器、可调变压器及光电编码器三种。

（1）电位计式传感器

最常见的角位移传感器是旋转电位计，其作用原理与直线式电位计一样，且具有很高的线性度。

这种电位器具有一定的转数。当对角相对地设置两滑动接点时，能很好地保持此电位计机械上的连续性。两滑点间的输出电压为非线性，其数值是已知的，如图 6-3 所示。

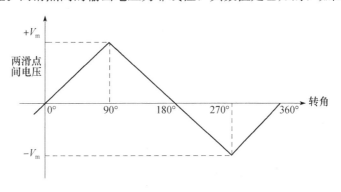

图 6-3　电位计式传感器的非线性输出

这种电位计可分为几层装配，各层的控制轴是同轴心的，这样就能够执行复杂的作用。

（2）可调变压器

这种旋转式可调变压器的工作原理和技术，与平移式可调变压器相似。图 6-4 表示出这种变压器的两个线圈。其中，大线圈固定不动，而小线圈放在大线圈内，并能绕与图面垂直的轴旋转。

如果内线圈的供电电压为 $U_1 = U\sin\omega t$，那么大线圈两端将感应出电压 $U_2 = kU\cos\theta\sin\omega t$，其中 θ 为

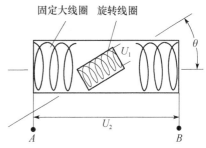

图 6-4　旋转可调变压器作用原理

两线圈轴线的交角，如图 6-4 所示。这一特性被用于两种广泛应用的角度传感器——自整角机和角度分解器(resolver)。

自整角机的定子具有三个线圈，每个线圈之间的空间位置彼此相隔 120°，各线圈两端的电压分别为 $kU\cos\theta\sin\omega t$，$kU\cos\theta\sin(\omega t+2\pi/3)$ 和 $kU\cos\theta\sin(\omega t+4\pi/3)$。这三个调制电压的 θ 需加测定。在伺服系统中，常常使用两台相同的自整角机来组成同步检测器，如图 6-5 所示。图中，把发送器一侧的转子电压锁在 U_1 值，以确定伺服系统的命令；而在接收器一侧，得到锁定电压 U_2。接收器的转轴与由伺服系统控制的物体同轴。

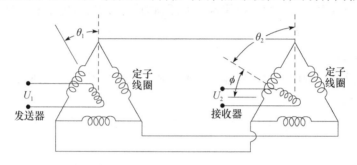

图 6-5　由自整角机组成的同步机原理图

设加在发送器转子上的电压为 $U_1=U\sin\omega t$，那么在接收器的转子线圈两端的感应电压为 $U_2=kU\cos(\theta_1-\theta_2)\sin\omega t$。这就形成了误差电压。当接收器旋转使 $\theta_1=\theta_2$ 时，$\cos(\theta_1-\theta_2)=1$。这时，我们称发送器与接收器实现同步。因此，称这个系统为同步机。

实际上，锁定输入和输出位置分别对应于两个相差 $\pi/2$ 角度的未锁定的轴，因此，θ_2 和 ϕ 为邻角，且 $\phi+\theta_2=\pi/2$。这样可得：

$$U_2 = kU\sin(\theta_1-\phi)\sin\omega t \approx kU(\theta-\varphi)\sin\omega t \tag{6.2}$$

角度分解器的工作原理与同步机相似，其定子由两个相隔 90° 的固定线圈组成。同步机和角度分辨仪均可用于数字角度编码系统。

交流输出信号易于进行远距离传输，即使在噪声条件下也能被送至远距离控制装置。同步机和角度分解器都是极为可靠的系统。它们的精度可达 $(0.1\sim0.3)1°$，而其使用激磁频率为 $1\sim2\text{kHz}$。

（3）光电编码器

光电编码器是角度传感器，它能够采用 TTL 二进制码提供轴的角度位置。有两种光电编码器——增量式编码器和绝对式编码器。

各种增量式编码器的工作模式是相同的。用一个光电池或光导元件来检测圆盘转动引起的图式变化。在这个圆盘上，有规律地间隔画有黑线条，并把此盘置于光源前面。圆盘转动时，这些交变的光信号变换为一系列电脉冲。增量式编码器有两路主要输出，每转各产生一定数量的脉冲，高达 2×10^6。这个脉冲数直接决定该传感器的精度。这两路输出脉冲信号相差 1/4 步。还有第三个输出信号，叫作表示信号。圆盘每转一圈，就产生一个脉冲，并用它作同步信号。图 6-6 所示为这种编码器的典型输出波形。旋转方向用软件确定，往往由制造厂家提供。

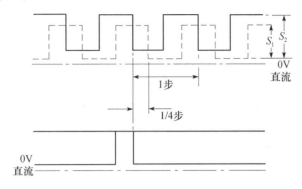

图 6-6　增量式编码器的典型输出波形

　　增量式编码器一般用于零位不确定的位置伺服控制。它们常常用于脉冲发生器系统进行高速伺服控制。脉冲序列的频率等于每转脉冲数和转速之乘积。如果能够测定此频率，那么驱动轴的速度也就能计算出来。

　　绝对式编码器也是圆盘式的，但其线条图形与增量式编码器不同。在绝对式编码器的圆盘面上安排有黑白相间的图形，使得任何半径方向上黑白区域的顺序组成驱动轴与已知原点间转角的二进制表示。图 6-7a 给出了一个采用二进制码的绝对式编码器图形。应用光学读数系统从编码器圆盘上直接读出。盘上线条的道数决定编码器的分辨率。图 6-7a 的线条道数为 4。实际线条道数在 10 以上。这样，可达 2^{-10} 的分辨率，即约为 1/1000 转或 $0.36°$。实用上，线道的设计采用循环码或二进制补码，即盘面图形以循环码绘制。这样，当从一个数过渡至下一个数时，只改变数码中的一位。图 6-7b 就是一例。

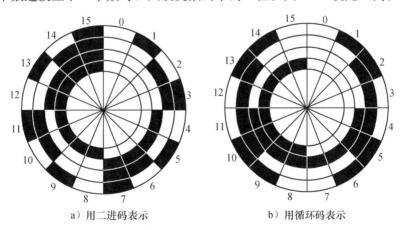

a）用二进码表示　　　　　　b）用循环码表示

图 6-7　绝对式编码器的盘面图形举例

　　应用绝对式编码器能够得到对应于编码器初始锁定位置的驱动轴瞬时角度值。当设备受到压力时，这种编码器就特别有用。只要读出每个关节编码器的读数，就能够对伺服控制的给定信号进行调整，以防止机器人启动时产生过于剧烈的运动。

6.2.2 速度和加速度传感器

1. 速度传感器

速度传感器用于测量平移和旋转运动的速度。在大多数情况下，只限于测量旋转速度，因为测量平移速度需要非常特殊的传感器。

当由电位计测量平移或旋转时，其信号能够由电子线路引出。但是，对于速度传感器来说，这是不行的。位移的导数(即速度)能够用计算机计算，即取得很小时间间隔内的位置采样，在给定时间内的脉冲数可以计算出来。这种方法有个优点，即测量速度可共用一个传感器(例如增量式传感器)，因而在给定点附近能够提供良好的速度控制。这种情况适用于所有其他产生脉冲的速度传感器。

光电方法是让光照射旋转圆盘(画有一定黑白线条)，将其反射光的强弱进行脉冲化处理之后，检测出旋转频率和脉冲数目，以求出角位移，即旋转角度。这种旋转圆盘可制成带有缝隙的，通过两个光电二极管就能够辨别出角速度。这是一种光电脉冲式转速传感器。

最通用的速度传感器无疑是测速发电机，主要有两种：直流测速发电机和交流测速发电机。

直流测速发电机的应用更为普遍。它传送一个正比于受控速度的直接信号。这种传感器的选择是由其线性度(可达 0.1%)、磁滞程度、最大可用速度(达 3000～8000r/min)以及惯量参数决定的。把测速发电机直接接在主轴上总是有益的，因为这样可使它以可能达到的最高转速旋转。

交流测速发电机应用较少，它特别适用于遥控系统。此外，当它与可调变压器式位置传感器连用时，只要由相同的频率控制，就能够把两者的输出信号结合起来。

2. 应变仪

在讨论加速度传感器时将用到应变仪的工作原理及结论。伸缩测量仪是一种应力传感器，一般用于测量机械结构的变形，进而计算出施于该机械结构的压力。

材料变形的测量方法是以惠斯通(Wheastone)电桥为基础的，如图 6-8 所示。图中：

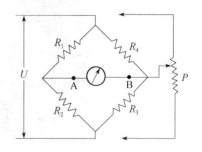

图 6-8　含有平衡电位器
的惠斯通电桥

$$\frac{R_1}{R_2} = \frac{R_4}{R_3} \tag{6.3}$$

实际上，图 6-8 中的四个电阻($R_1 \sim R_4$)采用标准电阻。全套设备的优点在于其能以线性进行工作。

在应用惠斯通电桥时必须考虑到，电压 U 的发生器应高度稳定，接线系统应细心设计。如果接线不合理，那么可能出现导线电阻偏差以及电阻值随温度变动的情况。由电桥产生的信号很微弱，必须加以放大。放大一般包括两级，每级放大器具有高的输入阻抗和低的温度漂移。

3. 加速度传感器

加速度传感器用于测量工业机器人的动态控制信号，它具有多种不同的测量方法：

1）由速度测量进行推演。由于信噪比的下降，这种方法很难获得满意的测量结果。

2）已知质量的物体加速度所产生的力是可以测量的。这种传感器应用了应变仪。

3）与被测加速度有关的力可由一个已知质量产生。这种力可以为电磁力或电动力，而把方程式简化为对电流的测量问题。伺服返回传感器（servo-return sensor）就是依此原理工作的，而且是已有的最准确的加速度传感器。

安装在振动体（如机器人机械手）上的振子装置，当用弹簧支撑重物时，其振动与速度成比例地衰减。装置的位移 x_0、重物与装置的相对位置 x 之间的关系是：

1）当外部振动频率比系统固有振动频率高得多的时候，x/x_0 趋于 1。

2）当外部振动频率比系统固有振动频率低得多的时候，相对位移 x 为外部振动位移 x_0 的二次微分，即与加速度成正比。

3）当外部振动频率与固有振动频率相等时，相对位移 x 与外部振动速度成正比。

因此，只要适当选择固有振动频率，就可以把振子装置作为振动位移传感器、振动速度传感器和振动加速度传感器使用。

图 6-9 表示两种加速度传感器的结构原理。其中，图 6-9a 是应用电磁效应原理的加速度传感器。当可动线圈随物体振动而使切割磁通量发生变化时，将在此线圈两端产生电压。把此电压加至一定负载，就能测出与电磁力有关的电流。图 6-9b 则是应用压电变换原理的加速度传感器。在钛酸钡等压电材料中，将产生与外加应变成正比的电势，因而也可以通过对电势或电流的测量来测定加速度。

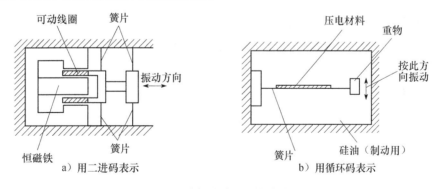

图 6-9　两种振动式加速度传感器

6.2.3　力觉传感器

力觉传感器用于测量两物体之间作用力的三个分量和力矩的三个分量。机器人腕力传感器发送其依从部件间的偏移(由作用力和力矩产生的),以测量机器人最后一个连杆与其端部执行装置之间的作用力及力矩分量。

现有的力觉传感器采用不同的变送(换能)器,如压电元件或应变仪等。用于机器人的理想变送器是黏结在依从部件上的半导体应力计。

1. 金属电阻型力觉传感器

如果将已知应变系数为 C 值的金属导线(电阻丝)固定在物体表面上,那么当物体发生形变时,该电阻丝也会相应产生伸缩现象。因此,测定电阻丝的阻值变化,就可知道物体的形变量,进而求出外作用力。

将电阻体做成薄膜型,并贴在绝缘膜上使用。这样,可使测量部件小型化,并能大批生产质量相同的产品。这种产品所受的接触力比电阻丝大,因而能测定较大的力或力矩。此外,测量电流所产生的热量比电阻丝方式更易于散发,因此允许较大的测试电流通过。

2. 半导体型力觉传感器

在半导体晶体上施加压力,那么晶体的对称性将发生变化,即导电机理发生变化,从而使电阻值也发生变化。这种作用称为压电效应。半导体的应变系数可达 $100\sim200$,如果适当选择半导体材料,则可获得正的或负的应变系数值。此外,还研制出压阻膜片的应变仪,它不必贴在测定点上即可进行力的测量。

也可以采用在玻璃、石英和云母片上蒸发半导体的办法制作压敏电子元件。其电阻温度系数比金属电阻型的要大但其结构比较简单,尺寸小,灵敏度高,因而可靠性很高。

3. 其他力觉传感器

除了金属电阻型和半导体型力觉传感器外,还有磁性、压电式和利用弦振动原理制作的力觉传感器等。

当铁和镍等强磁体被磁化时,其长度将变化,或产生扭曲现象;反之,强磁体发生应变时,其磁性也将改变。这两种现象都称为磁致伸缩效应。利用后一种现象,可以测量力和力矩。应用这种原理制成的应变计有纵向磁致伸缩管等。它可用于测量力,是一种磁性力觉传感器。

如果将弦的一端固定,而在另一端加上张力,那么在此张力作用下,弦的振动频率发生变化。利用这个变化就能够测量力的大小,利用这种弦振动原理也可制成力觉传感器。

4. 转矩传感器

在传动装置驱动轴转速 n、功率 P 及转矩 T 之间,存在有 $T \infty P/n$ 的关系。如果转轴加上负载,那么就会产生扭力。测量这一扭力,就能测出转矩。

轴的扭转应力以最大 45°角的方式在轴表面呈螺旋状分布。如果在其最大方向(45°)安装上应变计,那么此应变计就会产生形变。测出该形变,即可求得转矩。

图 6-10 表示一个用光电传感器测量转矩的实例。将两个分割成相同扇形隙缝的圆片安装在转矩杆的两端,轴的扭转以两个圆片间相位差表现出来。测量经隙缝进入光电元件

的光通量，即可求出扭转角的大小。采用两个光电元件，有利于提高输出电流，以便直接驱动转矩显示仪表。

5. 腕力传感器

作为例子，国际斯坦福研究所(SRI)设计的手腕力觉传感器如图 6-11 所示。它由六个小型差动变压器组成，能测量作用于腕部 x、y 和 z 三个方向的力及各轴的转矩。

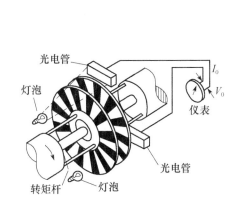

图 6-10 光电式转矩传感器

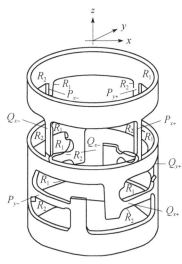

图 6-11 筒式腕力传感器

力觉传感器装在铝制圆筒形主体上。圆筒外侧由八根梁支撑，手指尖与腕部连接。当指尖受到力时，梁受其影响而变弯曲。从黏附在梁两侧的八组应力计(R_1 与 R_2 为一组)测得的信息，就能够算出加在 x、y 和 z 轴上的分力以及各轴的分转矩。

另一个腕力传感器的例子如图 6-12 所示。这种传感器做成十字形，它的四个臂上都装有传感器，并与圆柱形外罩装在一起。

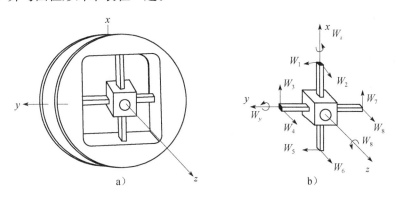

图 6-12 十字形腕力传感

令 W_1，W_2，…，W_8 为所测的不同传感器的信号，那么可求出有关传感器三个参考坐标轴的表达式如下：

$$
\begin{bmatrix} F_x \\ F_y \\ F_z \\ M_x \\ M_y \\ M_z \end{bmatrix} = \begin{bmatrix} 0 & 0 & K_{13} & 0 & 0 & 0 & K_{17} & 0 \\ K_{21} & 0 & 0 & 0 & K_{25} & 0 & 0 & 0 \\ 0 & K_{32} & 0 & K_{34} & 0 & K_{36} & 0 & K_{38} \\ 0 & 0 & 0 & K_{44} & 0 & 0 & 0 & K_{48} \\ 0 & K_{52} & 0 & 0 & 0 & K_{56} & 0 & 0 \\ K_{61} & 0 & K_{63} & 0 & K_{85} & 0 & K_{67} & 0 \end{bmatrix} \begin{bmatrix} W_1 \\ W_2 \\ W_3 \\ W_4 \\ W_5 \\ W_6 \\ W_7 \\ W_8 \end{bmatrix} \tag{6.4}
$$

6.3 外传感器

现有的工业机器人，绝大多数没有外部感觉能力。但是，对于新一代机器人，特别是各种移动机器人，则要求具有自校正能力和反应环境不测变化的能力。已有越来越多的机器人具有各种外部感觉能力。本节讨论几种最主要的外传感器：触觉传感器、应力传感器、接近度传感器和听觉传感器等，而视觉传感器将在6.4节介绍。

6.3.1 触觉传感器

1. 应用微限位开关的五指机械手

微型开关可能是接触传感器最经济和最常用的类型。微开关的安装位置应保障工作空间内的物体避免事故性碰撞。当装有灵敏元件时，这类设备还能保护物体不受到过大的作用力。

图 6-13 表示一个接到机械手的接触开关系统。这个机械手具有整体式手掌，各个开关共用一条地线。这时的机械手处于空载状态，五个微开关均打开，因而放大器的输入端均为高电位，即处于逻辑"1"状态。如果有任一个微开关因手指接触到物体而接通，那么就送一个逻辑"0"至放大器。

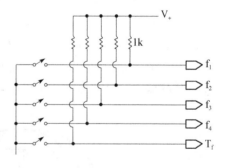

图 6-13 应用微开关的五指机械手及其等效电路

2. 隔离式双态接触传感器

隔离式双态接触传感器系统主要由双稳态开关组成。当把此开关装在机器人手臂上时，能够避免手臂与障碍物相碰撞。工业机器人手臂上一般不装设这种保护装置。如果把开关装在机械手末端（如夹手）上，那么其作用就比较大。图6-14表示装有这种

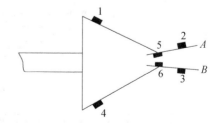

图 6-14 具有隔离式双态接触传感器的夹手

传感器的夹手。这种传感器的重复度可达 $1\mu m$，分辨度为 $2\mu m$。

图 6-14 的触觉传感器能够提供更多的信息。如果要这个夹手达到全部可达空间，那么传感器 1～4 将发出安全接触信号，并对工作策略产生影响。如果传感器 1 被触发，那么机械手的夹手必定向下移动。传感器 5 和 6 具有不同的功用。如果同时触发它们，而且夹手口部距离 AB 为最短，那么这表明夹手没有抓到物体。如果传感器 5 和 6 只有一个被触发，而且 AB 的距离为最大，那么这表明夹手已移动，而且碰到一个被夹手抓住的物体或障碍。如果传感器 5 和 6 均被激发，而且 AB 小于 AB 的最大值，那么这说明夹手抓住了某个物体。

距离 AB 提供了夹手内物体的信息，如维数等。把这种信息加至数据库，就能够保证进行成功的操作。

3. 单模拟量传感器

在原理上，单模拟量传感器是一个输出正比于局部应力的系统。可用它来检测静态特性（位置检测）和动态特性（力或应力检测）。根据它在机器人上的安装位置以及它与其他传感器的联系情况，其作用是多样的。下面举两个例子。

（1）桥式接触探测器

桥式接触探测器由敏感元件组成，它能够测量由探测器施于物体的力 F 的三个分力 F_x、F_y 和 F_z，见图 6-15。探测器的探头直径为 3mm，长度为 12mm，它与物体相接触，并把压力传递到一个柔性的十字形叶片

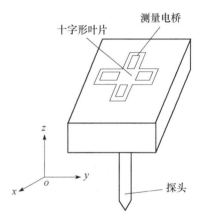

图 6-15　桥式接触探测器

上。叶片上装有 3～4 个测量桥，用于检测压力分量 F_z 以及两个扭矩 M_x 和 M_y（分别对应 ox 和 oy 轴）。对系统进行控制，使探头压力在任何方向都维持不变。探头可沿 x，y 和 z 三个自由度移动。探头运动控制可由程序自动进行，也可用控制盒手动控制。经过适当的探测，就能够知道机器人环境的概况。

（2）灵敏指头夹持器

图 6-16 表示出机器人两手指中的一个。每个手指装有 7 个灵敏的控制板，用以检测机器人末端装置与环境的接触。每个手指内部装设 18 个单模拟量传感器，其作用原理如下：每个按钮触发一道被遮掩的光束，就像受到应力作用一样。光束从发光二极管发出，并由光晶体管接收。这个系统能够控制夹紧力的测量与调整，并给出被夹持物体的粗略形状。

4. 矩阵传感器

矩阵传感器是把简单的数字或模拟传感器，以矩阵形式组合而成。每单个传感器是以其所处位置的行与列的交点来标记的。如果每个单一传感器能够提供力或位置信息，那么

把这些简单的信息组合起来，矩阵传感器网络就能够提供物体形状的复杂数据。这种信息分析技术叫作形状识别。下面介绍几个矩阵传感器的例子。

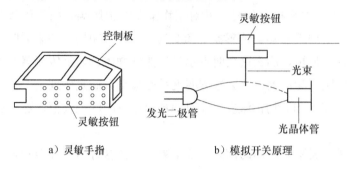

图 6-16　具有灵敏手指的机器人夹手

（1）采用压电元件的矩阵传感器

这种传感器的压敏元件是埋放在弹性聚合体内，见图 6-17。测量输出电压 V_t 就能够获得物体作用力形成的映像。

（2）人工皮肤

这种人工皮肤（artificial skin）的实验是以图 6-18 所示的原理为基础的。把一个弹性衬（如变电导聚合物）置于两个电极之间。如果在两电极间加上电压 V，那么将有一电流 I 通过弹性衬。在没有受力情况下，弹性衬的电阻为 R。当上电极受压时，弹性衬的电阻变小，因而电流增大。通过电流变化，就能测定所加的压力。对弹性衬的选择是很严格的。

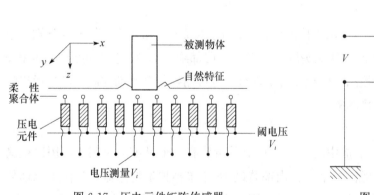

图 6-17　压电元件矩阵传感器

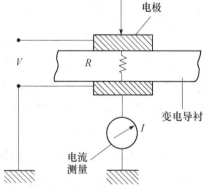

图 6-18　人工皮肤工作原理

5. 光反射触觉传感器

图 6-19 中应用了光感反射法。由光发射二极管发出的光线，反射至光检波晶体管。这里光反射点可通过把橡化皮肤材料伸展到传感器上面的方法提供。或者当物体表面足够接近光源时，光束即被反射，进而触发晶体管。因此，手指上的光晶体管总能提供一个输出信号。图6-19中光晶体管（光检波器）的输出经放大后得到一个变化的电压，后者可变换为数字量。

如果把模数转换器接至放大器输出端，就能够得到接触的数字表示。借助压控振荡器，把电压转换为频率输出。

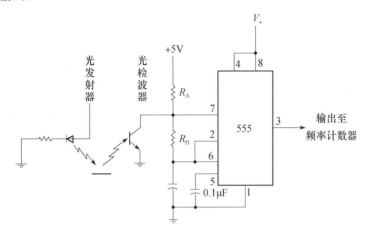

图 6-19   输出量可变的光反射系统

6.3.2   应力传感器

当关节式机器人与固体实际接触时，机器人进行适当动作的必要条件有以下三个因素：

1）机器人必须能够识别实际存在的接触（检测）。

2）机器人必须知道接触点的位置（定位）。

3）机器人必须了解接触的特性以估计受到的力（表征）。

知道了这三个因素（都与最后任务目标有关）之后，机器人就能够进行计算，或者用某个特征策略把机器人引向指定目标。

1. 应力检测的基本假设

当两个物体接触时，其接触点绝不是单个点。假设机器人与物体间有个接触区域，而且把这个区域近似的当作一个触点来看待。实际上，一旦存在有几个接触区域，就很难估计每个区域的作用力。因此，人们只有应用总体参数。

要计算出物体各作用力的合力，就必须知道此合力的作用点、大小和方向。对机器人控制的全部计算都涉及一个与机器人有关的坐标系 R_0，见图6-20。机器人与环境（包括物体）间的交互作用由六个变量说明，即 $x_0(p)$、$y_0(p)$、$z_0(p)$、F_{x0}、F_{y0} 和 F_{z0}。要

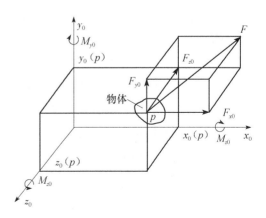

图 6-20   坐标系 R_0 内的力和力矩

估算这六个变量，就需要使用传感器来识别 P 在 R_0 内的位置，以及用三维传感器来识别力 F 对坐标系 R_0 的三个分量。

2. 应力检测方法

应变仪(计)是应力传感器最敏感的部件。在机器人与环境交互作用时，应变计用来检测、定位和表征作用力，以便把所得传感器信息用于任务执行策略。

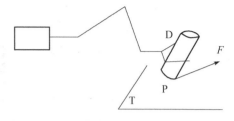

图 6-21　工作台面与物体间的作用力

在图 6-21 中，T 为工作台面，D 为抓住物体的机器人夹手，P 为力的作用点。求出工作台面与物体间的作用力 F。有三种求得 F 的方法：

(1) 对环境装设传感器

物体可能与某个测试平台接触。这些平台是由不同厚度的金属板制成的。在金属板之间安装有应变测试桥，用以检测特定方向的力。这样就能够求出接触点的坐标和作用于该点的力。

(2) 对机器人腕部装设测试仪器

它的工作原理与测试平台一样，不过它适用于由机器人末端执行装置(如工具)进行装配。在这种情况下，也能够求出力 F 沿着相关坐标系三个坐标轴的运动和三个分力。

(3) 用传动装置作为传感器

如果机器人是可逆的，也就是说，如果机器人夹手受到的力能够由电动机"感觉"到，那么可由电动机转矩的变化求出作用力的特征。

6.3.3　接近度传感器

工业机器人的运动速度日益提高。对物体装卸可能引起损坏，而触觉检测系统当需要实地接触时又可能冒风险。为避免这些危险，需要知道物体在机器人工作场地内存在位置的先验信息以及适当的轨迹规划。应用接近度检测的遥感方法，就能够做到这一点，它能够足够早地感测到危险，让机器人及早停止运动或改变运动方向，避免造成破坏。

要获得一定距离外物体的信息，物体必须发出信号或产生某一作用场。把接近度传感器分为无源传感器和有源传感器。当采用自然信号源时，就属于无源接近度传感器。如果信号来自人工信号源，那么就需要人工信号发送器和接收器。当这两种设备装于同一传感器时，就构成有源接近度传感器。

具体测量方法包括超声波传感器和红外线传感器等。

1. 超声波接近度传感器

超声波传感器可用于检测物体的存在和测量距离。这种传感器测量出超声波从物体发射经反射回到该物体(被接收)的时间。这种传感器不能用于测量小于 $30\sim50$cm 的距离，一般用在移动式机器人上，以检验前进道路上的障碍物，避免碰撞。也可用于大型机器人的夹手上。

图 6-22 表示一个超声导航系统的方框图。

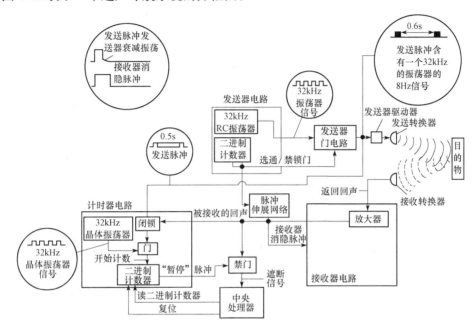

图 6-22　超声测距系统方框图

超声测距系统由一个或多个变换器、超声波发生器和检测器以及用于控制系统操作的定时电路组成，即由变换器、发送器、接收器和定时器组成。超声传感器一般装在旋转平台上，提供 360° 的测量范围。

超声波发送电路在 0.5s 时间间隔内产生八个周波 32kHz 信号，用于驱动发送变换器。此外，接收器消隐信号和时标信号，也是由此电路产生的。

发送电路含有一个 RC 振荡器，它产生大约 32kHz 的振荡。振荡器的输出送至发送器门电路，驱动发送变换器以相应频率输出超声波。

把一个二进计数电路用于发送器的定时。假定此计数器已运行一段时间，而且其最高位已达高电平，那么这个高电平将使整个计数器置 0，同时使发送器门电路开通。当 32kHz 信号的 8 个周波通过门电路后，二进制计数器将发送一个使此门电路闭锁的信号。发送器门电路将继续维持封锁状态，直至二进制计数器再次达到最大计数重新开始另一个循环为止。

时标电路测量出发送脉冲前沿与所接收回声脉冲前沿间的时间间隔。这个间隔是对引起回声的物体距离的一种量度。时标电路有个能提供精确的 32kHz 时钟脉冲的晶体振荡器。此时钟脉冲通过一个封锁控制门电路送到二进制计数器。当时间上与发送脉冲对应的某个脉冲作用于闭锁电路时，这个门电路将被开通。这样，就允许 32kHz 的信号作用于二进计数电路，让它计数，测量时间间隔。

对于行走机器人来说，引起回声物体与机器人的距离一般很短，约 3m 左右。当接收器接收到距机器人 3m 范围内的物体反射回声时，二进制计数器停止计数，并维持其计数值，被接收的回声也用于对 CPU 产生一个中断信号。CPU 由读二进制计数器来提供中断信号。读出二进计数后，CPU 产生一个复位脉冲，为另一工作周期做好准备。如果距机器人最近的物体在 3m 之外，那么二进制计数器应暂停计时，并禁止中断信号进入 CPU。

2. 红外线接近度传感器

图 6-23 表示红外线接近度传感器的工作原理。发送器(往往为红外二极管)向物体发出一束红外光。此物体反射红外光，并把回波送到接收器(一般为光电三极管)。为消除周围光线的干扰作用，发射光是经过脉冲调制的(调制为几千赫兹)，而且在接收时经过滤波。

红外线传感器的发送器和接收器都很小，因此，能够把它们装在机器人夹手上。虽然这种传感器易于检测出工作空间内是否存在某个物体，但要用它来测量距离是相当复杂的，因为被物体反射的光线以及返回接收器的光线是随着物体特征(即其吸收光线的程度)和物体表面相对于传感器光轴的方向(与物体表面方向、平整度或曲率有关)的不同而异的。此外，如果这样传感器与某个平面垂直，那么反射及回波响应达到最大值。这表明，对于某个给定的外传感器响应值，可能有两个物体与传感器间的距离存在，如图 6-23b 所示。

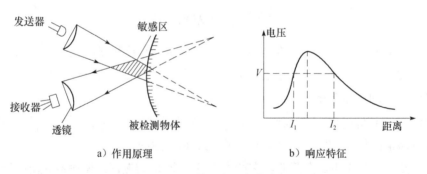

图 6-23   红外线接近度传感器

6.3.4   其他外传感器

1) 声觉传感器用于感受和解释在气体(非接触感受)、液体或固体(接触感受)中的声波。声波传感器的复杂程度可从简单的声波存在检测到复杂的声波频率分析和对连续自然语言中单独语音和词汇的辨识。

可把人工声音感觉技术用于机器人。在工业环境中，机器人感觉某些声音是有用的。有些声音(如爆炸)可能意味着危险，另一些声音(如叫声)可能用作命令。声音识别系统已越来越多地获得应用。

2) 接触式或非接触式温度感觉也用于机器人。当机器人自主运行时，或者不需要人在场时，或者需要知道温度信号时，温度感觉特性是很有用的。有必要提高温度传感器(如用于测量钢水温度)的精度及区域反应能力。通过改进热电电视摄像机的特性，已在感觉温度图像方面取得显著进展。

两种常用的温度传感器为热敏电阻和热电耦。这两种传感器都必须与被测物体保持实际接触。热敏电阻的阻值与温度成正比变化。热电耦能够产生一个与两温度差成正比的小电压。在使用热电耦时，通常要把它的一部分接至标准温度，于是就能够测得相对于该标准温度的各种温度。

3) 滑觉传感器用于检测物体的滑动。当要求机器人抓住特性未知的物体时，必须确定最适当的握力值。为此，需要检测出握力不够时所产生的物体滑动信号，然后利用这个信号，在不损坏物体的情况下，牢牢地抓住该物体。

现在应用的滑觉传感器主要有两种，一是利用光学系统的滑觉传感器，二是为利用晶体接收器的滑觉传感器。前者的滑动检测灵敏度等随滑动方向不同而异，后者的检测灵敏度则与滑动方向无关。

6.4 机器人视觉装置

视觉传感器是最重要和应用最广泛的一种机器人外传感器。尽管目前的绝大多数机器人还不具备视觉，但已有越来越多的具有视觉功能的机器人在运行。把机器人的视觉能力作为机器人观察其周围环境的能力来研究，主要是模仿人眼而设计出人造光学眼睛，即光眼。

6.4.1 机器人眼

机器人的眼睛与机器人的工作环境相适应。对机器人的设计应反映其用途。

1. 测光电路

如果要求机器人具有区别光亮与黑暗的能力，以及鉴别颜色的能力，那么就需要研究"光眼"而不是"电眼"。"光眼"的基本原理在于光电管。图 6-24 表示一个接至测光电路的光电管。测光电路的输出是这样设计的，当光电管的电阻使加至比较器的比较电压与参考电压相等时，测光电路接通。

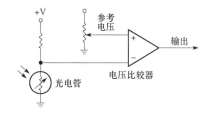

图 6-24   简单的测光器

当用光电管检测颜色时，实际上只是区别不同颜色光线的亮度。照射到被测材料的强光，有一部分将被反射至光电管，其亮度取决于材料的颜色或色调(shade)。首先，把一块被测材料放在灯光下，并测量其反射光亮度，调整比较器电位计的参考电压，使其对应于所测光的亮度，于是测光电路被触发。根据这个校准好的光的亮度，当某片材料所反射光的亮度与测试样品所反射光的亮度相同时，测光电路的输出端产生作用。

图 6-25 表示能够检测四种色调的测光电路，它相当于四个图 6-24 的电路，光电管的输出端并连接至所有比较器，不过每个比较器具有自己不同的参考电压。因此，此线路能够检测四种不同颜色的色调。目前已研制出能够识别数十种不同色调的集成电路。

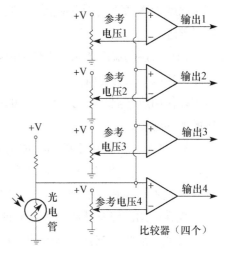

图 6-25　能够分辨四种色调的测光电路

2. 隔行扫描

高分辨率的视觉系统主要应用两种技术。一种为电视摄像机，它与影像数字装置连接一起使用，以获取一个有价值的视觉信息。另一种为电荷耦合器件(CCD)整体式固态摄像仪，它与电子控制装置连在一起。这两种技术都能提供高质量的分辨率视觉输入信号。

一幅电视图像是由许多细小的光点组成的。这些光点亮度的变化给出了灰度色调的总印象。对于彩色电视，实际上有三种光点，而对于一般的视觉(包括机器人视觉)目的，只讨论黑白光点。这些明暗光点通过电磁扫描被置于荧光屏的精确位置上。电磁扫描装置把强度变化的电子束从荧光屏的左侧引导至右侧。光束返回左侧是消隐的。在返回期间，光束垂直向下稍微偏移，以结束对屏幕上行的全部扫描。当光束到达屏幕的右下角时，它返回左侧，并垂直上移至屏幕的左上角位置。

当图像被显示时，该扫描继续不断地进行着。水平扫描的典型频率为 15.75kHz，而垂直扫描频率是每 30Hz 返回一次。视点的一个区域被显示一次，然后显示下一行区域的扫描。这一过程叫作隔行扫描(interlacing)。图 6-26a 总结了上述扫描原理。图 6-26b 给出一个典型的视频输入信号波形图。其中，负脉冲是水平和垂直同步信号，而变幅信号为视频亮度信号电平。在垂直同步信号之间，有一个数据区。电视机屏幕上的每个视频光点叫

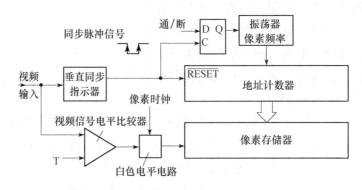

图 6-26　具有典型视频波形的简化电视扫描图

作像素，它是最小的可确定视频图像单元。像素的亮度是变化的。如果要在计算机上产生或表示每个像素，那么首先必须确定需要多少亮度量级。对于标准的计算机绘图终端，这个量级范围从 4 级至 256 级，即可用 2 位或者 8 位来表示一个像素。然后，通过模数变换器把这些亮度信息变换为加权的二进位码。

6.4.2 视频信号数字变换器

电视摄像机的输入属于模拟信号，其大小从 0 至 1V 范围内变化。标准的计算机或机器人控制器的逻辑电路趋向于电平从 0 至 4V 之间阶跃变化的数字信号。要把摄像机输出的模拟信号变为计算机能够识别的数字信号，就必须对模拟信号加以数字化。

1. 简要框图

图 6-27 所示为典型视频数字变换器（video digitizer）方框图。数字变换器的第一级电路是同步分离器。在这里，垂直和水平两种同步脉冲均从视频中分离出来。借助于这两种脉冲，能够确定像素在图像中所处的位置。如果看到一个水平同步脉冲，那么就知道这是转移至左侧并移至下一行的时间。垂直同步脉冲则表示扫描区域要么刚刚开始，要么刚刚结束。

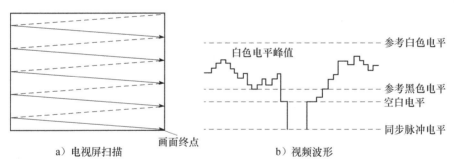

a）电视屏扫描　　　　　　b）视频波形

图 6-27　黑白电视数字变换器方框图

垂直同步脉冲要比水平同步脉冲重要，因为前者发出扫描起始和终止的信号。必须确定需要多少像素来表示图像。如果要分辨率为垂直和水平 128 个像素，那么就必须把两个垂直同步脉冲间的时间相应地分开。此图像阵列中将有 16 384 个单独的图像单元。因此，在起始和终止两垂直脉冲之间，就必须把这全部 16 384 个像素放在图像存储器的适当位置，而且储存器需要用 16 384 个位置来存储 128 * 128 个黑白图像。

如果要改变黑白亮度，就需要更多的存储器。每个像素必须被编码带有亮度值。因此，一幅（帧）图像就需要 16 384 * 8 位像素，或者说 131 072 个存储位置！实际上，对于大多数机器人应用，黑白图像就能满足要求。

垂直同步的下一级是使像素计数器时钟起动。当检测到垂直同步脉冲，而且数字变换器电路被触发时，用于递增存储地址计数器的时钟脉冲允许数字变换器。如果假定摄像机来的 256 行像素信息每秒钟通过 30 次，即每 33ms 通过一次，那么，在第一个和最后一个垂直同步脉冲之间将通过全部 16 384 个像素信息。用此像素除以 33ms，即可求得像素地址时钟频率为 $33 * 10^{-3}/16\ 384 = 2.014 * 10^{-6}$s，即大约 2μs。

2. 实用电路

图 6-28 给出一个把模拟视频信号变换为逻辑电平信号的实用电路。图 6-28 中，2167 为一含有 16K 动态存储器的集成组件，其中操作电压为 5V。图 6-28 的左下角为一比较器，用于使光电管的输出数字化。设定参考电压以鉴别白色电平；当达到白色电平时，触发测光器的输出为逻辑电平 1。借助于单稳态多谐振荡器，像素时钟脉冲在其后沿时刻把此逻辑 1 信号送入存储器。像素时钟脉冲的前沿则用来增加存储地址计数器 CD4024 的地址数，以等待下一个像素信号的到来。

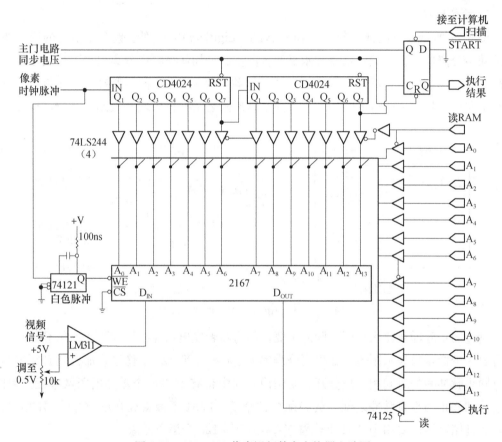

图 6-28 128×128 像素视频数字变换器电路图

6.4.3 固态视觉装置

还有一种视觉技术叫作 CCD 整体式固态摄像仪。这种装置主要是个带有透明窗口的集成电路。光线透过该窗口照到集成电路的光感区。CCD 固态摄像仪具有相当复杂的定时电路。这种摄像仪正在获得日益广泛应用的原因在于它们的尺寸小和用电少。能够把它们设计得易于装进机器人的手心。

还有一种性能稍差的但十分便宜的固态视觉装置，用于储存像素信息的动态存储集成片 2617，能改造为复杂的视频摄像仪。动态存储器的芯片对光具有敏感作用，用于保存图像数据。这种存储器还能检测红外线。下面介绍一种 CCD 固态摄像仪主要部件的工作原理。

1. 动态存储器

动态存储器所储存的数据是以电荷形式储存在一个小型电容器内。由于电容器的容量极小，因此只经 2ms 即可把它所充电荷放光。可见，这种电荷或信息是动态的，而且至少必须 2ms 内刷新（重新充电）一次。对于 16 384 位存储集成片的所有位置，只要循环通过它们中的 128 位，即能实现刷新操作。因此，在 2ms 内，至少需要循环 128 次，这些循环可为读操作。

用具有 16K 内存的标准的 4116 存储器进行实验。图 6-29 表示这种动态存储器内部芯片的原理框图。图 6-30 表示地址位之间以及 RAS 和 CAS 的定时关系。

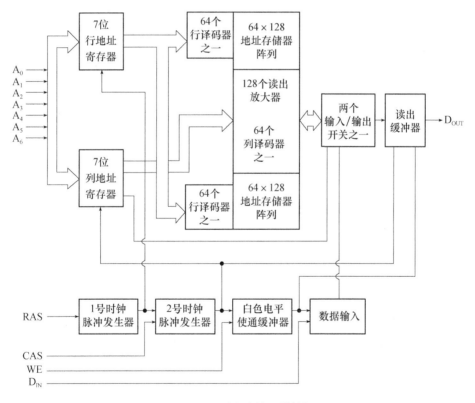

图 6-29　16K 动态存储器结构框图

2. 驱动电路

图 6-31 表示的逻辑电路，能够驱动图像传感器，并读出其内容。

逻辑驱动器是这样工作的：合上电源后，像素时钟脉冲振荡器开始发出脉冲。每个脉冲将递增地址计数器/多路扫描装置，并驱动相应 RAS 和 CAS 信号。首先，全部 16 384

个位置均以高逻辑电平 1 写入。然后，当振荡器时钟脉冲驱动水平和垂直同步信号时，这些振荡器时钟脉冲也通过读出它们的相同位置。这些操作继续不断进行下去。

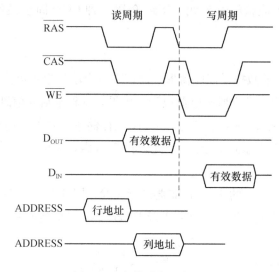

图 6-30   存储器主要定时图

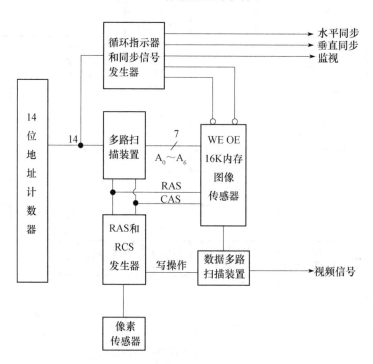

图 6-31   固态图像传感器驱动电路框图

除了 CCD 摄像仪外，半导体专家又开发出一种比 CCD 更为优良的固态视觉装置，即基于 CMOS(Complementary Metal Oxide Semiconductor，互补金属氧化物半导体)芯片的新型半导体传感器。

6.4.4　激光雷达

1. 工作原理

工作在红外和可见光波段的雷达称为激光雷达。它由激光发射系统、光学接收系统、转台和信息处理系统等组成。发射系统是各种形式的激光器。接收系统采用望远镜和各种形式的光电探测器。激光雷达采用脉冲和连续波两种工作方式，按照探测的原理不同探测方法可以分为米散射、瑞利散射、拉曼散射、布里渊散射、荧光、多普勒等。

激光器将电脉冲变成光脉冲(激光束)作为探测信号向目标发射出去，打在物体上并反射回来，光接收机接收从目标反射回来的光脉冲信号(目标回波)，与发射信号进行比较，还原成电脉冲，送到显示器。接收器准确地测量光脉冲从发射到被反射回的传播时间。因为光脉冲以光速传播，所以接收器总会在下一个脉冲发出之前收到前一个被反射回的脉冲。鉴于光速是已知的，传播时间即可被转换为对距离的测量。然后经过适当处理后，就可获得目标的有关信息，如目标距离、方位、高度、速度、姿态甚至形状等参数，从而对目标进行探测、跟踪和识别。

根据扫描机构的不同，激光测距雷达有 2D 和 3D 两种。激光测距方法主要分为两类：一类是脉冲测距方法；另一类是连续波测距法。连续波测距一般针对合作目标采用性能良好的反射器，激光器连续输出固定频率的光束，通过调频法或相位法进行测距。脉冲测距也称为飞行时间(Time of Flight，TOF)测距，应用于反射条件变化很大的非合作目标。

图 6-32 给出德国 SICK 公司生产的 LMS291 激光雷达测距仪的飞行时间法测距原理示意图。激光器发射的激光脉冲经过分光器后分为两路，一路进入接收器；另一路则由反射镜面发射到被测障碍物体表面，反射光也经由反射镜返回接收器。发射光与反射光的频率完全相同，通过测量发射脉冲与反射脉冲之间的时间间隔并与光速的乘积来测定被测障碍物体的距离。LMS291 的反射镜转动速度为 4500rpm，即每秒旋转 75 次。由于反射镜的转动，激光雷达得以在一个角度范围内获得线扫描的测距数据。

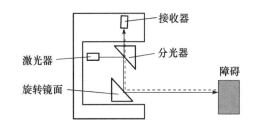

图 6-32　LMS291 激光雷达及其测距原理示意图

2. 主要特点

激光雷达由于使用的是激光束，工作频率高，因此具有很多特点。

(1) 分辨率高

激光雷达可以获得极高的角度、距离和速度分辨率。通常角度分辨率不低于 0.1mard，也就是说可以分辨 3km 距离上相距 0.3m 的两个目标，并可同时跟踪多个目标；距离分辨率可达 0.1m；速度分辨率可达 10m/s 以内。

(2) 隐蔽性好

激光直线传播，方向性好，光束很窄，只有在其传播路径上才能接收到，因此敌方截获非常困难，且激光雷达的发射系统(发射望远镜)口径很小，可接收区域窄，有意发射的激光干扰信号进入接收机的概率极低。

（3）低空探测性能好

激光雷达只有被照射的目标才会产生反射，完全不存在地物回波的影响，因此可以"零高度"工作，低空探测性能很强。

（4）体积小、质量轻

与普通微波雷达相比，激光雷达轻便、灵巧，架设、拆收简便，结构相对简单，维修方便，操纵容易，价格也较低。

当然，激光雷达工作时受天气和大气影响较大。在大雨、浓烟、浓雾等坏天气里，衰减急剧加大，传播距离大受影响。大气环流还会使激光光束发生畸变、抖动，直接影响激光雷达的测量精度。此外，由于激光雷达的波束极窄，在空间搜索目标非常困难，只能在较小的范围内搜索、捕获目标。

3. 应用领域

激光雷达的作用是能精确测量目标位置、运动状态和形状，以及准确探测、识别、分辨和跟踪目标，具有探测距离远和测量精度高等优点，已被普遍应用于移动机器人定位导航，还广泛应用于资源勘探、城市规划、农业开发、水利工程、土地利用、环境监测、交通监控、防震减灾等方面，在军事上也已开发出火控激光雷达、侦测激光雷达、导弹制导激光雷达、靶场测量激光雷达、导航激光雷达等精确获取三维地理信息的途径，为国民经济、国防建设、社会发展和科学研究提供了极为重要的数据信息资源，取得了显著的经济效益，显示出优良的应用前景。

6.5 本章小结

传感机器人是通过各种传感器或传感系统，向机器人提供感觉的装置，如视觉、听觉、触觉、力觉、嗅觉等。这种智能机器人的智能是由传感器提供的。本章首先阐述机器人传感器的特点与分类，涉及机器人的感觉顺序与策略、机器人传感器的分类以及应用传感器时应考虑的问题。接着分别讨论机器人的内传感器和外传感器。在内传感器部分，研究了位移/位置传感器、速度和加速度传感器及力觉传感器等。在外传感器部分，研究了触觉传感器、应力传感器、接近度传感器和其他外传感器。最后，本节举例介绍了一些有代表性的机器人视觉装置，包括机器人眼、视频信号数字变换器和固态视觉装置和激光雷达等。对于各种传感器，着重讨论它们的工作原理，并说明了应用时应该注意的问题。

习 题

6.1 机器人传感器的作用和特点为何？

6.2　常用的机器人内传感器和外传感器有哪几种？

6.3　应用机器人传感器时应考虑哪些问题？

6.4　测量机器人的速度和加速度常用哪些传感器？

6.5　有哪几种光电编码器？它们各有什么特点？除了检测位置（角位移）外，光电编码器还有什么用途？试举例说明。

6.6　在全反射情况下，要获得1°的分辨度，需要多少位二进码？

6.7　有一个旋转电位器，其供电电源电压为10V，总电阻为50kΩ，旋转范围为300°。电位器的输出接至输入阻抗为1MΩ的12位A/D变换器。当电位器的滑动接点处于满刻度位置（即最大电压输出）时，由电噪声引起的峰电压波动为4mV。在零位，输出电压为1V，而噪声为1mV。

　　(1)　电噪声或数字变换误差是否限制了角分辨率？给出整个量程内总分辨率（包括两者影响）的数值。

　　(2)　当该电位器装在某台机器人上时，其最大转速为30°/s。如果这时采用串行输出，相应的A/D变换器的数据输出速度为多少bit/s？

6.8　某增量式旋转光学编码器具有图6-33所示的双通输出。每当任一通过的输出过零时，就产生一个脉冲信号。因此，对于每个增量位移，产生四个脉冲信号。如果转盘上有1024条暗线（分割为1024个空间），那么此编码器的角分辨度为多少？

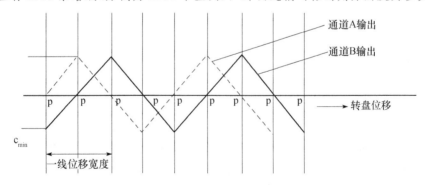

图6-33　增量式旋转光学编码器双通道输出波形

6.9　力觉传感器有哪几种？你能否说出它们的作用原理？

6.10　举出三种常用的触觉传感器的例子，简要说明其工作原理（其中包括人工皮肤在内）。

6.11　激光雷达是怎样工作的？它有哪些特点？其应用领域和前景如何？

第 7 章

机器人轨迹规划

机器人轨迹规划属于机器人底层规划，基本上不涉及工人智能问题，而是在机械手运动学和动力学的基础上，讨论在关节空间和笛卡儿空间中机器人运动的轨迹规划和轨迹生成方法。所谓轨迹，是指机械手在运动过程中的位移、速度和加速度。而轨迹规划是根据作业任务的要求，计算出预期的运动轨迹。首先对机器人的任务、运动路径和轨迹进行描述。轨迹规划器可使编程手续简化，只要求用户输入有关路径和轨迹的若干约束和简单描述，而复杂的细节问题则由规划器解决。例如，用户只需给出手部的目标位姿，让规划器确定到该目标的路径点、持续时间、运动速度等轨迹参数，并在计算机内部描述所要求的轨迹，即选择习惯规定及合理的软件数据结构。最后，对内部描述的轨迹，实时计算机器人运动的位移、速度和加速度，生成运动轨迹。

7.1 轨迹规划应考虑的问题

通常将机械手的运动看作工具坐标系$\{T\}$相对于工作坐标系$\{S\}$的运动。这种描述方法既适用于各种机械手，也适用于同一机械手上装夹的各种工具。对于移动工作台（例如传送带），这种方法同样适用。这时，工作坐标系$\{S\}$的位姿随时间而变化。

对抓放作业（pick and place operation）的机器人（如用于上、下料），需要描述它的起始状态和目标状态，即工具坐标系的起始值$\{T_0\}$和目标值$\{T_g\}$。在此，用"点"这个词表示工具坐标系的位置和姿态（简称位姿），例如起始点和目标点等。

对于另外一些作业，如弧焊和曲面加工等，不仅要规定机械手的起始点和终止点，而且要指明两点之间的若干中间点（称路径点），必须沿特定的路径运动（路径约束）。这类运动称为连续路径运动（continuous-path motion）或轮廓运动（contour motion），而前者称为点到点运动（point-to-point motion，PTP）。

在规划机器人的运动轨迹时，还需要弄清楚在其路径上是否存在障碍物（障碍约束）。路径约束和障碍约束的组合把机器人的规划与控制方式划分为四类，如表 7-1 所示。本节主要讨论连续路径的无障碍的轨迹规划方法。轨迹规划器可形象地看成为一个黑箱（见图 7-1），其输入包括路径的设定和约束，输出的是机械手末端手部的位姿序列，表示手部在各离散时刻的中间位形(configurations)。机械手最常用的轨迹规划方法有两种：第一种方法要求用户对于选定的转变节点(插值点)上的位姿、速度和加速度给出一组显式约束(例如连续性和光滑程度等)，轨迹规划器从一类函数(例如 n 次多项式)中选取参数化轨迹，对节点进行插值，并满足约束条件。第二种方法要求用户给出运动路径的解析式，如为直角坐标空间中的直线路径，轨迹规划器在关节空间或直角坐标空间中确定一条轨迹来逼近预定的路径。在第一种方法中，约束的设定和轨迹规划均在关节空间进行，因此可能会发生与障碍物相碰。第二种方法的路径约束是在直角坐标空间中给定的，而关节驱动器是在关节空间中受控的。因此，为了得到与给定路径十分接近的轨迹，首先必须采用某种函数逼近的方法将直角坐标路径约束转化为关节坐标路径约束，然后确定满足关节路径约束的参数化路径。

表 7-1　操作臂控制方式

		障碍约束	
		有	无
路径约束	有	离线无碰撞路径规划＋在线路径跟踪	离线路径规划＋在线路径跟踪
	无	位置控制＋在线障碍探测和避障	位置控制

　　轨迹规划既可在关节空间也可在直角空间中进行，但是所规划的轨迹函数都必须连续和平滑，使得操作臂的运动平稳。在关节空间进行规划时，是将关节变量表示成时间的函数，并规划它的一阶和二阶时间导数；在直角空间进行规划是指将手部位姿、速度和加速度表示为时间的函数。而相应的关节位移、速度和加速度由手部的信息导出。通常通过运动学反解得出关节位移，用逆雅可比求出关节速度，用逆雅可比及其导数求解关节加速度。

图 7-1　轨迹规划器框图

　　用户根据作业给出各个路径节点后，规划器的任务包含解变换方程、进行运动学反解和插值运算等。在关节空间进行规划时，大量工作是对关节变量的插值运算。

7.2　关节轨迹的插值计算

　　下面讨论关节轨迹的插值计算。机械手运动路径点(节点)一般用工具坐标系 {T} 相对于工作坐标系 {S} 的位姿来表示。为了求得在关节空间形成所求轨迹，首先用运动学反解将路径点转换成关节矢量角度值，然后对每个关节拟合一个光滑函数，使之从起始点开始，依次通过所有路径点，最后到达目标点。对于每一段路径，各个关节运动时间均相同，这样保证所有关节同时到达路径点和终止点，从而得到工具坐标系 {T} 应有的位置和姿态。尽管每个关节在同一段路径中的运动时间相同，但各个关节函数之间却是相互独立的。

关节空间法是以关节角度的函数描述机器人轨迹的，关节空间法不必在直角坐标系中描述两个路径点之间的路径形状，计算简单、容易。此外，由于关节空间与直角坐标空间之间并不是连续的对应关系，因而不会发生机构的奇异性问题。

在关节空间中进行轨迹规划，需要给定机器人在起始点和终止点手臂的位形。对关节进行插值时，应满足一系列的约束条件，例如抓取物体时，手部运动方向(初始点)，提升物体离开的方向(提升点)，放下物体(下放点)和停止点等节点上的位姿、速度和加速度的要求；与此相应的各个关节位移、速度、加速度在整个时间间隔内连续性要求；其极值必须在各个关节变量的容许范围之内等。在满足所要求的约束条件下，可以选取不同类型的关节插值函数，生成不同的轨迹。

下面着重讨论关节轨迹的插值方法。关节轨迹插值计算的方法较多，现简述如下。

7.2.1　三次多项式插值

在机械手运动过程中，由于相应于起始点的关节角度 θ_0 是已知的，而终止点的关节角 θ_f 可以通过运动学反解得到。因此，运动轨迹的描述，可用起始点关节角度与终止点关节角度的一个平滑插值函数 $\theta(t)$ 来表示，$\theta(t)$ 在 $t_0=0$ 时刻的值是起始关节角度 θ_0，在终端时刻 t_f 的值是终止关节角度 θ_f。显然，有许多平滑函数可作为关节插值函数，如图 7-2 所示。

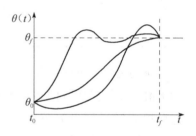

图 7-2　单个关节的不同轨迹曲线

为了实现单个关节的平稳运动，轨迹函数 $\theta(t)$ 至少需要满足四个约束条件，其中两个约束条件是起始点和终止点对应的关节角度：

$$\left.\begin{array}{l}\theta(0)=\theta_0\\\theta(t_f)=\theta_f\end{array}\right\} \tag{7.1}$$

为了满足关节运动速度的连续性要求，另外还有两个约束，即在起始点和终止点的关节速度要求。在当前情况下，规定：

$$\left.\begin{array}{l}\dot{\theta}(0)=0\\\dot{\theta}(t_f)=0\end{array}\right\} \tag{7.2}$$

上述四个边界约束条件(7.1)和式(7.2)唯一地确定了一个三次多项式：

$$\theta(t)=a_0+a_1t+a_2t^2+a_3t^3 \tag{7.3}$$

运动轨迹上的关节速度和加速度则为：

$$\left.\begin{array}{l}\dot{\theta}(t)=a_1+2a_2t+3a_3t^2\\\ddot{\theta}(t)=2a_2+6a_3t\end{array}\right\} \tag{7.4}$$

对式(7.3)和式(7.4)代入相应的约束条件，得到有关系数 a_0，a_1，a_2 和 a_3 的四个线性方程：

$$\left.\begin{array}{l} \theta_0 = a_0 \\ \theta_f = a_0 + a_1 t_f + a_2 t_f^2 + a_3 t_f^3 \\ 0 = a_1 \\ 0 = a_1 + 2a_2 t_f + 3a_3 t_f^2 \end{array}\right\} \tag{7.5}$$

求解上述方程组可得：

$$\left.\begin{array}{l} a_0 = \theta_0 \\ a_1 = 0 \\ a_2 = \dfrac{3}{t_f^2}(\theta_f - \theta_0) \\ a_3 = -\dfrac{2}{t_f^3}(\theta_f - \theta_0) \end{array}\right\} \tag{7.6}$$

这组解只适用于关节起始速度和终止速度为零的运动情况。对于其他情况，后面另行讨论。

7.2.2　过路径点的三次多项式插值

一般情况下，要求规划过路径点的轨迹。如果机械手在路径点停留，则可直接使用前面三次多项式插值的方法；如果只是经过路径点，并不停留，则需要推广上述方法。

实际上，可以把所有路径点也看作是"起始点"或"终止点"，求解逆运动学，得到相应的关节矢量值。然后确定所要求的三次多项式插值函数，把路径点平滑地连接起来。但是，在这些"起始点"和"终止点"的关节运动速度不再是零。

路径点上的关节速度可以根据需要设定，这样一来，确定三次多项式的方法与前面所述的完全相同，只是速度约束条件式(7.2)变为：

$$\left.\begin{array}{l} \dot\theta(0) = \dot\theta_0 \\ \dot\theta(t_f) = \dot\theta_f \end{array}\right\} \tag{7.7}$$

确定三次多项式的四个方程为：

$$\left.\begin{array}{l} \theta_0 = a_0 \\ \theta_f = a_0 + a_1 t_f + a_2 t_f^2 + a_3 t_f^3 \\ \dot\theta_0 = a_1 \\ \dot\theta_f = a_1 + 2a_2 t_f + 3a_3 t_f^2 \end{array}\right\} \tag{7.8}$$

求解以上方程组，即可求得三次多项式的系数：

$$a_0 = \theta_0$$
$$a_1 = \dot{\theta}_0$$
$$a_2 = \frac{3}{t_f^2}(\theta_f - \theta_0) - \frac{2}{t_f}\dot{\theta}_0 - \frac{1}{t_f}\dot{\theta}_f \qquad (7.9)$$
$$a_3 = -\frac{2}{t_f^3}(\theta_f - \theta_0) + \frac{1}{t_f^2}(\dot{\theta}_0 + \dot{\theta}_f)$$

实际上，由上式确定的三次多项式描述了起始点和终止点具有任意给定位置和速度的运动轨迹，是式(7.6)的推广。剩下的问题就是如何确定路径点上的关节速度，可由以下三种方法规定：

1) 根据工具坐标系在直角坐标空间中的瞬时线速度和角速度来确定每个路径点的关节速度。

2) 在直角坐标空间或关节空间中采用适当的启发式方法，由控制系统自动地选择路径点的速度。

3) 为了保证每个路径点上的加速度连续，由控制系统按此要求自动地选择路径点的速度。

7.2.3 高阶多项式插值

如果对于运动轨迹的要求更为严格，约束条件增多，那么三次多项式就不能满足需要，必须用更高阶的多项式对运动轨迹的路径段进行插值。例如，对某段路径的起始点和终止点都规定了关节的位置、速度和加速度，则要用一个五次多项式进行插值，即

$$\theta(t) = a_0 + a_1 t + a_2 t^2 + a_3 t^3 + a_4 t^4 + a_5 t^5 \qquad (7.10)$$

多项式的系数 a_0，a_1，$\cdots$，a_5 必须满足 6 个约束条件：

$$\theta_0 = a_0$$
$$\theta_f = a_0 + a_1 t_f + a_2 t_f^2 + a_3 t_f^3 + a_4 t_f^4 + a_5 t_f^5$$
$$\dot{\theta}_0 = a_1$$
$$\dot{\theta}_f = a_1 + 2a_2 t_f + 3a_3 t_f^2 + 4a_4 t_f^3 + 5a_5 t_f^4 \qquad (7.11)$$
$$\ddot{\theta}_0 = 2a_2$$
$$\ddot{\theta}_f = 2a_2 + 6a_3 t_f + 12a_4 t_f^2 + 20a_5 t_f^3$$

这个线性方程组含有 6 个未知数和 6 个方程，其解为：

$$a_0 = \theta_0$$
$$a_1 = \dot{\theta}_0$$
$$a_2 = \frac{\ddot{\theta}_0}{2}$$
$$a_3 = \frac{20\theta_f - 20\theta_0 - (8\dot{\theta}_f + 12\dot{\theta}_0)t_f - (3\ddot{\theta}_0 - \ddot{\theta}_f)t_f^2}{2t_f^3}$$
$$a_4 = \frac{30\theta_0 - 30\theta_f + (14\dot{\theta}_f + 16\dot{\theta}_0)t_f + (3\ddot{\theta}_0 - 2\ddot{\theta}_f)t_f^2}{2t_f^4} \qquad (7.12)$$
$$a_5 = \frac{12\theta_f - 12\theta_0 - (6\dot{\theta}_f + 6\dot{\theta}_0)t_f - (\ddot{\theta}_0 - \ddot{\theta}_f)t_f^2}{2t_f^5}$$

7.2.4 用抛物线过渡的线性插值

对于给定的起始点和终止点的关节角度，也可以选择直线插值函数来表示路径的形状。值得指出的是，尽管每个关节都做匀速运动，但是手部的运动轨迹一般不是直线。

显然，单纯线性插值将导致在节点处关节运动速度不连续，加速度无限大。为了生成一条位移和速度都连续的平滑运动轨迹，在使用线性插值时，在每个节点的邻域内增加一段抛物线的缓冲区段。由于抛物线对于时间的二阶导数为常数，即相应区段内的加速度恒定不变，这样使得平滑过渡，不致在节点处产生跳跃，从而使整个轨迹上的位移和速度都连续。线性函数与两段抛物线函数平滑地衔接在一起形成的轨迹称为带有抛物线过渡域的线性轨迹，如图 7-3a 所示。

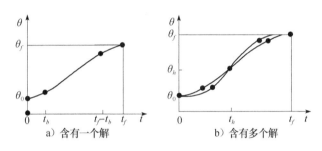

图 7-3　带抛物线过渡的线性插值

为了构造这段运动轨迹，假设两端的过渡域（抛物线）具有相同的持续时间，因而在这两个域中采用相同的恒加速度值，只是符号相反。正如图 7-3b 所示，存在有多个解，得到的轨迹不是唯一的。但是，每个结果都对称于时间中点 t_h 和位置中点 θ_h。由于过渡域 $[t_0, t_b]$ 终点的速度必须等于线性域的速度，所以：

$$\dot{\theta}_{tb} = \frac{\theta_h - \theta_b}{t_h - t_b} \tag{7.13}$$

式中，θ_b 为过渡域终点 t_b 处的关节角度。用 $\ddot{\theta}$ 表示过渡域内的加速度，θ_b 的值可按式(7.14)解得：

$$\theta_b = \theta_0 + \frac{1}{2}\ddot{\theta}t_b^2 \tag{7.14}$$

令 $t = 2t_h$，据式(7.13)和式(7.14)可得：

$$\ddot{\theta}t_b^2 - \ddot{\theta}t t_b + (\theta_f - \theta_0) = 0 \tag{7.15}$$

式中，t 为所要求的运动持续时间。

这样，对于任意给定的 θ_f，θ_0 和 t，可以按式(7.15)选择相应的 $\ddot{\theta}$ 和 t_b，得到路径曲线。通常的做法是先选择加速度 $\ddot{\theta}$ 的值，然后按式(7.15)算出相应的 t_b：

$$t_b = \frac{t}{2} - \frac{\sqrt{\ddot{\theta}^2 t^2 - 4\ddot{\theta}(\theta_f - \theta_0)}}{2\ddot{\theta}} \tag{7.16}$$

由式(7.16)可知，为保证 t_b 有解，过渡域加速度值 $\ddot{\theta}$ 必须选得足够大，即：

$$\ddot{\theta} \geqslant \frac{4(\theta_f - \theta_0)}{t^2} \tag{7.17}$$

当式(7.17)中的等号成立时，线性域的长度缩减为零，整个路径段由两个过渡域组成，这两个过渡域在衔接处的斜率(代表速度)相等。当加速度的取值越来越大时，过渡域的长度会越来越短。如果加速度选为无限大，路径又回复到简单的线性插值情况。

7.2.5 过路径点用抛物线过渡的线性插值

如图 7-4 所示，某个关节在运动中设有 n 个路径点，其中三个相邻的路径点表示为 j，k 和 l，每两个相邻的路径点之间都以线性函数相连，而所有路径点附近则由抛物线过渡。

在图 7-4 中，在 k 点的过渡域的持续时间为 t_k；点 j 和点 k 之间线性域的持续时间为 t_{jk}；连接 j 与 k 点的路径段的全部持续时间为 t_{djk}。另外，j 与 k 点之间的线性域速度为 $\dot{\theta}_{jk}$，j 点过渡域的加速度为 $\ddot{\theta}_j$。现在的问题是在含有路径点的情况下，如何确定带有抛物线过渡域的线性轨迹。

与上述用抛物线过渡的线性插值相同，这个问题有许多解，每一解对应于一个选取的速度值。给定任意路径点的位置 θ_k，持续时间 t_{djk}，

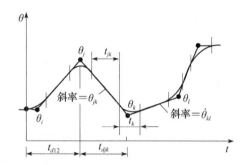

图 7-4　多段带有抛物线过渡的线性插值轨迹

以及加速度的绝对值 $|\ddot{\theta}_k|$，可以计算出过渡域的持续时间 t_k。对于那些内部路径段（j，$k \neq 1$，2；j，$k \neq n-1$），根据下列方程求解：

$$\left.\begin{aligned} \dot{\theta}_{jk} &= \frac{\theta_k - \theta_j}{t_{djk}} \\ \ddot{\theta}_k &= \operatorname{sgn}(\dot{\theta}_{kl} - \dot{\theta}_{jk})|\ddot{\theta}_k| \\ t_k &= \frac{\dot{\theta}_{kl} - \dot{\theta}_{jk}}{\ddot{\theta}_k} \\ t_{jk} &= t_{djk} - \frac{1}{2}t_j - \frac{1}{2}t_k \end{aligned}\right\} \tag{7.18}$$

第一个路径段和最后一个路径段的处理与式(7.18)略有不同，因为轨迹端部的整个过渡域的持续时间都必须计入这一路径段内。对于第一个路径段，令线性域速度的两个表达式相等，就可求出 t_1：

$$\frac{\theta_2 - \theta_1}{t_{d12} - \frac{1}{2}t_1} = \ddot{\theta}_1 t_1 \tag{7.19}$$

用式(7.19)算出起始点过渡域的持续时间 t_1 之后，进而求出 $\dot\theta_{12}$ 和 t_{12}：

$$\left.\begin{aligned}
\ddot\theta_1 &= \operatorname{sgn}(\dot\theta_2 - \dot\theta_1)\,|\ddot\theta_1| \\[2mm]
t_1 &= t_{d12} - \sqrt{t_{d12}^2 - \frac{2(\theta_2 - \theta_1)}{\ddot\theta_1}} \\[2mm]
\dot\theta_{12} &= \frac{\theta_2 - \theta_1}{t_{d12} - \dfrac{1}{2}t_1} \\[2mm]
t_{12} &= t_{d12} - t_1 - \frac{1}{2}t_2
\end{aligned}\right\} \tag{7.20}$$

对于最后一个路径段，路径点 $n-1$ 与终止点 n 之间的参数与第一个路径段相似，即：

$$\frac{\theta_{n-1} - \theta_n}{t_{d(n-1)n} - \dfrac{1}{2}t_n} = \ddot\theta_n t_n \tag{7.21}$$

根据式(7.21)便可求出：

$$\left.\begin{aligned}
\ddot\theta_n &= \operatorname{sgn}(\dot\theta_{n-1} - \dot\theta_n)\,|\ddot\theta_n| \\[2mm]
t_n &= t_{d(n-1)n} - \sqrt{t_{d(n-1)n}^2 + \frac{2(\theta_n - \theta_{n-1})}{\ddot\theta_n}} \\[2mm]
\dot\theta_{(n-1)n} &= \frac{\theta_n - \theta_{n-1}}{t_{d(n-1)n} - \dfrac{1}{2}t_n} \\[2mm]
t_{(n-1)n} &= t_{d(n-1)n} - t_n - \frac{1}{2}t_{n-1}
\end{aligned}\right\} \tag{7.22}$$

式(7.18)至式(7.22)可用来求出多段轨迹中各个过渡域的时间和速度。通常用户只需给定路径点，以及各个路径段的持续时间。在这种情况下，系统使用各个关节的隐含加速度值。有时，为了简便起见，系统还可按隐含速度值来计算持续时间。对于各段的过渡域，加速度值应取得足够大，以便使各路径段有足够长的线性域。

值得注意的是，多段用抛物线过渡的直线样条函数一般并不经过那些路径点，除非在这些路径点处停止。若选取的加速度充分大，则实际路径将与理想路径点十分靠近。如果要求机器人途经某个节点，那么将轨迹分成两段，把这些节点作为前一段的终止点和后一段的起始点即可。

7.3　笛卡儿路径轨迹规划

在这种轨迹规划系统中，作业是用机械手终端夹手位姿的笛卡儿坐标节点序列规定的。因此，节点指的是表示夹手位姿(位置和姿态)的齐次变换矩阵。

1. 物体对象的描述

利用第 2 章有关物体空间的描述方法，任一刚体相对参考系的位姿是用与它固接的坐标系来描述的。相对于固接坐标系，物体上任一点用相应的位置矢量 p 表示；任一方向用方向余弦表示。给出物体的几何图形及固接坐标系后，只要规定固接坐标系的位姿，便可重构该物体。

例如，图 7-5 所示的螺栓，其轴线与固接坐标系的 z 轴重合。螺栓头部直径为 32mm，中心取为坐标原点，螺栓长 80mm，直径 20mm，则可根据固接坐标系的位姿重构螺栓在空间（相对参考系）的位姿和几何形状。

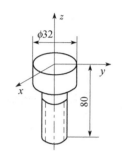

图 7-5 对象的描述

2. 作业的描述

作业和机械手的运动可用手部位姿节点序列来规定，每个节点是由工具坐标系相对于作业坐标系的齐次变换来描述。相应的关节变量可用运动学反解程序计算。

例如，要求机器人按直线运动，把螺栓从槽中取出并放入托架的一个孔中，如图 7-6 所示。用符号表示沿直线运动的各节点的位姿，使机器人能沿虚线运动并完成作业。令 $P_i(i=0,1,2,3,4,5)$ 为夹手必须经过的直角坐标节点。参照这些节点的位姿将作业描述为如表 7-2 所示的手部的一连串运动和动作。

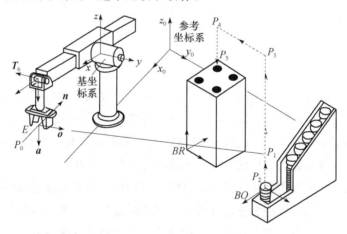

图 7-6 作业的描述

表 7-2 螺栓的抓取和插入过程

节点	P_0	P_1	P_2	P_2	P_3	P_4	P_5	P_5	P_a
运动	INIT	MOVE	MOVE	GRASP	MOVE	MOVE	MOVE	RELEASE	MOVE
目标	原始	接近螺栓	到达	抓住	提升	接近托架	放入孔中	松夹	移开

第一结点 P_i 对应一个变换式(2.37)，从而解出相应的机械手的变换 ${}^0T_6$。由此得到作业描述的基本结构：作业结点 P_i 对应机械手变换 ${}^0T_6$，从一个变换到另一变换通过机械手

运动实现。

3. 两个结点之间的"直线"运动

机械手在进行作业时，夹手的位姿可用一系列结点 P_i 来表示。因此，在直角坐标空间中进行轨迹规划的首要问题是由两结点 P_i 和 P_{i+1} 所定义的路径起点和终点之间，如何生成一系列中间点。两结点之间最简单的路径是在空间的一个直线移动和绕某定轴的转动。若运动时间给定之后，则可以产生一个使线速度和角速度受控的运动。如图 7-6 所示，要生成从结点 P_0（原位）运动到 P_1（接近螺栓）的轨迹。更一般地，从一结点 P_i 到下一结点 P_{i+1} 的运动可表示为从

$$ {}^0_6T = {}^0_BT {}^BP_i {}^6_ET^{-1} \tag{7.23} $$

到

$$ {}^0_6T = {}^0_BT {}^BP_{i+1} {}^6_ET^{-1} \tag{7.24} $$

的运动。其中 ${}^6T_E$ 是工具坐标系 $\{T\}$ 相对末端连杆系 $\{6\}$ 的变换。${}^BP_i$ 和 ${}^BP_{i+1}$ 分别为两结点 P_i 和 P_{i+1} 相对坐标系 $\{B\}$ 的齐次变换。如果起始点 P_i 是相对另一坐标系 $\{A\}$ 描述的，那么可通过变换过程得到：

$$ {}^BP_i = {}^0_BT^{-1}{}^0_AT {}^AP_i \tag{7.25} $$

基于式（7.23）和式（7.24），则从结点 P_i 到 P_{i+1} 的运动可由"驱动变换" $D(\lambda)$ 来表示：

$$ {}^0_6T(\lambda) = {}^0_BT {}^BP_i D(\lambda) {}^6_ET^{-1} \tag{7.26} $$

其中，驱动变换 $D(\lambda)$ 是归一化时间 λ 的函数；$\lambda = t/T$，$\lambda \in [0, 1]$；t 为自运动开始算起的实际时间；T 为走过该轨迹段的总时间。

在结点 P_i，实际时间 $t = 0$，因此 $\lambda = 0$，$D(0)$ 是 4×4 的单位矩阵，因而式（7.26）与式（7.23）相同。

在结点 P_{i+1}，$t = T$，$\lambda = 1$，有：

$$ {}^BP_i D(1) = {}^BP_{i+1} $$

式（7.26）与式（7.24）相同，因此得：

$$ D(1) = {}^BP_i^{-1}{}^BP_{i+1} \tag{7.27} $$

可将工具（夹手）从一个结点 P_i 到下一结点 P_{i+1} 的运动看成和夹手固接的坐标系的运动。在第 2 章中，规定手部坐标系的三个坐标轴用 $\boldsymbol{n}$，$\boldsymbol{o}$ 和 $\boldsymbol{a}$ 表示，坐标原点用 $\boldsymbol{p}$ 表示。

因此，结点 P_i 和 P_{i+1} 相对于目标坐标系 $\{B\}$ 的描述可用相应的齐次变换矩阵来表示，即：

$$ {}^BP_i = \begin{bmatrix} \boldsymbol{n}_i & \boldsymbol{o}_i & \boldsymbol{a}_i & \boldsymbol{p}_i \\ 0 & 0 & 0 & 1 \end{bmatrix} = \begin{bmatrix} n_{i_x} & o_{i_x} & a_{i_x} & p_{i_x} \\ n_{i_y} & o_{i_y} & a_{i_y} & p_{i_y} \\ n_{i_z} & o_{i_z} & a_{i_z} & p_{i_z} \\ 0 & 0 & 0 & 1 \end{bmatrix} $$

$$
{}^{B}P_{i+1} = \begin{bmatrix} \boldsymbol{n}_{i+1} & \boldsymbol{o}_{i+1} & \boldsymbol{a}_{i+1} & \boldsymbol{p}_{i+1} \\ 0 & 0 & 0 & 1 \end{bmatrix} = \begin{bmatrix} n_{i+1_x} & o_{i+1_x} & a_{i+1_x} & p_{i+1_x} \\ n_{i+1_y} & o_{i+1_y} & a_{i+1_y} & p_{i+1_y} \\ n_{i+1_z} & o_{i+1_z} & a_{i+1_z} & p_{i+1_z} \\ 0 & 0 & 0 & 1 \end{bmatrix}
$$

利用矩阵求逆公式(2.36)求出 ${}^{B}P_i^{-1}$，再右乘 ${}^{B}P_{i+1}$，则得：

$$
D(1) = \begin{bmatrix} \boldsymbol{n}_i \cdot \boldsymbol{n}_{i+1} & \boldsymbol{n}_i \cdot \boldsymbol{o}_{i+1} & \boldsymbol{n}_i \cdot \boldsymbol{a}_{i+1} & \boldsymbol{n}_i \cdot (\boldsymbol{p}_{i+1} - \boldsymbol{p}_i) \\ \boldsymbol{o}_i \cdot \boldsymbol{n}_{i+1} & \boldsymbol{o}_i \cdot \boldsymbol{o}_{i+1} & \boldsymbol{o}_i \cdot \boldsymbol{a}_{i+1} & \boldsymbol{o}_i \cdot (\boldsymbol{p}_{i+1} - \boldsymbol{p}_i) \\ \boldsymbol{a}_i \cdot \boldsymbol{n}_{i+1} & \boldsymbol{a}_i \cdot \boldsymbol{o}_{i+1} & \boldsymbol{a}_i \cdot \boldsymbol{a}_{i+1} & \boldsymbol{a}_i \cdot (\boldsymbol{p}_{i+1} - \boldsymbol{p}_i) \\ 0 & 0 & 0 & 1 \end{bmatrix}
$$

其中，$\boldsymbol{n} \cdot \boldsymbol{o}$ 表示矢量 $\boldsymbol{n}$ 与 $\boldsymbol{o}$ 的标积。

工具坐标系从结点 P_i 到 P_{i+1} 的运动可分解为一个平移运动和两个旋转运动：第一个转动使工具轴线与预期的接近方向 $\boldsymbol{a}$ 对准；第二个转动是绕工具轴线($\boldsymbol{a}$)转动，使方向矢量 $\boldsymbol{o}$ 对准。则驱动函数 $D(\lambda)$ 由一个平移运动和两个旋转运动构成，即：

$$
D(\lambda) = L(\lambda) R_a(\lambda) R_o(\lambda) \tag{7.28}
$$

其中，$L(\lambda)$ 是表示平移运动的齐次变换，其作用是把结点 P_i 的坐标原点沿直线运动到 P_{i+1} 的原点；第一个转动用齐次变换 $R_a(\lambda)$ 表示，其作用是将 P_i 的接近矢量 $\boldsymbol{a}_i$ 转向 P_{i+1} 的接近矢量 $\boldsymbol{a}_{i+1}$；第二个转动齐次用变换 $R_o(\lambda)$ 表示，其作用是将 P_i 的方向矢量 $\boldsymbol{o}_i$ 转向 P_{i+1} 的方向矢量 $\boldsymbol{o}_{i+1}$：

$$
L(\lambda) = \begin{bmatrix} 1 & 0 & 0 & \lambda x \\ 0 & 1 & 0 & \lambda y \\ 0 & 0 & 1 & \lambda z \\ 0 & 0 & 0 & 1 \end{bmatrix} \tag{7.29}
$$

$$
R_a(\lambda) = \begin{bmatrix} s^2\psi v(\lambda\theta) + c(\lambda\theta) & -s\psi c\psi v(\lambda\theta) & c\psi c(\lambda\theta) & 0 \\ -s\psi c\psi v(\lambda\theta) & c^2\psi v(\lambda\theta) + c(\lambda\theta) & s\psi s(\lambda\theta) & 0 \\ -c\psi s(\lambda\theta) & -s\psi s(\lambda\theta) & c(\lambda\theta) & 0 \\ 0 & 0 & 0 & 1 \end{bmatrix} \tag{7.30}
$$

$$
R_o(\lambda) = \begin{bmatrix} c(\lambda\phi) & -s(\lambda\phi) & 0 & 0 \\ s(\lambda\phi) & c(\lambda\phi) & 0 & 0 \\ 0 & 0 & 1 & 0 \\ 0 & 0 & 0 & 1 \end{bmatrix} \tag{7.31}
$$

其中，$v(\lambda\theta) = vers(\lambda\theta) = 1 - \cos(\lambda\theta)$；$c(\lambda\theta) = \cos(\lambda\theta)$；$s(\lambda\theta) = \sin(\lambda\theta)$；

$$
c(\lambda\phi) = \cos(\lambda\phi); s(\lambda\phi) = \sin(\lambda\phi); \lambda \in [0,1] 。
$$

旋转变换 $R_a(\lambda)$ 表示绕矢量 $\boldsymbol{k}$ 转动 θ 角得到的，而矢量 $\boldsymbol{k}$ 是 P_i 的 y 轴绕其 z 轴转过 ψ 角得到的，即：

$$k = \begin{bmatrix} -s\psi \\ c\psi \\ 0 \\ 1 \end{bmatrix} = \begin{bmatrix} c\psi & -s\psi & 0 & 0 \\ s\psi & c\psi & 0 & 0 \\ 0 & 0 & 1 & 0 \\ 0 & 0 & 0 & 1 \end{bmatrix} \begin{bmatrix} 0 \\ 1 \\ 0 \\ 1 \end{bmatrix}$$

根据旋转变换通式(2.45)，即可得到式(7.30)。旋转变换 $R_o(\lambda)$ 表示绕接近矢量 $\boldsymbol{a}$ 转 ϕ 角的变换矩阵。显然，平移量 λx，λy，λz 和转动量 $\lambda\theta$ 及 $\lambda\phi$ 将与 λ 成正比。若 λ 随时间线性变化，则 $D(\lambda)$ 所代表的合成运动将是一个恒速移动和两个恒速转动的复合。

将矩阵式(7.29)至式(7.31)相乘代入式(7.28)，得到：

$$D(\lambda) = \begin{bmatrix} d\boldsymbol{n} & d\boldsymbol{o} & d\boldsymbol{a} & d\boldsymbol{p} \\ 0 & 0 & 0 & 1 \end{bmatrix} \tag{7.32}$$

其中，

$$d\boldsymbol{o} = \begin{bmatrix} -s(\lambda\phi)[s^2\psi\upsilon(\lambda\theta)+c(\lambda\theta)]+c(\lambda\phi)[-s\psi c\psi\upsilon(\lambda\theta)] \\ -s(\lambda\phi)[-s\psi c\psi\upsilon(\lambda\phi)]+c(\lambda\phi)[c^2\phi\upsilon(\lambda\theta)+c(\lambda\theta)] \\ -s(\lambda\theta)[-c\psi s(\lambda\theta)]+c(\lambda\phi)[-s\psi s(\lambda\theta)] \end{bmatrix}$$

$$d\boldsymbol{a} = \begin{bmatrix} c\psi s(\lambda\theta) \\ s\psi s(\lambda\theta) \\ c(\lambda\theta) \end{bmatrix} \qquad d\boldsymbol{p} = \begin{bmatrix} \lambda x \\ \lambda y \\ \lambda z \end{bmatrix} \qquad d\boldsymbol{n} = d\boldsymbol{o} \times d\boldsymbol{a}$$

将逆变换方法用于式(7.28)，在式(7.28)两边右乘 $R_o^{-1}(\lambda)R_a^{-1}(\lambda)$，使位置矢量的各元素分别相等，令 $\lambda = 1$，则得：

$$\left. \begin{array}{l} x = \boldsymbol{n}_i \cdot (\boldsymbol{p}_{i+1} - \boldsymbol{p}_i) \\ y = \boldsymbol{o}_i \cdot (\boldsymbol{p}_{i+1} - \boldsymbol{p}_i) \\ z = \boldsymbol{a}_i \cdot (\boldsymbol{p}_{i+1} - \boldsymbol{p}_i) \end{array} \right\} \tag{7.33}$$

上式中矢量 $\boldsymbol{n}_i$，$\boldsymbol{o}_i$，$\boldsymbol{a}_i$ 和 $\boldsymbol{p}_i$，$\boldsymbol{p}_{i+1}$ 都是相对于目标坐标系 $\{B\}$ 表示的。将式(7.28)两边右乘 $R_o^{-1}(\lambda)$，再左乘 $L^{-1}(\lambda)$，并使得第三列元素分别相等，可解得 θ 和 ψ：

$$\psi = \text{atan}\left[\frac{\boldsymbol{o}_i \cdot \boldsymbol{a}_{i+1}}{\boldsymbol{n}_i \cdot \boldsymbol{a}_{i+1}}\right] \qquad -\pi \leqslant \psi < \pi \tag{7.34}$$

$$\theta = \text{atan}\left[\frac{[(\boldsymbol{n}_i \cdot \boldsymbol{a}_{i+1})^2 + (\boldsymbol{o}_i \cdot \boldsymbol{a}_{i+1})^2]^{1/2}}{\boldsymbol{a}_i \cdot \boldsymbol{a}_{i+1}}\right] \qquad -\pi \leqslant \theta \leqslant \pi \tag{7.35}$$

为了求出 ϕ，可将式(7.28)两边左乘 $R_a^{-1}(\lambda)L^{-1}(\lambda)$，并使它们的对应元素分别相等，得：

$$s\phi = -s\psi c\psi\upsilon(\theta)(\boldsymbol{n}_i \cdot \boldsymbol{n}_{i+1}) + [c^2\psi\upsilon(\theta)+c(\theta)](\boldsymbol{o}_i \cdot \boldsymbol{n}_{i+1}) - s\psi s(\theta)(\boldsymbol{a}_i \cdot \boldsymbol{n}_{i+1})$$

$$c\phi = -s\psi c\psi\upsilon(\theta)(\boldsymbol{n}_i \cdot \boldsymbol{o}_{i+1}) + [c^2\psi\upsilon(\theta)+c(\theta)](\boldsymbol{o}_i \cdot \boldsymbol{o}_{i+1}) - s\psi s(\theta)(\boldsymbol{a}_i \cdot \boldsymbol{o}_{i+1})$$

$$\phi = \text{atan}\left[\frac{s\phi}{c\phi}\right] \qquad -\pi \leqslant \phi \leqslant \pi \tag{7.36}$$

4. 两段路径之间的过渡

前面利用驱动变换 $D(\lambda)$ 来控制一个移动和两个转动生成两结点之间的"直线"运动

轨迹$^0T_6(\lambda)=\,^0T_B\,^BP_iD(\lambda)^6T_E^{-1}$，现在讨论两段路径之间的过渡问题。为了避免两段路径衔接点处速度不连续，当由一段轨迹过渡到下一段轨迹时，需要加速度或减速度。在机械手手部到达结点前的时刻τ开始改变速度，然后保持加速度不变，直至到达结点之后τ（单位时间）为止，如图7-7所示。在此时间区间$[-\tau,\tau]$，每一分量的加速度保持不变，其值为：

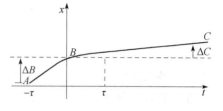

图7-7   两段轨迹间的过渡

$$\ddot{\boldsymbol{x}}(t)=\frac{1}{2\,\tau^2}\Big[\Delta\boldsymbol{C}\,\frac{\tau}{T}+\Delta\boldsymbol{B}\Big]\qquad -\tau<t<\tau$$

$$(7.37)$$

其中，

$$\ddot{\boldsymbol{x}}(t)=\begin{bmatrix}\ddot{x}\\\ddot{y}\\\ddot{\theta}\\\ddot{\phi}\end{bmatrix}\qquad \Delta\boldsymbol{C}=\begin{bmatrix}x_{BC}\\y_{BC}\\\theta_{BC}\\\phi_{BC}\end{bmatrix}\qquad \Delta\boldsymbol{B}=\begin{bmatrix}x_{BA}\\y_{BA}\\\theta_{BA}\\\phi_{BA}\end{bmatrix}$$

矢量$\Delta\boldsymbol{C}$和$\Delta\boldsymbol{B}$的各元素分别为结点B到C和结点B到A的直角坐标距离和角度。T为机械手手部从结点B到C所需时间。

由公式(7.37)可以得出相应的在区间$-\tau<t<\tau$中的速度和位移：

$$\dot{\boldsymbol{x}}(t)=\frac{1}{\tau}\Big[\Delta\boldsymbol{C}\,\frac{\tau}{T}+\Delta\boldsymbol{B}\Big]\lambda-\frac{\Delta\boldsymbol{B}}{\tau}\tag{7.38}$$

$$\boldsymbol{x}(t)=\Big[\Big(\Delta\boldsymbol{C}\,\frac{\tau}{T}+\Delta\boldsymbol{B}\Big)\lambda-2\Delta\boldsymbol{B}\Big]\lambda+\Delta\boldsymbol{B}\tag{7.39}$$

其中，

$$\boldsymbol{x}(t)=\begin{bmatrix}x\\y\\z\\\theta\\\varphi\end{bmatrix}\qquad \dot{\boldsymbol{x}}(t)=\begin{bmatrix}\dot{x}\\\dot{y}\\\dot{z}\\\dot{\theta}\\\dot{\varphi}\end{bmatrix}\qquad \lambda\triangleq\frac{t+\tau}{2\,\tau}$$

在时间区间$-\tau<t<\tau$，运动方程为：

$$\boldsymbol{x}=\Delta\boldsymbol{C}\lambda,\qquad \dot{\boldsymbol{x}}=\frac{\Delta\boldsymbol{C}}{T},\qquad \ddot{\boldsymbol{x}}=0$$

其中，$\lambda=\dfrac{t}{T}$，代表归一化时间，变化范围是$[0,1]$。不过，对于不同的时间间隔，归一化因子通常是不同的。

对于由A到B，再到C的运动，把ψ定义为在时间区间$-\tau<t<\tau$中运动的线性插值，即：

$$\psi' = (\phi_{BC} - \phi_{AB})\lambda + \phi_{AB} \tag{7.40}$$

式中，ϕ_{AB} 和 ϕ_{BC} 分别是由 A 到 B 和由 B 到 C 的运动规定的，和式(7.34)类似。因此，ψ 将由 ϕ_{AB} 变化到 ϕ_{BC}。

　　总之，为了从结点 P_i 运动到 P_{i+1}，首先由式(7.28)～式(7.36)算出驱动函数。然后按式(7.26)计算 $^0T_6(\lambda)$，再由运动学反解程序算出相应的关节变量。必要时，可在反解求出的结点之间再用二次多项式进行插值。

　　笛卡儿空间的规划方法不仅概念上直观，而且规划的路径准确。笛卡儿空间的直线运动仅仅是轨迹规划的一类，更加一般的应包含其他轨迹，如椭圆、抛物线、正弦曲线等。可是缺乏适当的传感器测量手部笛卡儿坐标，进行位置和速度反馈。笛卡儿空间路径规划的结果需要实时变换为相应的关节坐标，计算量很大，致使控制间隔拖长。如果在规划时考虑机械手的动力学特性，就要以笛卡儿坐标给定路径约束，同时以关节坐标给定物理约束(例如，各电机的容许力和力矩，速度和加速度极限)，使得优化问题具有在两个不同坐标系中的混合约束。因此，笛卡儿空间规划存在由于运动学反解带来的问题。

7.4　规划轨迹的实时生成

　　前面所述的计算结果即构成了机器人的轨迹规划。运行中的轨迹实时生成是指由这些数据，以轨迹更新的速率不断产生 θ，$\dot{\theta}$ 和 $\ddot{\theta}$ 所表示的轨迹，并将此信息送至机械手的控制系统。

1. 关节空间轨迹的生成

　　前面介绍了几种关节空间轨迹规划的方法。按照这些方法，其计算结果都是有关各个路径段的一组数据。控制系统的轨迹生成器利和这些数据以轨迹更新速率具体计算出 θ，$\dot{\theta}$ 和 $\ddot{\theta}$。

　　对于三次样条，轨迹生成器只需随 t 的变化不断地按式(7.3)和式(7.4)计算 θ，$\dot{\theta}$ 和 $\ddot{\theta}$。当到达路径段的终点时，调用新路径段的三次样条系数，重新赋 t 为零，继续生成轨迹。

　　对于带抛物线过渡的直线样条插值，每次更新轨迹时，应首先检测时间 t 的值以判断当前处于路径段的是线性域还是过渡域。当处于线性域时，各关节的轨迹按下式计算：

$$\left.\begin{aligned} \theta &= \theta_j + \dot{\theta}_{jk}t \\ \dot{\theta} &= \dot{\theta}_{jk} \\ \ddot{\theta} &= 0 \end{aligned}\right\} \tag{7.41}$$

其中，t 是从第 j 个路径点算起的时间；$\dot{\theta}_{jk}$ 的值在轨迹规划时由式(7.18)算出。当处于过渡域时，各关节轨迹按下式计算：令 $t_{inb} = t - \left(\dfrac{1}{2}t_j + t_{jk}\right)$，则：

$$\left.\begin{aligned}
\theta &= \theta_j + \dot{\theta}_{jk}(t - t_{inb}) + \frac{1}{2}\ddot{\theta}_k t_{inb}^2 \\
\dot{\theta} &= \dot{\theta}_{jk} + \ddot{\theta}_k t_{inb} \\
\ddot{\theta} &= \ddot{\theta}_k
\end{aligned}\right\} \tag{7.42}$$

其中，$\dot{\theta}_{jk}$，$\ddot{\theta}_k$，t_j 和 t_{jk} 在轨迹规划时已由式(7.18)至式(7.22)算出。当进入新的线性域时，重新把 t 置成 $\frac{1}{2}t_k$，利用该路径段的数据，继续生成轨迹。

2. 笛卡儿空间轨迹的生成

前面已经讨论了笛卡儿空间轨迹规划方法。机械手的路径点通常是用工具坐标系相对工作坐标系的位姿表示的。为了在笛卡儿空间中生成运动轨迹，根据路径段的起始点和目标点构造驱动函数 $D(1)$，见式(7.27)；再将驱动函数 $D(\lambda)$ 用一个平移运动和二个旋转运动来等效代替，见式(7.28)；然后对平移运动和旋转运动插值，便得到笛卡儿空间路径（包括位置和方向），其中方向的表示方法类似于欧拉角。

仿照关节空间方法，使用带抛物线过渡的线性函数比较合适。在每一路径段的直线域内，描述位置 p 的三元素按线性函数运动，可以得到直线轨迹；然而，若把各种路径点的姿态用旋转矩阵 R 表示，那么就不能对它的元素进行直线插值。因为任一旋转矩阵都是由三个归一正交列组成，如果在两个旋转矩阵的元素间进行插值就难以保证满足归一正交的要求，不过可以用等效转轴-转角来表示函数 $D(\lambda)$ 的旋转矩阵部分。

实际上，任何两个路径点 ^BP_i 和 $^BP_{i+1}$，都代表两个坐标系，驱动函数 $D(1)$ 表示 $^BP_{i+1}$ 相对 ^BP_i 的位置和姿态，即：

$$D(1) = {}^BP_i^{-1}{}^BP_{i+1}$$

根据第2章等效转轴-转角的概念，$D(1)$ 的旋转矩阵可用一个单位矢量-等效转轴 $k = [k_x, k_y, k_z]^T$，和一个等效角度 θ 表示，即 $^BP_{i+1}$ 的姿态可以视为开始与 ^BP_i 的一致，然后绕 k 轴按右手规则转 θ 角所得。因此，$^BP_{i+1}$ 相对于 ^BP_i 的姿态记为 $^i_{i+1}R(k, \theta)$。

把等价转轴-转角用三维矢量 $^ik_{i+1} = k\theta[k_z, k_y, k_z]^T\theta$ 表示，$^BP_{i+1}$ 相对于 ^BP_i 的位置用三维矢量 $^Bp_{i+1}$ 表示，用 6×1 的矢量表示 $^iX_{i+1}$ 表示 $^BP_{i+1}$ 相对于 ^BP_i 的位姿，即

$$^iX_{i+1} = \begin{bmatrix} ^ip_{i+1} \\ ^ik_{i+1} \end{bmatrix} \tag{7.43}$$

两路径点之间的运动采用这种表示之后，就可以选择适当的样条函数，使这6个分量从一个路径点平滑地运动到下一点。例如带抛物线过渡的线性样条，使得两路径点间的路径是直线的，当经过路径点时，夹手运动的线速度和角速度将平稳变化。

另外还要说明的是，等效转角不是唯一的，因为 (k, θ) 等效于 $(k, \theta + n \times 360°)$，$n$ 为整数。从一路径点向下一点运动时，总的转角一般应取最小值，即使它小于180°。

在采用带抛物线过渡的线性轨迹规划方法时，需要附加一个约束条件：每个自由度的

过渡域持续时间必须相同，这样才能保证各自由度形成的复合运动在空间形成一条直线。因为相对各自由度在过渡域的时间相同，因而在过渡域的加速度便不相同。所以，在规定过渡域的持续时间时，应该计算相应的加速度，使之不要超过加速度的允许上限。

笛卡儿空间轨迹实时生成方法与关节空间相似，例如，带有抛物线过渡的线性轨迹，在线性域中，照搬公式(7.41)，X 的每一自由度按下式计算：

$$
\left.
\begin{aligned}
x &= x_j + \dot{x}_{jk} t \\
\dot{x} &= \dot{x}_{jk} \\
\ddot{x} &= 0
\end{aligned}
\right\}
\tag{7.44}
$$

其中，t 是从第 j 个路径点算起的时间；$\dot{x}_{jk}$ 是在轨迹规划过程中由类似于式(7.18)的方程求出的。在过渡域中，照搬公式(7.42)，每个自由度的轨迹按下式计算：

$$
\left.
\begin{aligned}
t_{inb} &= t - \left(\frac{1}{2} t_j + t_{jk} \right) \\
x &= x_j + \dot{x}_{jk}(t - t_{inb}) + \frac{1}{2} \ddot{x}_k t_{inb}^2 \\
\dot{x} &= \dot{x}_{jk} + \ddot{x}_k t_{inb} \\
\ddot{x} &= \ddot{x}_k
\end{aligned}
\right\}
\tag{7.45}
$$

其中，$\ddot{x}_k$，$\dot{x}_{jk}$，t_j 和 t_{jk} 的值在轨迹规划过程中算出，与关节空间的情况完全相同。

最后，必须将这些笛卡儿空间轨迹(X，$\dot{X}$ 和 $\ddot{X}$)转换成等价的关节空间的量。对此，可以通过求解逆运动学得到关节位移；用逆雅可比计算关节速度；用逆雅可比及其导数计算角加速度，在实际中往往采用简便的方法，即将 X 以轨迹更新速率转换成等效的驱动矩阵 $D(\lambda)$，再由运动学反解子程序计算相应的关节矢量 q，然后由数值微分计算 $\dot{q}$ 和 $\ddot{q}$。算法如下：

$$
\left.
\begin{aligned}
X &\to D(\lambda) \\
q(t) &= \text{Solve}(D(\lambda)) \\
\dot{q}(t) &= \frac{q(t) - q(t - \delta t)}{\delta t} \\
\ddot{q}(t) &= \frac{\dot{q}(t) - \dot{q}(t - \delta t)}{\delta t}
\end{aligned}
\right\}
\tag{7.46}
$$

根据计算结果 q，$\dot{q}$ 和 $\ddot{q}$，由控制系统执行。

7.5 本章小结

本章讨论了属于底层规划的机器人轨迹规划问题，它是在机械手运动学和动力学的基础上，研究关节空间和笛卡儿空间中机器人运动的轨迹规划和轨迹生成方法。在阐明轨迹规划应考虑的问题之后，着重讨论了关节空间轨迹的插值计算方法和笛卡儿空间路径轨迹规划方法，并简介了规划轨迹的实时生成方法。

习　题

7.1　已知一台单连杆机械手的关节静止位置为 $\theta = -5°$。该机械手从静止位置开始在 4s 内平滑转动到 $\theta = 80°$ 停止位置。试行下列计算：

(1) 计算完成此运动并使机械臂停在目标点的 3 次曲线的系数。

(2) 计算带抛物线过渡的线性插值的各个参数。

(3) 画出该关节的位移、速度和加速度曲线。

7.2　已知一台单连杆机械手的关节静止位置为 $\theta = -5°$。该机械手从静止位置开始在 4s 内平滑转动到 $\theta = 80°$ 位置并平滑地停止。试行下列计算：

(1) 计算带抛物线拟合的直线轨迹的各个参数。

(2) 画出该关节的位置、速度和加速度曲线。

7.3　平面机械手的两连杆长度均为 1m，要求从初始位置 $(x_0, y_0) = (1.96, 0.50)$ 移至终止位置 $(x_f, y_f) = (1.00, 0.75)$。初始位置和终止位置的速度和加速度均为 0，试求每一关节的三次多项式的系数。可把关节轨迹分成几段路径来求解。

7.4　六关节机械手沿着一条三次曲线通过 2 个中间点并停止在目标点需要计算几条不同的三次曲线？

7.5　针对以下两种情况，用 MATLAB 编写一个程序，以建立单关节多项式关节空间轨迹生成方程，对给定任务输出结果。对于每种情况，给出关节角、角速度、角加速度及角加速度变化率的多项式函数。

(1) 三阶多项式。令起始点和终止点的角速度为 0。已知初始点的 $\theta_0 = 120°$，终止点的 $\theta_f = 60°$，$t_f = 1s$。

(2) 五阶多项式。令起始点和终止点的角速度和角加速度均为 0。已知初始点的 $\theta_0 = 120°$，终止点的 $\theta_f = 60°$，$t_f = 1s$。把计算结果与(1)加以比较。

7.6　试求单个关节从 θ_0 运动到 θ_f 的三次样条(多项式)曲线，要求 $\dot{\theta}(0) = 0$，$\dot{\theta}(t_f) = 0$，而且 $\| \dot{\theta}(t) \| < \dot{\theta}_{max}$，$\| \dot{\theta}(t) \| < \dot{\theta}_{max} \|$，$\| \ddot{\theta}(t) \| < \ddot{\theta}_{max}(t)$，$t \in [0, t_f]$。求出三次多项式的系数及 t_f 值。

7.7　在 $[0, 1]$ 时间区间内，使用一条三次样条曲线轨迹 $\theta(t) = 10 + 90t^2 - 60t^3$。试求该轨迹的起始点和终止点的位置、速度和加速度。

7.8　在 $[0, 2]$ 时间区间内，使用一条三次样条曲线轨迹 $\theta(t) = 10 + 90t^2 - 60t^3$。试求该轨迹的起始点和终止点的位置、速度和加速度。

7.9 在[0，1]时间区间内，使用一条三次样条曲线轨迹 $\theta(t)=10+5t+70t^2-45t^3$。试求该轨迹的起始点和终止点的位置、速度和加速度。

7.10 在[0，2]时间区区内，使用一条三次样条曲线轨迹 $\theta(t)=10+5t+70t^2-45t^3$。试求该轨迹的起始点和终止点的位置、速度和加速度。

7.11 一台单连杆旋转式机械手停在初始位置 $\theta=-5°$ 处，要求在 4s 内平滑移动它至目标位置 $\phi=80°$，并实现平滑停车。当路径为混合抛物线的线性轨迹时，试计算此轨迹的相应参数，并画出此关节的位置、速度和加速度随时间变化的曲线。

7.12 已知

$$\phi_1(t)=a_{10}+a_{11}t+a_{12}t^2+a_{13}t^3$$

和

$$\phi_2(t)=a_{20}+a_{21}t+a_{22}t^2+a_{23}t^3$$

为两个描述某个经过中间点的两段连续加速度样条函数的三次方程式。令初始角度为 θ_0，中间点位置 θ_v，目标点为 θ_g。每个三次方程式将在 $t=0$（开始时间）至 $t=t_{fi}$（结束时间，$i=1，2$）时间隔内进行计算。强加约束如下：

$$\theta_0=a_{10}$$
$$\theta_v=a_{10}+a_{11}t_{f1}+a_{12}t_{f1}^2+a_{13}t_{f1}^3$$
$$\theta_v=a_{20}$$
$$\theta_2=a_{20}+2a_{21}t_{f2}+a_{22}t_{f2}^2+a_{23}t_{f2}^3$$
$$0=a_{11}$$
$$0=a_{21}+2a_{22}t_{f2}+3a_{23}t_{f2}^2$$
$$a_{11}+2a_{12}t_{f1}+3a_{13}t_{f1}^2=a_{21}$$
$$2a_{12}+6a_{13}t_{f1}=2a_{22}$$

对于 $\theta_0=5°$，$\theta_v=15°$，$\theta_g=40°$ 以及每段持续时间为 1s 时，画出这两段连续轨迹的关节位置、速度和加速度图。

第 **8** 章

机器人编程

机器人运动和控制两者在机器人的程序编制上得到有机结合，机器人程序设计是实现人与机器人通信的主要方法，也是研究机器人系统的最困难和关键的问题之一。编程系统的核心问题是操作运动控制问题。

对机器人的编程程度决定了此机器人的适应性。例如，机器人能否执行复杂顺序的任务，能否快速地从一种操作方式转换到另一种操作方式，能否在特定环境中做出决策？所有这些问题，在很大程度上都是程序设计所考虑的问题，而且与机器人的控制问题密切相关。

8.1 机器人编程要求与语言类型

由于机器人的机构和运动均与一般机械不同，因而其程序设计也具有特色，进而对机器人程序设计提出特别要求。

8.1.1 对机器人编程的要求

1. 能够建立世界模型（world model）

机器人编程需要一种描述物体在三维空间内运动的方法。存在具体的几何形式是机器人编程语言最普通的组成部分。物体的所有运动都以相对于基坐标系的工具坐标来描述。机器人语言应当具有对世界（环境）的建模功能。

2. 能够描述机器人的作业

对机器人作业的描述与其环境模型密切相关，描述水平决定了编程语言水平。其中以自然语言输入为最高水平。现有的机器人语言需要给出作业顺序，由语法和词法定义输入语言，并由它描述整个作业。例如，装配作业可描述为世界模型的一系列状态，这些状态可用工作空间内所有物体的形态给定。这些形态可利用物体间的空间关系来说明。

3. 能够描述机器人的运动

机器人编程语言的基本功能之一就是描述机器人需要进行的运动。用户能够运用语言中的运动语句，与路径规划器和发生器连接，允许用户规定路径上的点及目标点，决定是否采用点插补运动或笛卡儿直线运动。用户还可以控制运动速度或运动持续时间。

4. 允许用户规定执行流程

机器人编程系统允许用户规定执行流程，包括试验和转移、循环、调用子程序以至中断等，这与同一般的计算机编程语言一样。

5. 要有良好的编程环境

一个好的计算机编程环境有助于提高程序员的工作效率。机械手的程序编制是困难的，其编程趋向于试探对话式。如果用户忙于应付连续重复的编译语言的编辑-编译-执行循环，那么其工作效率必然是低的。因此，现在大多数机器人编程语言含有中断功能，以便能够在程序开发和调试过程中每次只执行一条单独语句。典型的编程支撑（如文本编辑调试程序）和文件系统也是需要的。

6. 需要人机接口和综合传感信号

要求在编程和作业过程中，便于人与机器人之间进行信息交换，以便在运动出现故障时能及时处理，确保安全。而且，随着作业环境和作业内容复杂程度的增加，需要有功能强大的人机接口。

机器人语言的一个极其重要的部分是与传感器的相互作用。语言系统应能提供一般的决策结构，以便根据传感器的信息来控制程序的流程。

8.1.2　机器人编程语言的类型

机器人语言尽管有很多分类方法，但根据作业描述水平的高低，通常可分为三级：①动作级；②对象级；③任务级。

1. 动作级编程语言

动作级语言是以机器人的运动作为描述中心，通常由指挥夹手从一个位置到另一个位置的一系列命令组成。动作级语言的每一个命令（指令）对应于一个动作。如可以定义机器人的运动序列（MOVE），基本语句形式为：

$$MOVE\ TO\ (destination)$$

动作级语言的代表是 VAL 语言，它的语句比较简单，易于编程。动作级语言的缺点是不能进行复杂的数学运算，不能接受复杂的传感器信息，仅能接受传感器的开关信号，并且和其他计算机的通信能力很差。VAL 语言不提供浮点数或字符串，而且子程序不含自变量。

动作级编程又可分为关节级编程和终端执行器编程两种。

（1）关节级编程

关节级编程程序给出机器人各关节位移的时间序列。这种程序可以用汇编语言、简单的编程指令实现，也可通过示教盒示教或键入示教实现。

关节级编程是一种在关节坐标系中工作的初级编程方法，用于直角坐标型机器人和圆柱坐标型机器人编程尚较为简便。但用于关节型机器人，即使完成简单的作业，也首先要做运动综合才能编程，整个编程过程很不方便。

（2）终端执行器级编程

终端执行器级编程是一种在作业空间内直角坐标系里工作的编程方法。

终端执行器级编程程序给出机器人终端执行器的位姿和辅助机能的时间序列，包括力觉、触觉、视觉等机能以及作业用量、作业工具的选定等。这种语言的指令由系统软件解释执行。可提供简单的条件分支，可应用子程序，并提供较强的感受处理功能和工具使用功能，这类语言有的还具有并行功能。

2. 对象级编程语言

对象级语言解决了动作级语言的不足，它是描述操作物体间关系使机器人动作的语言，即是以描述操作物体之间的关系为中心的语言，这类语言有 AML、AUTOPASS 等。

AUTOPASS 是一种用于计算机控制下进行机械零件装配的自动编程系统，这一编程系统面对作业对象及装配操作而不直接面对装配机器人的运动。

3. 任务级编程语言

任务级语言是比较高级的机器人语言，这类语言允许使用者对工作任务所要求达到的目标直接下命令，不需要规定机器人所做的每一个动作的细节。只要按某种原则给出最初的环境模型和最终工作状态，机器人可自动进行推理、计算，最后自动生成机器人的动作。任务级语言的概念类似于人工智能中程序自动生成的概念。任务级机器人编程系统能够自动执行许多规划任务。

各种机器人编程语言具有不同的设计特点，它们是由许多因素决定的。这些因素包括：

1）语言模式，如文本、清单等。

2）语言形式，如子程序、新语言等。

3）几何学数据形式，如坐标系、关节转角、矢量变换、旋转以及路径等。

4）旋转矩阵的规定与表示，如旋转矩阵、矢量角、四元数组、欧拉角以及滚动-偏航-俯仰角等。

5）控制多个机械手的能力。

6）控制结构，如状态标记等。

7）控制模式，如位置、偏移力、柔顺运动、视觉伺服、传送带及物体跟踪等。

8）运动形式，如两点间的坐标关系、两点间的直线、连接几个点、连续路径、隐式几何图形（如圆周）等。

9）信号线，如二进制输入/输出，模拟输入/输出等。

10）传感器接口，如视觉、力/力矩、接近度传感器和限位开关等。

11）支援模块，如文件编辑程序、文件系统、解释程序、编译程序、模拟程序、宏程序、指令文件、分段联机、差错联机、HELP 功能以及指导诊断程序等。

12）调试性能，如信号分级变化、中断点和自动记录等。

8.2 机器人语言系统结构和基本功能

8.2.1 机器人语言系统的结构

如同其他计算机语言一样，机器人语言实际上是一个语言系统，机器人语言系统既包含语言本身——给出作业指示和动作指示，同时又包含处理系统——根据上述指示来控制机器人系统。机器人语言系统如图 8-1 所示，它能够支持机器人编程、控制，以及与外围设备、传感器和机器人接口；同时还能支持和计算机系统的通信。

机器人语言操作系统包括三个基本的操作状态：① 监控状态；② 编辑状态；③ 执行状态。

监控状态是用来进行整个系统的监督控制的。在监控状态，操作者可以用示教盒定义机器人在空间的位置，设置机器人的运动速度，存储和调出程序等。

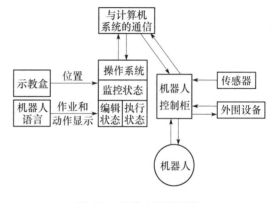

图 8-1　机器人语言系统

编辑状态是提供操作者编制程序或编辑程序的。尽管不同语言的编辑操作不同，但一般均包括：写入指令、修改或删去指令以及插入指令等。

执行状态是用来执行机器人程序的。在执行状态，机器人执行程序的每一条指令，操作者可通过调试程序来修改错误。例如，在程序执行过程中，某一位置关节角超过限制，因此机器人不能执行，在 CRT 上显示错误信息，并停止运行。操作者可返回到编辑状态修改程序。大多数机器人语言允许在程序执行过程中，直接返回到监控或编辑状态。

和计算机编程语言类似，机器人语言程序可以编译，即把机器人源程序转换成机器码，以便机器人控制柜能直接读取和执行；编译后的程序，运行速度将大大加快。

8.2.2 机器人编程语言的基本功能

机器人的任务程序员通过编程能够指挥机器人系统去完成的分立单一动作就是基本程序功能。例如，把工具移动至某一指定位置，操作末端执行装置，或者从传感器或手调输入装置读数等。机器人工作站系统程序员的责任是选用一套对作业程序员工作最有用的基本功能。这些基本功能包括运算、决策、通信、机械手运动、工具指令以及传感器数据处理等。许多正在运行的机器人系统，只提供机械手运动和工具指令以及某些简单的传感数据处理功能。

1. 运算

在作业过程中执行的规定运算能力是机器人控制系统最重要的能力之一。

如果机器人未装有任何传感器，那么就可能不需要对机器人程序规定什么运算。没有传感器的机器人只不过是一台适于编程的数控机器。

装有传感器的机器人所进行的一些最有用的运算是解析几何计算。这些运算结果能使机器人自行做出决定，在下一步把工具或夹手置于何处。

2. 决策

机器人系统能够根据传感器输入信息做出决策，而不必执行任何运算。按照未处理的传感器数据计算得到的结果，是做出下一步该干什么这类决策的基础。这种决策能力使机器人控制系统的功能更强有力。

3. 通信

机器人系统与操作人员之间的通信能力，允许机器人要求操作人员提供信息、告诉操作者下一步该干什么，以及让操作者知道机器人打算干什么。人和机器能够通过许多不同方式进行通信。

4. 机械手运动

可用许多不同方法来规定机械手的运动。最简单的方法是向各关节伺服装置提供一组关节位置，然后等待伺服装置到达这些规定位置。比较复杂的方法是在机械手工作空间内插入一些中间位置。这种程序使所有关节同时开始运动和同时停止运动。用与机械手的形状无关的坐标来表示工具位置是更先进的方法，而且(除 X-Y-Z 机械手外)需要用一台计算机对解答进行计算。在笛卡儿空间内插入工具位置能使工具端点沿着路径跟随轨迹平滑运动。引入一个参考坐标系，用以描述工具位置，然后让该坐标系运动。这对许多情况是很方便的。

5. 工具指令

一个工具控制指令通常是由闭合某个开关或继电器而开始触发的，而继电器又可能把电源接通或断开，以直接控制工具运动，或者送出一个小功率信号给电子控制器，让后者去控制工具。直接控制是最简单的方法，而且对控制系统的要求也较少。可以用传感器来感受工具运动及其功能的执行情况。

6. 传感器数据处理

用于机械手控制的通用计算机只有与传感器连接起来，才能发挥其全部效用。我们已经知道，传感器具有多种形式。此外，我们按照功能，把传感器概括如下：

1）内体感受器用于感受机械手或其他由计算机控制的关节式机构的位置。

2）触觉传感器用于感受工具与物体(工件)间的实际接触。

3）接近度或距离传感器用于感受工具到工件或障碍物的距离。

4）力和力矩传感器用于感受装配(如把销钉插入孔内)时所产生的力和力矩。

5）视觉传感器用于"看见"工作空间内的物体，确定物体的位置或(和)识别它们的形状等。

传感数据处理是许多机器人程序编制的十分重要而又复杂的组成部分。

8.3　机器人操作系统 ROS

机器人操作系统（Robot Operating System，ROS）是用于编写机器人软件程序的一种具有高度灵活性的软件架构，一个适用于机器人的开源元操作系统。ROS 提供了操作系统应有的服务，包括硬件抽象、底层设备控制、常用函数实现、进程消息传递以及包管理等，并提供了用于获取、编译、编写代码和跨计算机运行代码所需的工具及库函数。ROS 的首要设计目标是在机器人研发领域提高代码复用率，缩短机器人研发周期。因此，ROS 被设计成一种分布式处理框架，这些进程被封装在易于分享和发布的程序包与功能包中。ROS 也支持一种类似于代码存储库的联合系统，这个系统可以实现工程的协作及发布；这一设计使得工程的开发和实现可以从文件系统到用户接口完全独立，同时，所有的工程都可以被 ROS 的基础工具整合在一起。

ROS 系统起源于 2007 年斯坦福大学人工智能实验室（STandford AI Robot，STAIR）与机器人技术公司 Willow Garage 的个人机器人 PR 项目（Personal Robotics Project）之间的合作。2008 年之后就由 Willow Garage 公司来进行推动。2010 年该公司发布了开源机器人操作系统 ROS，一经发布就很快在机器人研究领域引发了学习和使用的热潮。

1. ROS 的开发环境

ROS 目前主要支持在 Linux 系统上安装部署，它的首选开发平台是 Ubuntu。时至今日，ROS 已经相继更新推出了多种版本，供不同版本的 Ubuntu 开发者使用。为了提供最稳定的开发环境，ROS 的每个版本都有一个推荐运行的 Ubuntu 版本。与此同时，微软公司的 Windows 10 IoT Enterprise 也已与 ROS 生态系统进行集成，微软的介入预示着 ROS 生态系统的大变动，Windows 系统对 ROS 的支持也指日可待。

2. ROS 的主要特点

经过十余年的发展，ROS 因其众多优点获得用户的广泛支持和大力推广，如今已成为一种流行的通用机器人系统仿真和软件开发平台。ROS 的主要特点如下：

（1）点对点设计

一个使用 ROS 的系统包括一系列进程，这些进程存在于多个不同的主机并且在运行过程中通过端对端的拓扑结构进行联系。ROS 的点对点设计以及服务和节点管理器等机制可以分担机器人实时计算的压力，适应多机器人遇到的挑战。

（2）支持多种语言

ROS 节点间的通信采用 XML/RPC 协议，支持多种开发语言，为熟悉不同语言（例如 C++、Python 等）的开发者提供了便利，也包含其他语言的多种接口实现。

（3）精简与集成

ROS 建立的系统具有模块化的特点，各模块中的代码可以单独编译，而且编译使用的 CMake 工具使其很容易实现精简的理念。ROS 不修改用户的 main()函数，所以代码可以被其他的机器人软件使用，很容易和其他机器人软件平台集成。ROS 集成了众多的开源机器人开发包，如针对机器人运动规划、操纵和导航的 MoveIt，图像处理和视觉方面的 OpenCV 和 PCL 开源库等。

（4）工具包丰富

ROS 利用了大量的小工具来编译和运行多种多样的 ROS 组件，设计成内核，而不是构建一个庞大的开发和运行环境。这些工具可完成各种各样的任务，例如，组织源代码的结构，获取和设置配置参数，形象化端对端的拓扑连接，生动地描绘信息数据，自动生成文档等。

（5）免费且开源

ROS 遵从 BSD 协议，整个系统完全免费且所有的源代码都是公开发布的，允许进行各种商业和非商业的工程开发。

3. ROS 的总体框架

ROS 系统的总体框架分三级：文件系统级、计算图级和社区级。

（1）文件系统级

ROS 文件系统级指的是在硬盘上查看的 ROS 源代码的组织形式。ROS 中有无数的节点、消息、服务、工具和库文件，需要有效的结构去管理这些代码。在 ROS 的文件系统级，有以下几个重要概念：

①软件包。ROS 的软件以包的方式组织起来。软件包里面有节点、ROS 依赖库、数据套、配置文件、第三方软件或者任何其他逻辑构成。软件包能够提供一种易于使用的结构以便于软件的重复使用。

②堆栈。ROS 中的软件包被组织成 ROS 堆栈，堆栈是软件包的集合，它提供一个完整的功能。堆栈是 ROS 中分发软件的主要机制，每个堆栈都有一个关联的版本，并且可以声明对其他堆栈的依赖关系。这些依赖项还声明了版本号，从而提供更高的开发稳定性。

③软件包清单。软件包清单提供有关软件包的元数据，包括其名称、版本、描述、许可证信息、依赖关系以及其他元信息。

（2）计算图级

ROS 最核心的计算图级包括节点、节点管理器、参数服务器、消息、服务、主题等，如图 8-2 所示。

在运行程序时，所有进程及它们进行的数据处理就会通过节点、节点管理器、消息、服务、主题等表现出来。这一级包括 ROS 的几个核心概念：

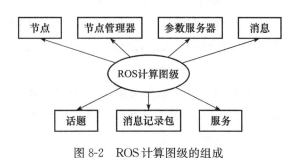

图 8-2   ROS 计算图级的组成

①节点(node)。节点是 ROS 的分布式处理框架下实现功能的单元,是执行具体任务的进程和独立运行的可执行文件。

②节点管理器(ROS master)。节点管理器是节点的控制中心,由于系统中的节点必须有唯一的命名,节点管理器为节点提供命名和注册服务,节点管理器还能跟踪和记录节点间的通信,辅助节点间的互相查找和连接的建立,并且提供节点存储和检索运行时的参数服务器。

③话题(topic)。话题是 ROS 节点之间的一种异步通信机制,话题通信由发布者(publisher)和订阅者(subscriber)组成,话题通信的数据称为消息,如图 8-3 所示。

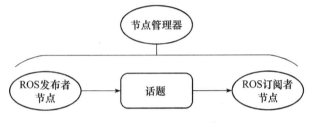

图 8-3　ROS 的话题通信

节点间进行话题通信时,发布者节点向节点管理器注册发布者的信息,包含所要发布消息的话题名和消息类型,随后节点管理器会将该节点的注册信息放入注册列表中存储起来,以等待接受此话题的订阅者。与此同时,订阅者向节点管理器注册订阅者的信息,包括所需订阅的话题名。节点管理器根据订阅者所需的订阅话题在注册列表上寻找与之匹配的话题,如果没有找到匹配的发布者,则等待发布者的加入;如果找到可以与之匹配的发布者信息,经过确认后发布者就和订阅者建立了通信联系,发布者开始向订阅者传送消息。

④服务(service)。有时单向话题通信满足不了开发者的通信要求。例如,当一些节点只是临时而非周期性地需要某些数据,如果用话题通信方式时就会消耗大量不必要的系统资源,造成系统的低效率高功耗。为了解决以上问题,服务通信在通信模型上与话题做了区别,如图 8-4 所示。

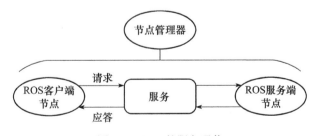

图 8-4　ROS 的服务通信

服务通信是一种双向的同步通信机制,它不仅可以发送消息,同时还会有反馈。服务通信包括两部分,一部分是客户端(Client),另一部分是服务端(Server)。通信时客户端就会发送请求(request),等待服务端处理,反馈一个应答(response),这样通过类似“请求-应答”机制完成整个服务通信。

（3）社区级

ROS 的社区级使单独的社区能够交换软件和知识的 ROS 资源，包括发行版、存储库、ROS Wiki 等。

8.4 常用的工业机器人编程语言

常用的国外机器人语言列表示于表 8-1。下面举例介绍几种常用的机器人专用编程语言。

表 8-1   国外主要的机器人语言

序号	语言名称	国家	研究单位	简要说明
1	AL	美	Stanford AI Lab.	机器人动作及对象物描述
2	AUTOPASS	美	IBM Watson Research Lab.	组装机器人用语言
3	LAMA-S	美	MIT	高级机器人语言
4	VAL	美	Unimation 公司	PUMA 机器人（采用 MC6800 和 LSI11 两级微型机）语言
5	ARIL	美	AUTOMATIC 公司	用视觉传感器检查零件用的机器人语言
6	WAVE	美	Stanford AI Lab.	操作器控制符号语言
7	DIAL	美	Charles Stark Draper Lab.	具有 RCC 柔顺性手腕控制的特殊指令
8	RPL	美	Stanford RI Int.	可与 Unimation 机器人操作程序结合预先定义程序库
9	TEACH	美	Bendix Corporation	适于两臂协调动作和 VAL 同样是使用范围广的语言
10	MCL	美	McDonnell Douglas Corporation	编程机器人、NC 机床传感器、摄像机及其控制的计算机综合制造语言
11	INDA	美、英	SIR International and Philips	相当于 RTL/2 编程语言的子集，处理系统使用方便
12	RAPT	英	University of Edinburgh	类似 NC 语言 APT（用 DEC20. LSI11/2 微型机）
13	LM	法	AI Group of IMAG	类似 PASCAL，数据定义类似 AL。用于装配机器人（用 LS11/3 微型机）
14	ROBEX	德	Machine Tool Lab. TH Archen	具有与高级 NC 语言 EXAPT 相似结构的编程语言
15	SIGLA	意	Olivetti	SIGMA 机器人语言
16	MAL	意	Milan Polytechnic	两臂机器人装配语言，其特征是方便、易于编程
17	SERF	日	三协精机	SKILAM 装配机器人（用 Z-80 微型机）
18	PLAW	日	小松制作所	RW 系列弧焊机器人
19	IML	日	九州大学	动作级机器人语言
20	Python	荷	Guido van Rossum	解释型脚本语言

8.4.1 VAL 语言

1979 年美国 Unimation 公司推出的 VAL 语言，初期适用于 LSI-11/03 小型计算机上运行，后来改进为 VAL-II 则可在 LSI-11/23 上运行。

VAL 语言是在 BASIC 语言的基础上扩展的机器人语言，它具有 BASIC 式的结构，在此基础上添加了一批机器人编程指令和 VAL 监控操作系统。此操作系统包括用户交联、编辑和磁盘管理等部分。VAL 语言可连续实时运算，迅速实现复杂的运动控制。

VAL 语言适用于机器人两级控制系统，上级机是 LSI-11/23，机器人各关节则由 6503 微处理器控制。上级机还可以和用户终端、软盘、示教盒、I/O 模块和机器视觉模块等交联。

调试过程中 VAL 语言可以和 BASIC 语言及 6503 汇编语言联合使用。

VAL 语言目前主要用在各种类型的 PUMA 机器人以及 UNIMATE 2000 和 UNIMATE 4000 系列机器人上。

VAL 语言的主要特点是：

1）编程方法和全部指令可用于多种计算机控制的机器人。

2）指令简明，指令语句由指令字及数据组成，实时及离线编程均可应用。

3）指令及功能均可扩展，可用于装配线及制造过程控制。

4）可调用子程序组成复杂操作控制。

5）可连续实时计算，迅速实现复杂运动控制；能连续产生机器人控制指令，同时实现人机交联。

在 VAL 语言中，机器人终端位置和姿势用齐次变换表征。当精度要求较高时，可用精确点位的数据表征终端位置和姿势。

VAL 语言包括监控指令和程序指令两部分。

8.4.2　SIGLA 语言

SIGLA 是意大利 OLIVETTI 公司研制的一种简单的非文本型类语言。用于对直角坐标式的 SIGMA 型装配机器人进行数字控制。

SIGLA 可以在 RAM 大于 8k 的微型计算机上执行，不需要后台计算机支持，在执行中解释程序和操作系统可由磁带输入，约占 4k RAM，也可事先固化在 PROM 中。

SIGLA 类语言有多个指令字，它的主要特点是为用户提供了定义机器人任务的能力。在 SIGMA 型机器人上，装配任务常由若干子任务组成：

1）取螺丝刀。

2）在螺钉上料器上取螺钉 A。

3）搬运螺钉 A。

4）螺钉 A 定位。

5）螺钉 A 装入。

6）上紧螺钉 A。

为了完成对子任务的描述及将子任务进行相应的组合，SIGLA 设计了 32 个指令定义字。要求这些指令定义字能够：

1）描述各种子任务。

2）将各子任务组合起来成为可执行的任务。

这些指令字共分 6 类：

1）输入输出指令。

2）逻辑指令，完成比较、逻辑判断、控制指令执行顺序。

3）几何指令，定义子坐标系。

4）调子程序指令。

5）逻辑连锁指令，协调两个手臂的镜面对称操作。

6）编辑指令。

8.4.3　IML 语言

IML(Interactive Manipulator Language)语言是日本九州大学开发的一种对话性好、简单易学、面向应用的机器人语言。它和 VAL 等语言一样，是一种着眼于末端执行器动作进行编程的动作级语言。

IML 语言使用的数据类型有标量(整数或实数)、由六个标量组成的矢量、逻辑型数据(如果为真，则取值为−1；如果为假，则取值为 0)。用直角坐标系(O-XYZ)来描述机器人和目标物体的位姿，使人容易理解，而且坐标系与机器人的结构无关。物体在三维空间的位姿由六维向量 $[x, y, z, \phi, \theta, \varphi]^\mathrm{T}$ 来描述，其中 x、y、z 表示位姿；ϕ(roll)、θ(pitch)、φ(yaw)表示姿态。直角坐标系又分为固定在机器人上的机座坐标系和固定在操作空间的工作坐标系。IML 语言的命令以指令形式给出，由解释程序来解释。指令又可以分为由系统提供的基本指令和由使用者用基本指令定义的用户指令。

用户可以使用 IML 语言给出机器人的工作点、操作路线，或给出目标物体的位置、姿态，直接操纵机器人。除此之外，IML 语言还有如下一些特征：

1）描述往返运作可以不用循环语句。

2）可以直接在工作坐标系内使用。

3）能把要示教的轨迹(末端执行器位姿向量的变化)定义成指令，加入语言中。所示教的数据还可以用力控制方式再现出来。

8.4.4　AL 语言

AL 语言是由美国斯坦福大学人工智能实验室开发的，它基于 ALGOL 且可与 PASCAL 共用。AL 语言原设计用于有传感反馈的多个机械手并行或协同控制的编程。完整的 AL 系统硬件应包括后台计算机、控制计算机和多台在线微型计算机。例如以 PDP10 作为后台计算机，完成程序的编辑和装配，在 PDP11 上运行程序，对机器人进行控制。

AL 语言的基本功能语句如下：

1）标量（SCALAR）：这是 AL 语言的基本数据形式，可进行加、减、乘、除、指数 5 种运算，并进行三角函数及自然对数、指数的变换。AL 中的标量可为时间（TIME），距离（DISTANCE），角度（ANGLE），力（FORCE）及其组合。

2）向量（VECTOR）：用来描述位置，可进行加减、内积、外积及与标量相乘、相除等运算。

3）旋转（ROT）：用来描述某轴的旋转或绕某轴旋转，其数据形式是向量。

4）坐标系（FRAME）：用来描述操作空间中物体的位置和姿势。

5）变换（TRANS）：用来进行坐标变换，包括向量和旋转两个因素。

6）块结构形式：用 BEGIN 和 END 作一串语句的首尾，组成程序块，描述作业情况。

7）运动语句（MOVE），描述手的运动，如从一个位置移动到另一个位置。

8）手的开合运动（OPEN，CLOSE）。

9）两物体结合的操作（AFFIX，UNFIX）。

10）力觉的处理功能。

11）力的稳定性控制。主要用于装配作业中，如对销钉插入销孔这种典型操作应控制销钉与孔的接触力。

12）同时控制多台机械手的运动语句为 COBEGIN，COEND。此时，多台机械手同时执行上述语句所包括的程序。

13）可使用子程序及数组（PROCEDURE，ARRAY）。

14）可与 VAL 语言进行信息交流。

近年来又推出了小型 AL 系统，它可以在 PDP11/45 小型计算机上运行。语句基本用 PASCAL 语言写成。可供工业应用。

8.5　解释型脚本语言 Python

荷兰人吉多·范罗苏姆（Guido van Rossum）于 1989 年开始开发了一个新的脚本解释程序，作为 ABC 语言的一种继承，并以 Python（大蟒蛇）作为该编程语言的名称。Python 自诞生之日起就是一种天生开放的语言。

2000 年 10 月，Python 2.0 发布。自 2004 年开始，Python 语言逐渐引起广泛关注，使用用户率呈线性增长。2008 年 12 月 Python 3.0 发布。此后，Python 语言成为最受欢迎的程序设计语言之一。

Python 是一种跨平台的解释型脚本语言，具有解释性、编译性、互动性和面向对象等特点。Python 语言因其简洁性、易读性以及可扩展性，深受广大用户的青睐，已在科学计算、人工智能、软件开发、后端开发、网络爬虫等方面得到广泛应用。

Python 语言容易上手，但它跟传统的高级程序设计语言（如 C/C++ 语言、Java、C#

等)存在较大的差别，比较直观的差别是它跟其他语言的编程风格不一样。Python 语言主要是用缩进和左对齐的方式来表示语句的逻辑关系，而其他高级语言则通常用大括号"{}"来表示。本节主要介绍 Python 语言的基本语法，以便为人工智能编程提供支撑。

8.5.1　Python 语言的基本数据结构

Python 语言常用的数据结构包括列表(list)、元组(tuple)、字典(dict)以及集合(set)等，下面分别介绍。

1. 列表

列表是 Python 语言中的一种序列结构，使用非常频繁，其作用类似于 C/C++ 语言的数组，其中元素都是有序的。不同的是，列表这种结构中可以存放不同类型的元素，甚至列表可以嵌套列表，而且其长度可动态扩展。

例如，下面是一些定义列表的语句：

```
a = [1,2,3,4]
print('c=',a)
b = a.copy()
c = a
c[1]='aa'
print('a=',a);print('b=',b);print('c=',c)
```

执行上述代码后，会产生下列的结果：

```
c = [1,2,3,4]
a = [1,'aa',3,4]
b = [1,2,3,4]
c = [1,'aa',3,4]
```

2. 元组

元组也是 Python 语言中的一种序列结构。与列表不同的是，元组是一种固定的序列结构，而且一旦定义，其中的元素是不可更改和删除的。如果要修改，只能将整个元组进行删除，然后再重建。

下面是定义元组的几个例子：

```
t1 = ()                  # 定义一个空元组,等价于 t1 = tuple()
print('t1 的类型是:',type(t1))
t2 = (3,)                # 定义元组(3),注意,后面的逗号","不能省略,否则变成整数 3
print('t2 的类型是:',type(t2))
t3 = (3)                 # t3 是整数 3,而不是元组(3)
print('t3 的类型是:',type(t3))
t4 = ('a',1,2)           # 当有多个元素时,最后一个逗号可要可不要,
                         # 因此也可以写为:t4 = ('a',1,2,)
print('t4=',t4)
```

```
print('t4 的第二个元素是：',t4[1])  # 可以利用索引来访问列表中的元素，
                                 # 但不能修改或删除其中的元素
```

3. 字典

字典也是一种序列结构，与列表不同的是，字典中的元素是"键-值对"，而且其中的元素是无序的，"键"在字典中不能重复（"值"可以重复）。

列表用中括号"[]"来定义，而字典是用大括号"{}"来定义的。例如，下面是定义字典的几个例子：

```
d1 = {}                    # 注意，这是字典的定义，而非集合的定义
d2 = dict()                # d1 和 d2 都是定义空字典
print(type(d1),type(d2))   # 输出 d1 和 d2 的类型
d3 = {'a':1,'b':2,'c':3}   # 'a','b','c'是键名，1,2,3分别是键'a','b','c'的值
print(d3)
# print(d3[1])             # 该语句错误，因为字典中的元素是无序的，
                           # 因而元素就没有索引号，不能用索引来访问元素
```

字典元素的访问方法有多种，常用的方法是用键名来访问或修改键值。例如：

```
d = {'a':1,'b':2,'c':3}
print(d['c'])              # 读取字典的键值 3(利用键名'c'来实现)
d['c'] = 300               # 修改字典的键值(键名'c'对应的键值)
print(d)
d['d'] = 400               # 增加一个键-值对——'d':400
```

比较推荐的字典元素访问方法是字典对象的 get() 函数。该函数的调用格式是：

字典名.get(键名,value)

其中参数 value 是预先指定的。该函数的作用是，如果字典中存在该键名，则该函数返回该键名对应的键值，否则返回 value 的值。例如，下列语句用于统计字符串 s 中各种字符出现的频率：

```
s = 'AAAbbbDDDd888D**^^'
d = {}
for v in s:
    d[v] = d.get(v,0) + 1
print(d)
```

执行上述代码，结果如下：

```
{'A':3,'b':3,'D':4,'d':1,'8':3,'*':2,'^':2}
```

4. 集合

集合是一种无序且可变长度的序列结构。因为是无序的，所以不能使用索引访问集合中的元素；因为是可变长度的，所以可以动态添加和删除集合中的元素。此外，集合这种数据结构还拥有数学上集合的运算特征，如集合的并、交、差等。

下面是定义集合的例子:

```
a = set()                       # 定义一个空的集合 a,注意:不能写成 a = {}
b = {1,'a',3}                   # 定义集合 b
c = ['a',1,2,'b']              # 定义列表 c
d = set(c)                     # 将列表 c 转化为集合 d
```

集合的操作主要包括集合的并集、交集、差集、对称差等。以下是相关的例子:

```
a = {2,1,3};
b = {2,3,4,5}
c1 = a|b                       # 并集
c2 = a.union(b)                # 并集
d1 = a & b                     # 交集
d2 = a.intersection(b)         # 交集
e1 = a - b                     # 差集
e2 = a.difference(b)           # 差集
f1 = a^b                       # 对称差
f2 = a.symmetric_difference(b) # 对称差
print(a.issubset(b))           # 判断 a 是否为 b 的一个子集
```

8.5.2 选择结构和循环结构

和其他高级程序设计语言一样,Python 语言也有自己的选择结构和循环结构,对应的语句分别是 if 语句、for 语句和 while 语句。这三种语句都要用到条件表达式,这里简要介绍一下。

在 Python 中,任何合法的表达式都可以作为条件表达式。只要条件表达式的值不是 False、0、空值(None)、空列表、空元组、空集合、空字符串、空 range 对象或其他空迭代对象,解释器均认为与 True 等价。其用到的关系运算符和 C 语言相似,如<、>、==、<=、>=、!=等,逻辑运算符包括 and、or、not,测试运算符包括 in、not in、is、is not 等。

1. if 语句

if 语句的语法结构如下:

```
if  条件表达式 1:
     语句块 1
elif  条件表达式 2:
     语句块 2
     …
elif  条件表达式 n−1:
     语句块 n−1
else  条件表达式 n:
     语句块 n
```

2. for 语句

在 Python 语言中，for 语句非常灵活，一般结合列表、字典、集合等基本数据结构一起使用，这跟 C/C++ 、Java、C# 等高级程序设计语言有很大的差别。for 语句一般用于循环次数可以事先确定的情况，其语法格式如下：

for 变量 in 序列或迭代对象：
    循环体

下面是相应的例子：

```
a = [1,2,'b',{100,200}]
print('列表 a 中的元素:')
for v in a:            # 打印列表 a 中的元素
    print(v)
```

3. while 语句

while 语句一般用于循环次数难以确定的情况，其语法格式如下：

while 条件表达式：
    循环体

例如，下列代码用于计算 100 以内的质数：

```
n = 100;i = 2;r = []
while i <= n:
    j = 2
    while j < i:
        if i%j == 0:
            break
        j += 1
    if j >= i:
        r.append(i)
    i += 1
print('100 以内的质数包括:',r)
```

8.5.3 Python 的函数

和 C 语言等其他高级程序设计语言一样，Python 语言也提供了函数定义功能，以方便程序的模块化设计。

函数的定义和调用

在 Python 语言中，定义函数的语法格式如下：

def 函数名([参数列表])：
    ["注释"]
    函数体

其中，def 是定义函数的关键字，其后面是函数名，接着是参数(0 个或多个)，参数不需要申明类型。紧跟括号后面的是半角冒号"："，这个冒号是不能省略的。第二行可以加注释，也可以不加。接着后面是函数体，函数体最后一条语句可以是 return 语句，也可以不是，根据需要而定。函数体相对于关键字 def 必须缩进至少一个字符，一般是缩进四个字符。

当以下列这种形式定义形参时，表示可以接受任意多个实参，调用时将它们"组装"到一个元组中。例如，下面先定义这种函数：

```
def f(*p):
    print(type(p))
    print(p)
```

然后调用上面的函数：

```
a = [1,2,3,4,5]
b = {6,9}
c = {'a':20}
f(a,b,c)
f(1,2,3,4)
```

结果输出如下：

```
< class 'tuple'>
([1,2,3,4,5],{9,6},{'a':20})
< class 'tuple'>
(1,2,3,4)
```

可以看到，实参确实被"组装"到了一个元组中。

通过引入一些计算模块，Python 语言可以实现强大的向量计算和数据处理，完成复杂的机器学习任务。

8.6 基于 MATLAB 的机器人学仿真

MATLAB 是由美国 Mathworks 公司发布的主要面向科学计算、可视化以及交互式程序设计的计算环境。它将数值分析、矩阵计算、科学数据可视化以及非线性动态系统的建模和仿真等诸多强大功能集成在一个易于使用的视窗环境中，为科学研究、工程设计以及必须进行有效数值计算的众多科学领域提供了一种全面的解决方案。MATLAB 的核心功能可通过大量应用领域相关的工具箱进行扩充。

MATLAB Robotics Toolbox 是由澳大利亚科学家 Peter Corke 开发和维护的一套基于MATLAB 的机器人学工具箱，当前最新版本为第 9 版，可在该工具箱的主页(http://www.petercorke.com/robot/)上免费下载。Robotics Toolbox 提供了机器人学研究中的许多重要功能函数，包括机器人运动学、动力学、轨迹规划等。该工具箱可以对机器人进行图形仿真，并能分析真实机器人控制时的实验数据结果，因此非常适用于机器人学的教学和研究。

本节简要介绍 Robotics Toolbox 在机器人学仿真教学中的一些应用，具体内容包括齐次坐标变换、机器人对象构建、机器人运动学求解以及轨迹规划等。

8.6.1　坐标变换

机器人学中关于运动学和动力学最常用的描述方法是矩阵法，这种数学描述是以四阶方阵变换三维空间点的齐次坐标为基础的。如已知直角坐标系$\{A\}$中的某点坐标，那么该点在另一直角坐标系$\{B\}$中的坐标可通过齐次坐标变换求得。一般而言，齐次变换矩阵${}_B^A T$是 4×4 的方阵，具有如下形式：

$$
{}_B^A T = \begin{bmatrix} {}_B^A R & {}^A \boldsymbol{p}_{Bo} \\ 000 & 1 \end{bmatrix}
$$

其中，${}_B^A R$ 和${}^A \boldsymbol{p}_{Bo}$分别表示$\{A\}$、$\{B\}$两个坐标系之间的旋转变换和平移变换。

矩阵法、齐次变换等概念是机器人学研究中最为重要的数学基础。由于旋转变换通常会带来大量的正余弦计算，复合变换带来的多个矩阵相乘更加难以手工计算，因此建议在仿真教学中通过计算机进行相应的坐标变换计算。利用 MATLAB Robotics Toolbox 工具箱中的 transl、rotx、roty 和 rotz 函数可以非常容易地实现用齐次变换矩阵表示平移变换和旋转变换。例如机器人在 X 轴方向平移了 0.5 米的齐次坐标变换可以表示为：

```
>> T = transl(0.5, 0.0, 0.0)
T =
    1.0000         0         0    0.5000
         0    1.0000         0         0
         0         0    1.0000         0
         0         0         0    1.0000
```

而绕 Y 轴旋转 $90°$ 可以表示为：

```
>> T = roty(pi/2)
T =
    0.0000         0    1.0000         0
         0    1.0000         0         0
  - 1.0000         0    0.0000         0
         0         0         0    1.0000
```

复合变换可以由若干个简单变换直接相乘得到，例如让物体绕 Z 轴旋转 $90°$，接着绕 Y 轴旋转$-90°$，再沿 X 轴方向平移 4 个单位，则对应的齐次变换可以表示为：

```
>> T = transl(4,0,0) * roty(- pi/2) * rotz(pi/2)
T =
    0.0000    - 0.0000    - 1.0000    4.0000
    1.0000    0.0000         0         0
    0.0000    - 1.0000    0.0000         0
         0         0         0    1.0000
```

8.6.2 构建机器人对象

要用计算机对机器人运动进行仿真，首先需要构建相应的机器人对象。在机器人学的教学中通常把机械手看作是由一系列关节连接起来的连杆构成。为描述相邻杆件间平移和转动的关系，Denavit 和 Hartenberg 提出了一种为关节链中的每一杆件建立附属坐标系的矩阵方法，通常称为 D-H 参数法。D-H 参数法是为每个连杆坐标系建立 4×4 的齐次变换矩阵，表示它与前一杆件坐标系的关系。

在 Robotics Toolbox 中，构建机器人对象主要在于构建各个关节，而构建关节时会用到 LINK 函数，其一般形式为：

```
L = LINK([alpha A theta D sigma], CONVENTION)
```

参数 CONVENTION 可以取"standard"和"modified"，其中"standard"代表采用标准的 D-H 参数，"modified"代表采用改进的 D-H 参数。参数"alpha"代表扭角，参数"A"代表连杆长度，参数"theta"代表关节转角，参数"D"代表连杆偏距，参数"sigma"代表关节类型：0 代表旋转关节，非 0 代表平动关节。

例如，通过如下语句即可构建一个简单的二连杆旋转机器人（命名为 2R）：

```
>> L1 = link([0 1 0 0 0],'standard');
>> L2 = link([0 1 0 0 0],'standard');
>> r = robot({L1 L2},'2R');
```

这样，只需指定相应的 D-H 参数，便可以对任意种类的机械手进行建模，见图 8-5。通过 Robotics Toolbox 扩展的 plot 函数还可将创建好的机器人在三维空间中显示出来：

```
>> plot(r,[0 0])
```

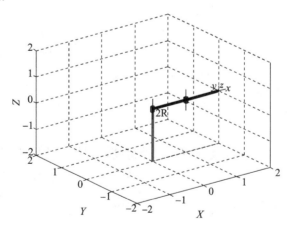

图 8-5　二连杆机械手的三维模型

除了用户自己构建机器人连杆外，Robotics Toolbox 也自带了一些常见的机器人对象，如教学中最为常见的 PUMA 560、Standford 等。通过如下语句即可调用工具箱已构建好的 PUMA 560 机器人，并显示在三维空间中：

```
>> puma560;
>> plot(p560,qz)
```

注意到机械手的末端附有一个小的右手坐标系，分别用红、绿、蓝色箭头代表机械手腕关节处的 X、Y、Z 轴方向，并且在 XY 平面用黑色直线表示整个机械手的垂直投影，见图 8-6。

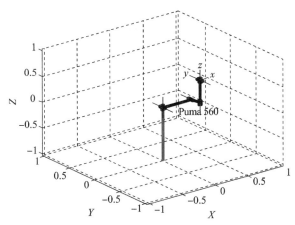

图 8-6　PUMA 560 型机械手的三维模型

更进一步，可以通过 drivebot 函数来驱使机器人运动，就像实际操作机器人一样。具体驱动方式是为机器人的每个自由度生成一个变化范围的滑动条，以手动的方式来驱动机器人的各个关节，以达到驱动机器人末端执行器的目的。这种方式对于实际的多连杆机械手的运动演示非常有益，能够使读者对机械手的关节、变量等概念有更深入的理解，如图 8-7 所示。

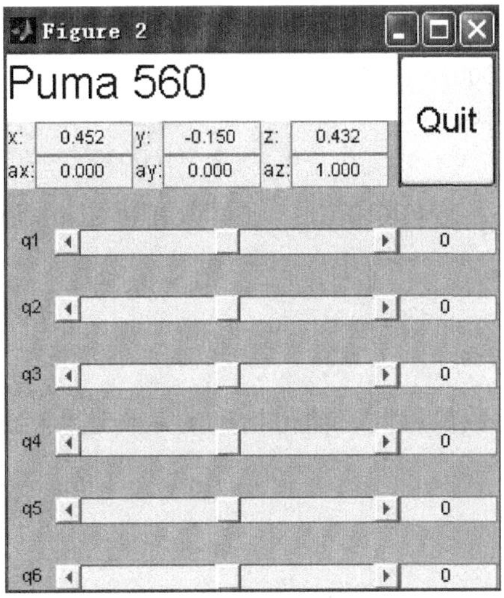

图 8-7　PUMA 560 型机械手的滑动控制框

8.6.3　机器人运动学求解

与之前介绍过的坐标变换的情况类似，手工进行机器人运动学的求解非常烦琐，甚至无法得到最终的数值结果，这对于实际机器人的设计非常不利。因此在仿真实验教学中，希望能通过计算机编程的形式来进行机器人运动学的求解，把学生从烦琐的数值计算中解脱出来。下面以教学中最常用的 PUMA 560 型机器人为例，演示如何运用 Robotics Toolbox 进行正运动学与逆运动学的求解。首先定义 PUMA 560 型机器人，注意系统同时还定义了 PUMA 560 型机器人两个特殊的位姿配置：所有关节变量为 0 的 qz 状态，以及表示"READY"状态的 qr 状态。如要求解所有关节变量为 0 时的末端机械手状态，则相应的正运动学可由下述语句求解：

```
>> puma560;
>> fkine(p560,qz)
ans =
       1.0000             0             0        0.4521
            0        1.0000             0      - 0.1500
            0             0        1.0000        0.4318
            0             0             0        1.0000
```

得到的即为末端机械手位姿所对应的齐次变换矩阵。

逆运动学问题则是通过一个给定的齐次变换矩阵求解对应的关节变量。例如，假定机械手需运动到 $[0, -pi/4, -pi/4, 0, pi/8, 0]$ 姿态，则此时末端机械手位姿所对应的齐次变换矩阵为：

```
>> q = [0 - pi/4 - pi/4 0 pi/8 0]
q =
            0    - 0.7854    - 0.7854             0      0.3927             0
>> T = fkine(p560,q)
T =
       0.3827        0.0000        0.9239        0.7371
     - 0.0000        1.0000      - 0.0000      - 0.1501
     - 0.9239      - 0.0000        0.3827      - 0.3256
            0             0             0        1.0000
```

现在假定已知上述的齐次变换矩阵 T，则可以通过 ikine 函数求解对应的关节转角：

```
>> qi = ikine(p560,T)
qi =
     - 0.0000    - 0.7854    - 0.7854    - 0.0000      0.3927      0.0000
```

发现与原始的关节转角数值相同。值得指出的是，这样的逆运动学求解在手工计算中几乎是无法完成的。

8.6.4　轨迹规划

机器人轨迹规划的任务就是根据机器人手臂要完成的一定任务，例如要求机械手从一点运动到另一点或沿一条连续轨迹运动，来设计机器人各关节的运动函数。目前进行轨迹规划的方案主要有两种：基于关节空间方案和基于直角坐标方案。出于实际运用的考虑，在教学中以讲解关节空间求解为主，本小节也只演示关节空间的求解方案。

假设 PUMA 560 型机器人要在 2 秒内从初始状态 qz（所有关节转角为 0）平稳地运动到朝上的"READY"状态 qr，则在关节空间进行轨迹规划的过程如下。

首先创建一个运动时间矢量，假定采样时间为 56 毫秒，则有：

```
>> t=[0:.056:2]';
```

在关节空间中插值可以得到：

```
>> [q, qd,qdd]= jtraj(qz,qr,t);
```

q 是一个矩阵，其中每行代表一个时间采样点上各关节的转动角度，qd 和 qdd 分别是对应的关节速度矢量以及关节加速度矢量。jtraj 函数采用的是 7 次多项式插值，默认的初始和终止速度为 0。对于上面的运动轨迹，主要的运动发生在第 2 个及第 3 个关节，通过 MATLAB 标准的绘图函数可以清楚地看到这两个关节随时间的变化过程（如图 8-8 所示）。我们还可以通过 Robotics Toolbox 扩展的 plot 函数以三维动画的形式演示整个运动过程（书中无法演示），调用语句为：

```
>> plot(p560,q);
```

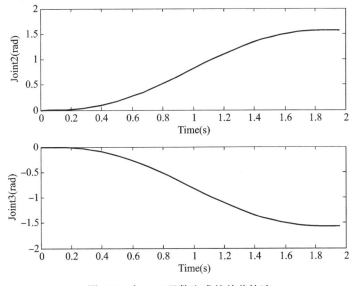

图 8-8　由 jtraj 函数生成的关节轨迹

8.7　机器人的离线编程

机器人编程技术已成为机器人技术向智能化发展的关键技术之一。尤其令人瞩目的是机器人离线编程(off-line programming)系统。本节将首先阐明机器人离线编程系统的特点和要求，然后讨论离线编程系统的结构。

8.7.1 机器人离线编程的特点和主要内容

早期的机器人主要应用于大批量生产，如自动线上的点焊、喷涂等，因而编程所花费的时间相对比较少，示教编程可以满足这些机器人作业的要求。随着机器人应用范围的扩大和所完成任务复杂程度的提高，在中小批量生产中，用示教方式编程就很难满足要求。在 CAD/CAM/机器人一体化系统中，由于机器人工作环境的复杂性，对机器人及其工作环境乃至生产过程的计算机仿真是必不可少的。机器人仿真系统的任务就是在不接触实际机器人及其工作环境的情况下，通过图形技术，提供一个和机器人进行交互作用的虚拟环境。

机器人离线编程系统是机器人编程语言的拓广，它利用计算机图形学的成果，建立起机器人及其工作环境的模型，再利用一些规划算法，通过对图形的控制和操作，在离线的情况下进行轨迹规划。机器人离线编程系统已被证明是一个有力的工具，用以增加安全性，减小机器人非工作时间和降低成本等。表 8-2 给出了示教编程和离线编程两种方式的比较。

表 8-2　两种机器人编程的比较

示教编程	离线编程
需要实际机器人系统和工作环境	需要机器人系统和工作环境的图形模型
编程时机器人停止工作	编程不影响机器人工作
在实际系统上试验程序	通过仿真试验程序
编程的质量取决于编程者的经验	可用 CAD 方法，进行最佳轨迹规划
很难实现复杂的机器人运动轨迹	可实现复杂运动轨迹的编程

1. 离线编程的优点

与在线示教编程相比，离线编程系统具有如下优点：

1）可减少机器人非工作时间，当对下一个任务进行编程时，机器人仍可在生产线上工作。

2）使编程者远离危险的工作环境。

3）使用范围广，可以对各种机器人进行编程。

4）便于和 CAD/CAM 系统结合，做到 CAD/CAM/机器人一体化。

5）可使用高级计算机编程语言对复杂任务进行编程。

6）便于修改机器人程序。

机器人语言系统在数据结构的支持下，可以用符号描述机器人的动作，一些机器人语言也具有简单的环境构型功能。但由于目前的机器人语言都是动作级和对象级语言，因而编程工作是相当冗长繁重的。作为高水平的任务级语言系统目前还在研制之中。任务级语言系统除了要求更加复杂的机器人环境模型支持外，还需要利用人工智能技术，以自动生成控制决策和产生运动轨迹。因此可把离线编程系统看作动作级和对象级语言图形方式的延伸，是把动作级和对象级语言发展到任务级语言所必须经过的阶段。从这点来看，离线编程系统是研制任务级编程系统一个很重要的基础。

2. 离线编程系统的主要内容

离线编程系统不仅是机器人实际应用的一个必要手段，也是开发和研究任务规划的有力工具。通过离线编程可建立起机器人与 CAD/CAM 之间的联系。设计离线编程系统应考虑以下几方面的内容：

1）机器人工作过程的知识。

2）机器人和工作环境三维实体模型。

3）机器人几何学、运动学和动力学知识。

4）基于图形显示和能够进行机器人运动图形仿真的关于上述1）、2）、3)的软件系统。

5）轨迹规划和检查算法，如检查机器人关节超限、检测碰撞、规划机器人在工作空间的运动轨迹等。

6）传感器的接口和仿真，以利用传感器的信息进行决策和规划。

7）通信功能，进行从离线编程系统所生成的运动代码到各种机器人控制柜的通信。

8）用户接口，提供有效的人机界面，便于人工干预和进行系统的操作。

此外，由于离线编程系统的编程是采用机器人系统的图形模型来模拟机器人在实际环境中的工作进行的，因此，为了使编程结果能很好地符合于实际情况，系统应能计算仿真模型和实际模型间的误差，并尽量减少这一差别。

8.7.2　机器人离线编程系统的结构

离线编程系统框图如图 8-9 所示，它主要由用户接口、机器人系统构型、运动学计算、轨迹规划、动力学仿真、并行操作、传感器仿真、通信接口和误差校正 9 部分组成。

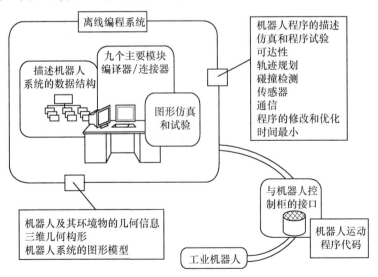

图 8-9　离线编程系统框图

1. 用户接口

离线编程系统的一个关键问题是能否方便地产生出机器人编程系统的环境,便于人机交互。因此,用户接口是很重要的。工业机器人一般提供两个用户接口:一个用于示教编程,另一个用于语言编程。示教编程可以用示教盒直接编制机器人程序。语言编程则是用机器人语言编制程序,使机器人完成给定的任务。目前这两种方式已广泛地应用于工业机器人。

2. 机器人系统的三维构型

目前用于机器人系统的构型主要有以下三种方式:①结构立体几何表示;②扫描变换表示;③边界表示。其中,最便于形体在计算机内表示、运算、修改和显示的构型方法是边界表示;而结构立体几何表示所覆盖的形体种类较多;扫描变换表示则便于生成轴对称的形体。机器人系统的几何构型大多采用这三种形式的组合。

机器人离线编程系统的核心技术是机器人及其工作单元的图形描述。构造工作单元中的机器人、夹具、零件和工具的三维几何模型,最好采用零件和工具的 CAD 模型,直接从 CAD 系统获得,使 CAD 数据共享。

3. 运动学计算

运动学计算分运动学正解和运动学反解两部分。正解是给出机器人运动参数和关节变量,计算机器人末端位姿;反解则是由给定的末端位姿计算相应的关节变量值。在离线编程系统中,应具有自动生成运动学正解和反解的功能。

就运动学反解而言,离线编程系统与机器人控制柜的联系有两种选择:一是用离线编程系统代替机器人控制柜的逆运动学,将机器人关节坐标值通信给控制柜;二是将笛卡儿坐标值输送给控制柜,由控制柜提供的逆运动学方程求解机器人的形态。第二种选择要好一些,因为机器人制造商对具体机器人运动学反解,已采取了一些补偿措施,因此在笛卡儿坐标水平上,和机器人控制柜通信效果要好一些。在关节坐标水平上和机器人控制柜通信,离线编程系统运动学反解方程式应做到和机器人控制柜所采用的公式一致。在离线编程系统中,运动学反解也应采用类似的准则。

4. 轨迹规划

离线编程系统除了对机器人静态位置进行运动学计算外,还应该对机器人在工作空间的运动轨迹进行仿真。由于不同的机器人厂家所采用的轨迹规划算法差别很大,离线编程系统应对机器人控制柜中所采用的算法进行仿真。

机器人的运动轨迹分为两种类型:自由移动(仅由初始状态和目标状态定义)和依赖于轨迹的约束运动。约束运动受到路径约束,受到运动学和动力学约束,而自由移动没有约束条件。轨迹规划器接受路径设定和约束条件的输入,并输出起点和终点之间按时间排列的中间形态(位置和姿态、速度、加速度)序列,它们可用关节坐标或笛卡儿坐标表示。轨迹规划器采用轨迹规划算法,如关节空间的插补、笛卡儿空间的插补计算等。

5. 动力学仿真

当机器人跟踪期望的运动轨迹时，如果所产生的误差在允许范围内，则离线编程系统可以只从运动学的角度进行轨迹规划，而不考虑机器人的动力学特性。但是，如果机器人工作在高速和重负载的情况下，则必须考虑动力学特性，以防止产生比较大的误差。

快速有效地建立动力学模型是机器人实时控制及仿真的主要任务之一，从计算机软件设计的观点看，动力学模型的建立可分为三类：数字法、符号法和解析（数字-符号）法。

6. 并行操作

一些工业应用场合常涉及两台或多台机器人在同一工作环境中协调作业。即使是一台机器人工作时，也常需要和传送带、视觉系统相配合。因此离线编程系统应能对多个装置进行仿真。并行操作是可在同一时刻对多个装置工作进行仿真的技术。进行并行操作可以提供对不同装置工作过程进行仿真的环境。在执行过程中，首先对每一装置分配并联和串联存储器。如果可以分配几个不同处理器共一个并联存储器，则可使用并行处理，否则应该在各存储器中交换执行情况，并控制各工作装置的运动程序的执行时间。

7. 传感器的仿真

在离线编程系统中，对传感器进行构型以及能对装有传感器的机器人的误差校正进行仿真是很重要的。传感器主要分局部的和全局的两类，局部传感器有力觉、触觉和接近觉等传感器；全局传感器有视觉等传感器。传感器功能可以通过几何图形仿真获取信息。如触觉，为了获取有关接触的信息，可以将触觉阵列的几何模型分解成一些小的几何块阵列，然后通过对每一几何块和物体间干涉的检查，并将所有和物体发生干涉的几何块用颜色编码，通过图形显示可以得到接触的信息。

力觉传感器的仿真比触觉和接近觉要复杂，它除了要检验力传感器的几何模型和物体间的相交外，还需计算出二者相交的体积，根据相交体积的大小可以定量地表征出实际力传感器所测力和数值。

8. 通信接口

在离线编程系统中通信接口起着连接软件系统和机器人控制柜的桥梁作用。利用通信接口，可以把仿真系统所生成的机器人运动程序转换成机器人控制柜可以接受的代码。

由于工业机器人所配置的机器人语言差异很大，这样就给离线编程系统的通用性带来了很大的限制。离线编程系统实用化的一个主要问题是缺乏标准的通信接口。标准通信接口的功能是可以将机器人仿真程序转化成各种机器人控制柜可接受的格式。为了解决这个问题，一种办法是选择一种较为通用的机器人语言，然后通过对该语言加工（后置处理），使其转换成机器人控制柜可接受的语言。

9. 误差的校正

离线编程系统中的仿真模型（理想模型）和实际机器人模型存在有误差，使离线编程系统工作时产生很大的误差。目前误差校正的方法主要有两种：一是用基准点方法，即在工作空间内选择一些基准点(一般不少于三点)，这些基准点具有比较高的位置精度，由离线编程系统规划使机器人运动到这些基准点，通过两者之间的差异形成误差补偿函数。二是利用传感器(力觉或视觉等)形成反馈，在离线编程系统所提供机器人位置的基础上，局部精确定位靠传感器来完成。第一种方法主要用于精度要求不太高的场合(如喷涂)，第二种方法用于较高精度的场合(如装配)。

8.8 本章小结

机器人程序设计问题是机器人运动和控制的结合点，也是机器人系统的灵魂。首先，本章介绍了对机器人编程的要求。这些要求包括能够建立世界模型、能够描述机器人的作业和运动、允许用户规定执行流程、要有良好的编程环境以及需要功能强大的人机接口，并能综合传感信号等。

讨论机器人编程语言的分类问题是 8.1 节研究的另一个问题。按照机器人作业水平的高低，把机器人编程语言分为三级，即动作级、对象级和任务级。这些层级的编程语言各有特点，并适于不同的应用。除了本章讨论的以机器人作业水平分类外，还有把机器人编程分为通用计算机语言编程和专用机器人语言编程两类。本章所讨论的机器人编程问题，实际上均为专用机器人语言编程。曾用于机器人编程的通用计算机语言有汇编语言、Basic、Fortran、Pascal、C、C++ 和 Java 语言等。限于篇幅，本章没有介绍用通用计算机语言进行机器人编程。

8.2 节涉及机器人语言系统的结构和基本功能。一个机器人语言系统应包括机器人语言本身、操作系统和处理系统等，它能够支持机器人编程、控制、各种接口以及与计算机系统通信。

机器人编程语言具有运算、决策、通信、描述机械手运动、描述工具指令和处理传感数据等功能。

8.3 节介绍了机器人操作系统(Robot Operating System，ROS)。ROS 是一种用于编写机器人软件程序的一种具有高度灵活性的软件架构，是一个适用于机器人的开源元操作系统，提供了操作系统应有的服务，包括硬件抽象、底层设备控制、常用函数实现、进程消息传递以及包管理等，并提供了用于获取、编译、编写代码和跨计算机运行代码所需的工具与库函数。本节讨论了 ROS 的开发环境、ROS 的主要特点和 ROS 的总体框架。

8.4 节介绍了专用机器人语言，并举例介绍了 VAL、SIGLA、IML、AL 等语言。在介绍这些语言时，讨论了它们的特点、功能、指令或语句以及适应性等。

8.5 节叙述解释型脚本语言 Python，它是一种跨平台的解释型脚本语言，具有解释性、编译性、互动性和面向对象等特点。本节首先介绍了 Python 语言的基本数据结构，包括列表、元组、字典和集合等。然后论述 Python 语言的选择结构和循环结构，对应的语句分别是 if 语句、for 语句和 while 语句。最后简介 Python 语言提供的函数定义功能，以方便程序的模块化设计。

8.6 节介绍了 MATLAB Robotics Toolbox 在机器人学实验教学中的应用。该工具箱提供了机器人学中关于建模与仿真的许多重要函数，能够用一种规范的形式（标准的或改进的 D-H 参数法）对任意的连杆机器人进行描述，并提供了三维图像/动画演示及手动关节变量调节等功能。基于 MATLAB Robotics Toolbox 的仿真实验教学把学生从烦琐的数值计算中解脱出来，使他们能够专注于机器人学本身的重要概念的理解与应用，从而获得良好的教学效果。

8.7 节讨论了机器人的离线编程，包括机器人离线编程系统的特点和要求及机器人离线编程系统的结构等内容。机器人离线编程是机器人编程语言的拓广，它比传统的示教编程具有一系列优点。离线编程系统不仅是机器人实际应用的必要手段，也是开发任务规划的有力工具，并可以建立 CAD/CAM 与机器人间的联系。

习 题

8.1　就机器人编程语言的层级、要求和研究方向等发表看法。

8.2　一般来说，机器人系统有哪些程序功能？

8.3　使用任一机器人语言编写一个机器人程序，把一块积木从 A 处拾起放到 B 处。

8.4　用市场上供应的机器人编程语言编写一个程序，以执行题 8.3 的任务。做出任何涉及输入/输出连接和其他细节的合理假设。

8.5　用任何机器人语言编写一个用于卸下小车上任意尺寸零件的通用程序。此程序应当跟踪小车的位置，而且当小车上没有零件时，应向操作人员发出信号。假设小车上的零件被卸至某条传送带上。

8.6　用任一种机器人语言编写一个用于从任意尺寸的源集装箱上卸下负载，并把它们装上任意尺寸的目标集装箱上的程序。此程序应当跟踪集装箱的位置，而且当源集装箱卸空时或目标集装箱装满时，应向操作人员发出信号。

8.7　什么是机器人操作系统？试从开发环境、主要特点和总体框架加以说明。

8.8　用 AL 语言编写一个程序，它运用力控制来装香烟盒，每盒装 20 支。假设机械手的精度约 0.64cm。应当把力控制用于许多操作。在传送带上的香烟通过视觉系统来呈现它们的坐标位置。

8.9　用任何机器人语言编写一个装配标准电话机手持部分的程序。有 6 个组成部件（手把、麦克风、喇叭、两个插座以及导线）放在一个料架上（料架上持有每种部件各一）。假设有个能够握持手把的夹具，还可以做出任何其他合乎情理的需要假设。

8.10 编写一个使用两台机械手的 AL 程序。一台机械手叫作 GARM，具有专用的末端执行器，用于拿住酒瓶。另一台机械手 BARM 用于持住酒杯，并装有力感手腕，以便当酒杯将要装满酒时向 GARM 发出停止倒酒的信号。

8.11 进行下列 MATLAB 程序设计。

(1) 使用 Z-Y-$X(\alpha$-β-$\gamma)$ 欧拉角表示法编写一个 MATLAB 程序，当用户输入欧拉角时，计算旋转矩阵 ^A_BR。通过以下两组实例来进行验证：

① $\alpha=10°$，$\beta=20°$，$\gamma=30°$

② $\alpha=30°$，$\beta=90°$，$\gamma=-55°$

(2) 编写一个 MATLAB 程序，当用户输入旋转矩阵 ^A_BR 时，计算对应的欧拉角 α-β-γ。注意求取所有可能的解。

(3) 坐标系 $\{B\}$ 相对于坐标系 $\{A\}$ 绕 Y 轴旋转 β 角度。当 $\beta=20°$ 时，如有 $^BP=\{1\quad 0\quad 1\}^T$，编写一个 MATLAB 程序求解 ^AP。

(4) 使用 MATLAB 机器人工具箱中的函数对上述问题进行验证。试用以下函数 rpy2tr()、tr2rpy()、rotx()、roty() 以及 rotz()。

8.12 进行下列 MATLAB 程序设计。

(1) 当用户输入 Z-Y-X 欧拉角 $(\alpha$-β-$\gamma)$ 以及位置向量 ^AP_B 时，编写一个 MATLAB 程序计算对应的齐次变换矩阵 ^A_BT。通过以下两组实例来进行验证：

① $\alpha=10°$，$\beta=20°$，$\gamma=30°$，$^AP_B=\{1\quad 2\quad 3\}^T$

② $\beta=20°(\alpha=\gamma=0°)$，$^AP_B=\{3\quad 0\quad 1\}^T$

(2) 当 $\beta=20°(\alpha=\gamma=0°)$ 时，有 $^AP_B=\{3\quad 0\quad 1\}^T$，以及 $^BP=\{1\quad 0\quad 1\}^T$，编写一个 MATLAB 程序来计算 ^AP。

(3) 通过符号计算编写一个 MATLAB 程序来计算齐次变换逆矩阵，即 $^A_BT^{-1}=^B_AT$。对于(1)、(2)的实例，将你的结果与 MATLAB 数值函数(如 inv 函数)的结果进行比较，说明两种方法均能得到正确的结果(例如 $^A_BT{}^B_AT^{-1}=^A_BT^{-1}{}^A_BT=I_4$)。

(4) 使用 MATLAB 机器人工具箱中的函数对上述问题进行验证。试用以下函数 rpy2tr() 和 transl()。

8.13 对于图 3-10 所示的平面三连杆机械手，给定如下的连杆参数：$L_1=4$、$L_2=3$ 以及 $L_3=2(m)$。

(1) 求取该机器人的 D-H 参数。

(2) 求取相邻两连杆坐标系之间的齐次变换矩阵 $^{i-1}_iT$，$i=1$，2，3。这些矩阵都是关节角变量 $\theta_i(i=1,2,3)$ 的函数。

(3) 采用 MATLAB 符号计算，求取该机器人的正向运动学的求解 ^0_3T(作为关节角变量 θ_i 的函数)。当输入下面三组数据时，输出该机器人末端机械手的位姿(即正向运动学的解)：

① $\boldsymbol{\Theta} = \{\theta_1 \quad \theta_2 \quad \theta_3\}^T = \{0 \quad 0 \quad 0\}^T$

② $\boldsymbol{\Theta} = \{10° \quad 20° \quad 30°\}^T$

③ $\boldsymbol{\Theta} = \{90° \quad 90° \quad 90°\}^T$

(4) 使用 MATLAB 机器人工具箱中的函数对上述问题进行验证。试用以下函数 link()、robot() 以及 fkine()。

8.14　解释型脚本语言 Python 具有什么特点？

8.15　简要说明 Python 语言的基本数据结构、选择结构和循环结构以及 Python 语言提供的函数定义功能。

参 考 文 献

［1］2019年全球机器人产业细分市场现状及未来发展趋势预测［EB/OL］. 中商情报网，［2019-09-02］. https：//baijiahao. baidu. com/s？id＝1643534568013791442&wfr＝spider&for＝pc.

［2］2019全球工业机器人市场报告解读［EB/OL］. 燚智能物联网，［2019-09-19］. http：//www. openpc-ba. com/web/contents/get？id＝3887&tid＝15.

［3］2020年全球工业机器人现状分析：通用工业逐步成为新增市场主力［EB/OL］. 中商产业研究院，［2020-06-22］. https：//www. askci. com/news/chanye/20200622/1602311162338. shtml.

［4］Aaron Martinez Romero. ROS：Concepts［EB/OL］.［2014-06-21］. http：//wiki. ros. org/ROS/Con-cepts.

［5］Ahmad M，Kumar N，Kumari R. A hybrid genetic algorithm approach to solve inverse kinematics of a mechanical manipulator［J］. International Journal of Scientific and Technology Research，2019：1777-1782.

［6］Ajay Kumar Tanwani，Nitesh Mor，John Kubiatowicz. A Fog Robotics Approach to Deep Robot Learning：Application to Object Recognition and Grasp Planning in Surface Decluttering［EB］. arXiv：1903. 09589v1［cs. RO］，［2019-3-22］，pp. 1-8.

［7］Amanda Dattalo. ROS：Introduction［EB/OL］.［2018-08-08］. http：//wiki. ros. org/ROS/Introduc-tion.

［8］Angeles J. Fundamentals of Robotic Mechanical Systems：Theory，Methods，and Algorithms［M］. 2nd ed. New York：Springer，2003.

［9］Aristidou A，Lasenby J. FABRIK：A fast，iterative solver for the Inverse Kinematics problem［J］. Graphical Models，2011：243-260.

［10］Bahdanau D，Brakel P，Xu K.，et al. Actor-Critic Algorithm for Sequence Prediction［EB/OL］. arX-iv 2016，arXiv：1607. 07086.

［11］Bajd T，Mihelj M，Lenarcic J，et al. Robotics（Intelligent Systems，Control and Automation：Science and Engineering）［M］. Springer，2010.

［12］Bouguet J-Y. Camera cabibration toolbox for MATLAB［EB/OL］. http：//www. vision. caltech. edu/bouguetj/calib_doc.

［13］Cai Z X，et al. Key Techniques of Navigation Control for Mobile Robots under Unknown Environment ［M］. Beijing：Science Press，2016

［14］Cai Zixing，He Hangen，A V Timeofeev. Navigation Control of Mobile Robots in Unknown Environ-ment：A Survey［C］// Proc. 10th Saint Petersburg Int. Conf on Integrated Navigation Systems，2003：156-163.

［15］Cai Zixing，Peng Zhihong. Cooperative Coevolutionary Adaptive Genetic Algorithm in Path Planning of Cooperative Multi-Mobile Robot System［J］. Intelligent & Robotic Systems：Theory and Applications, 2002, 33(1): 61-71.

[16] Cai Zixing, Liu Lijue, Chen Baifan, Wang Yong. Artificial Intelligence: From Beginning to Date [M]. Singapore: World Scientific Publishers, and Tsinghua University Press, 2021.

[17] Cai Zixing. Intelligent Control: Principles, Techniques and Applications [M]. Singapore: World Scientific Publishers, 1997.

[18] Chapelle F, Bidaud P. A closed form for inverse kinematics approximation of general 6R manipulators using genetic programming [C]// Proceedings of the IEEE International Conference on Robotics and Automation, 2001: 3364-3369.

[19] Chen C, Chen X. Q, Ma, F, et al. A knowledge-free path planning approach for smart ships based on reinforcement learning [J]. Ocean Eng. , 2019, 189, 106299.

[20] Chen Y F, Michael Everett, Miao Liu, et al. Socially Aware Motion Planning with Deep Reinforcement Learning[EB]. arXiv:1703. 08862v2 [cs. RO] 4 May 2018.

[21] Corke P I. MATLAB toolboxes: robotics and vision for students and teachers [J]. IEEE Robotics and Automation Magazine, 2007, 14(4):16-17.

[22] Dereli S, Koker R. A Meta-heuristic proposal for inverse kinematics solution of 7-DOF serial robotic manipulator: Quantum behaved particle swarm algorithm [J]. Artificial Intelligence Review, 2019: 949-964.

[23] Dereli S, Koker R. IW-PSO approach to the inverse kinematics problem solution of a 7-DOF serial robot manipulator [J]. Sigma, 2018: 77-85.

[24] Di Wang, Hongbin Deng, Zhenhua Pan. MRCDRL: Multi-robot coordination with deep reinforcement learning [J]. Neurocomputing, 2020, (406): 68-76.

[25] Di Wu, Wenting Zhang, Mi Qin, Bin Xie. Interval Search Genetic Algorithm Based on Trajectory to Solve Inverse Kinematics of Redundant Manipulators and Its Application[C]// Proceedings of the IEEE International Conference on Robotics and Automation, 2020: 7088-7094.

[26] Gao Wei, David Hsu Wee, Sun Lee. Intention-Net: Integrating Planning and Deep Learning for Goal-Directed Autonomous Navigation [EB]. arXiv:1710. 05627v2 [cs. AI] 17 Oct 2017.

[27] Ghallab M, Nau D, Traverso P. The actor's view of automated planning and acting: A position paper [J]. Artificial Intelligence, 2014, 208:1-17.

[28] Guo Siyu, Zhang Xiuguo, Zheng Yisong and Du Yiquan. An Autonomous Path Planning Model for Unmanned Ships Based on Deep Reinforcement Learning [J]. Sensors, 2020, 20, 426(1-35). doi:10. 3390/s20020426

[29] Hanheide M, Göbelbecker M, Horn GS, et al. Robot task planning and explanation in open and uncertain worlds [J]. Artificial Intelligence, 2015.

[30] Honig W, Preiss J A, Kumar T K S, et al. Trajectory planning for quadrotor swarms [J/OL]. IEEE Transactions on Robotics, 2018, 34(4):856-869. http://www. elecfans. com/jiqiren/1185798. html.

[31] IFR. Charts_IFR[EB/OL]. [2013-09-18]. http://www. worldrobotics. org/uploads/tx_zeifr/Charts_IFR__18_09_2013. pdf.

［32］ IFR. Executive Summary：World Robotics 2013 Industrial Robots［R/OL］. ［2013-09-18］. http：//www. ifr. org/index. php? id＝59&df＝Executive_Summary_WR_2013. pdf

［33］ IFR. The continuing success story of industrial robots ［EB/OL］. ［2012-11-11］. http：//www. msnbc. msn. com/id/23438322/ns/technology_and_science-innovation/t/japan-looks-robot-future/.

［34］ Jeffrey Mahler, Florian T Pokorny1, Brian Hou, et al. Dex-net 1. 0：A Cloud-Based Network of 3D Objects for Robust Grasp Planning Using a Multi-Armed Bandit Model with Correlated Rewards［C］// Proc. IEEE Int. Conf. Robotics and Automation (ICRA). IEEE, 2016.

［35］ Ji J, Khajepour A, Melek W, Huang Y. Path planning and tracking for vehicle collision avoidance based on model predictive control with multiconstraints［J］. IEEE Trans. Vehicle Technology, 2017, 66 (2)：952-964.

［36］ John J Craig. 机器人学导论(英文版第 4 版)［M］. 北京：机械工业出版社，2018.

［37］ Jordanides T, Torby B. Expert Systems and Robotics ［M］. Springer, 2011.

［38］ Lambert N O, Drewe Daniel S, Yaconelli J, et al. Low-Level Control of a Quadrotor with Deep Model-Based Reinforcement Learning ［J］. IEEE Robotics and Automation Letters, 2019, 4 (4)：4224-4230.

［39］ Lansley A, Vamplew P, Smith P, Foale C. Caliko：An inverse kinematics software library implementation of the FABRIK algorithm ［J］. Journal of Open Research Software, 2016, 4：e36.

［40］ Lasse Rouhiainen. Artificial Intelligence：101 things you must know today about our future ［M］. LASSE ROUHIAINEN, 2019.

［41］ Lasse Rouhianen. The future of higher education：How emerging technologies will change education forever ［EB/OL］. Amazon, ［2016-10-10］. https：//www. amazon. com/future-higher-education-emerging-technologies/dp/1539450139.

［42］ Lei Tai, Giuseppe Paolo, Ming Liu. Virtual-to-real Deep Reinforcement Learning：Continuous Control of Mobile Robots for Mapless Navigation ［EB］. arXiv：1703. 00420v4 ［cs. RO］ 21 Jul 2017.

［43］ Lillicrap T P, Hunt J J, Pritzel A, et al. Continuous control with deep reinforcement learning ［J］. Comput. Sci. , 2015, 8：A187.

［44］ Liu Z, Zhang Y, Yu X, Yuan C. Unmanned surface vehicles：An overview of developments and challenges［J］. Annu. Rev. Control, 2016, 41：71-93.

［45］ lw. 人工智能对比软硬件安全问题［EB/OL］. 澎湃新闻，［2019-09-12］. http：//www. elecfans. com/d/1070447. html.

［46］ Lynch K M, Park F C. Modern Robotics：Mechanics, Planning, and Control ［M］. Cambridge University Press, 2017.

［47］ Mac T T, Copot C, Tran D T, Keyser R. De. Heuristic approaches in robot path planning：A survey ［J］. Robotics and Autonomous Systems, 2016, 86：13-28.

［48］ Mihelj M, Bajd T, Ude A, et al. Trajectory planning ［M］. Robotics, 2019：123-132.

［49］ Mnih V, Kavukcuoglu K, Silver D, et al. Playing atari with deep reinforcement learning［EB］. arXiv 2013, arXiv：1312. 5602.

[50] Momani S, Abo-Hammour Z S, Alsmadi O M. Solution of inverse kinematics problem using genetic algorithms [J]. Applied Mathematics and Information Sciences, 2015, 10(1): 1-9.

[51] Nau D, Ghallab M, Traverso P. Automated Planning and Acting [M]. Cambridge University Press, 2016.

[52] Niko Nurminen. Could artificial intelligence lead to world peace? [EB/OL]. [2017-5-20]. http://www.aljazeera.com/indepth/features/2017/05/scientist-race-build-peace-machine-170509112307430.html.

[53] Niku S B. Introduction to Robotics: Analysis, Control, Applications [M]. Wiley, 2010.

[54] Orozco-Rosas U, Montiel O, Sepúlveda R. Mobile robot path planning using membrane evolutionary artificial potential field [J]. Applied Soft Computing, 2019, 77: 236-251.

[55] Rokbani N, Casals A, Alimi A M. IK-FA, a New Heuristic Inverse Kinematics Solver Using Firefly Algorithm [M]// Computational Intelligence Applications in Modeling and Control. Springer International Publishing, 2015: 369-395.

[56] Rui Nian, Jinfeng Liu, Biao Huang. A reviewon reinforcement learning: Introduction and applications in industrial process control [J]. Computers and Chemical Engineering, 2020, 139: 106886. https://doi.org/10.1016/j.compchemeng.2020.106886

[57] Saeed B. Niku. Introduction to Robotics: Analysis, Control, Applications [M]. Wiley, 2010.

[58] Saeed B. Niku. Introduction to Robotics: Analysis, Systems, Applications [M]. Pearson Education, 2001.

[59] Serkan D, Rait, K. Calculation of the inverse kinematics solution of the 7-DOF redundant robot manipulator by the firefly algorithm and statistical analysis of the results in terms of speed and accuracy [J]. Inverse Problems in Science and Engineering, 2019: 1-13.

[60] Serrano, W. Deep Reinforcement Learning Algorithms in Intelligent Infrastructure [J]. Infrastructures, 2019, 4: 52.

[61] Shen H Q, Hashimoto H, Matsuda A, Taniguchi Y, Terada D, Guo C. Automatic collision avoidance of multiple ships based on deep Q-learning [J]. Appl. Ocean Res., 2019, 86: 268-288.

[62] Siciliano B, Khatib Oussanma. 机器人手册 [M]. 机器人手册翻译委员，译. 北京：机械工业出版社，2013.

[63] Siciliano B, Sciavicco L, Villani L, et al. Robotics: Modeling, Planning and Control [M]. Springer, 2011.

[64] Starke S, Hendrich N, Zhang J. Memetic evolution for generic full-body inverse kinematics in robotics and animation [J]. IEEE Transactions on Evolutionary Computation, 2019, 23(3): 406-420.

[65] Tangwongsan S, Fu K S. Application of learning to robotic planning [J]. International Journal of Computer and Information Science. 1979, 8(4): 303-333.

[66] Tao S, Yang Y. Collision-free motion planning of a virtual arm based on the FABRIK algorithm [J]. Robotica, 2017, 35(6): 1431-1450.

[67] The robotics industry is looking into a bright future 2013-2016: High demand for industrial robots is

continuing [EB/OL]. [2013-09-18]. http://www. ifr. org/news/ifr-press-release/the-robotics-indus-try-is-looking-into-a-bright-future-551/.

[68] Timothée Lesort, Vincenzo Lomonaco, Andrei Stoian, et al. Continual learning for robotics: Defini-tion, framework, learning strategies, opportunities and challenges [J]. Information Fusion, 2020, 58: 52-68.

[69] Wagner G, Choset H. Subdimensional expansion for multirobot path planning [J]. Artificial Intelli-gence, 2015, 219: 1-24.

[70] Wang L C T, Chen C C. A combined optimization method for solving the inverse kinematics prob-lems of mechanical manipulators [J]. IEEE Transactions on Robotics & Automation, 1991, 7(4): 489-499.

[71] Yang, J, Liu, L, Zhang, Q, Liu, C. Research on Autonomous Navigation Control of Unmanned Ship Based on Unity3D [C]// In Proceedings of the 2019 IEEE International Conference on Control, Auto-mation and Robotics (ICCAR), Beijing, China, 19-22 April 2019; 2251-2446.

[72] Zhang Y, Sreedharan S, Kulkarni A, et al. Plan explicability and predictability for robot task planning [EB]. arXiv: 1511. 08158 [cs. AI], November 2015.

[73] Zhang J, Xia Y Q, Shen G H. A novel learning-based global path planning algorithm for planetary rovers [J]. NEUROCOMPUTING, 2019, 361: 69-76. DOI:0. 1016/j. neucom. 2015. 0759. 0.

[74] Zhang R B, Tang P, Su Y, Li X, Yang G, Shi C. An adaptive obstacle avoidance algorithm for un-manned surface vehicle in complicated marine environments [J]. IEEE/CAA Journal of Automatica Sinica, 2014, 1: 385-396.

[75] Zhu M, Wang X, Wang Y. Human-like autonomous car-following model with deep reinforcement learning. Transportation Research Part C: Emerging Technologies, 2018, 97: 348-368.

[76] Zou X B, Cai Z X, Sun G R. Non-smooth environment modeling and global path planning for mobile robots [J]. Journal of Central South University of Technology, 2003, 10(3): 248-254.

[77] 北京物联网智能技术应用协会. 人工智能如何促使传统企业转型升级? [EB/OL]. [2018-03-12]. http://www. sohu. com/a/225339445_487612.

[78] 本刊编辑部. 人工智能,天使还是魔鬼?——谭铁牛院士谈人工智能的发展与展望[J]. 中国信息安全, 2015, 50(9): 50-53.

[79] 比尔·盖茨(Bill Gates). 郭凯声, 译. 比尔·盖茨预言:未来家家都有机器人[EB/OL]. [2007-02-01]. http://people. techweb. com. cn/2007-02-01/149230. shtml.

[80] 毕盛, 刘云达, 董敏, 等. 基于深度增强学习的预观控制仿人机器人步态规划方法(发明专利)[P]. 2018-09-18.

[81] 卜祥津. 基于深度强化学习的未知环境下机器人路径规划的研究[D]. 哈尔滨工业大学硕士学位论文, 2018.

[82] 蔡自兴, 刘丽珏, 蔡竞峰, 等. 人工智能及其应用[M]. 6版. 北京:清华大学出版社, 2020.

[83] 蔡自兴, John Durkin, 龚涛. 高级专家系统:原理、设计及应用[M]. 2版. 北京:科学出版社, 2014.

[84] 蔡自兴，陈白帆，刘丽珏，余伶俐．多移动机器人协同原理与技术．国防工业出版社，2011

[85] 蔡自兴，段琢华，于金霞．智能控制及移动机器人研究进展[J]．中南大学学报（自然科学版），2005，36(5)：721-726.

[86] 蔡自兴，郭璠．中国工业机器人发展的若干问题[J]．机器人技术与应用，2013(3)：9-12.

[87] 蔡自兴，贺汉根，陈虹．未知环境中移动机器人导航控制理论与方法[M]．北京：科学出版社，2009.

[88] 蔡自兴，贺汉根，陈虹．未知环境中移动机器人导航控制研究的若干问题[J]．控制与决策，2002，17(4)：385-390.

[89] 蔡自兴，翁环．探秘机器人王国[M]．北京：清华大学出版社，2018.

[90] 蔡自兴，谢光汉，伍朝晖，等．直接在位置控制机器人实现力/位置自适应模糊控制[J]．机器人，1998，20(4)：297-302.

[91] 蔡自兴．共创中国机器人学的合作发展新路[J]．机器人技术与应用，2012，(1)：8-10.

[92] 蔡自兴．机器人学[M]．3版．北京：清华大学出版社，2015.

[93] 蔡自兴．机器人学[M]．4版．北京：清华大学出版社，2021.

[94] 蔡自兴．机器人学的发展趋势与发展战略[J]．高技术通讯，2001，11(6)：107-110.

[95] 蔡自兴．机器人原理及其应用[M]．长沙：中南工业大学出版社，1988.

[96] 蔡自兴．抗核辐射机器人的开发应用与警示[J]．机器人技术与应用，2011(3)：24-26.

[97] 蔡自兴．人工智能的社会问题[J]．团结，2017(6)：20-27.

[98] 蔡自兴．人工智能对人类的深远影响[J]．高技术通讯，1995，5(6)：55-57.

[99] 蔡自兴．智能控制导论[M]．3版．北京：中国水利水电出版社，2019.

[100] 蔡自兴．我国智能机器人的若干研究课题[J]//中国第五届智能机器人学术讨论会大会主题报告．计算机科学，2002，29(10)：1-3.

[101] 蔡自兴．中国机器人学40年[J]．科技导报，2015，33(21)：23-31.

[102] 蔡自兴．中国人工智能40年[J]．科技导报，2016，34(15)：12-32.

[103] 蔡自兴，等．智能车辆感知、建图和目标跟踪技术[M]．北京：科学出版社，2020.

[104] 蔡自兴等．智能控制原理与应用[M]．3版．北京：清华大学出版社，2019.

[105] 曹祥康，谢存禧．我国机器人发展历程[J]．机器人技术与应用，2008(5)：44-46.

[106] 曾温特，苏剑波．一个基于分布式智能的网络机器人系统[J]．机器人，2009，31(1)：1-7.

[107] 曾艳涛．美国未来15年制造业机器人研究路线[J]．机器人技术与应用，2013(3)：1-5.

[108] 陈兵，骆敏丹，冯宝林，等．类人机器人的研究现状及展望[J]．机器人技术与应用，2013(4)：25-30.

[109] 陈国军，陈巍．一种基于深度学习和单目视觉的水下机器人目标跟踪方法（发明专利）[P]．2019-09-17.

[110] 陈杰，程胜，石林．基于深度强化学习的移动机器人导航控制[J]．电子设计工程，2019，27(15)：61-65.

[111] 陈恳，杨向东，刘莉，等．机器人技术与应用[M]．北京：清华大学出版社，2006.

[112] 丛明，金立刚，房波．智能割草机器人的研究综述[J]．机器人，2007，29(4)：407-416.

[113] 邓悟．基于深度强化学习的智能体避障与路径规划研究与应用[D]．电子科技大学硕士学位论文，2019．

[114] 丁希仑，石旭尧，Robetta，等．月球探测机器人技术的发展与展望[J]．机器人技术与应用，2008(3)：5-13．

[115] 段琢华，蔡自兴，于金霞．移动机器人软故障检测与补偿的自适应粒子滤波算法[J]．中国科学 E辑：信息科学，2008，38(4)：565-578．

[116] 符亚波，边美华，许先果．弧焊机器人的应用与发展[J]．机器人技术与应用，2006(3)：38-41．

[117] 高音．光纤陀螺罗经及其发展和应用[J]．大连水产学院学报，2010，25(02)：167-171．

[118] 高钟毓．微机械陀螺原理与关键技术[J]．仪器仪表学报，1996(S1)：40-44．

[119] 葛宏伟，林娇娇，孙亮，赵明德．一种基于深度强化学习的黄桃挖核机器人行为控制方法(发明专利)[P]．2018-04-20．

[120] 龚涛，蔡自兴，江中央，夏洁，罗一丹．免疫机器人的仿生计算与控制[J]．智能系统学报，2007，2(5)：7-11．

[121] 谷军，蔺晓利，何南，等．光纤陀螺仪的应用及发展[C]//．中国航海科技优秀论文集，2010：101-109．

[122] 国际机器人联合会(IFR)．2012 年全球工业机器人统计数据[EB/OL]．[2014-02-18]．http：//wen-ku．baidu．com/link？url＝ZVNynuFZU2w7M_4f_4Nfbta0Vg6vFaum5DI2JsAkMCbYfa9Yk463Hjh-B9-pm2zKSbsZ9B7x1guP1Rwnl5iI_AW_KN5vqUFy6OZw-6uLjxK．

[123] 黄鼎曦．基于机器学习的人工智能辅助规划前景展望[J]．城市发展研究(Urban Development Studies)，2017，24(5)：50-55．

[124] 霍伟．机器人动力学与控制[M]．北京：高等教育出版社，2005．

[125] 蛟龙号 7000 米级海试达到国际什么水平[EB/OL]．[2012-06-21]．http：//zhidao．baidu．com/link？url＝DFRUNiq4IjZM9un8FlfbvhQMynN26O8ZaomujMU2qVAlu3EHHR9vDu97nYRIUHUSUB1fq-DAhJkfn22bpxK3CHK．

[126] 焦李成，赵进，杨淑媛，等．深度学习、优化与识别[M]．清华大学出版社，2017．

[127] 雷建平．人机大战结束：AlphaGo 4∶1 击败李世石[EB/OL]．腾讯科技，[2016-03-15]．http：//tech．qq．com/a/20160315/049899．htm．

[128] 李莹莹，肖南峰．一种基于深度学习的智能工业机器人语音交互与控制方法(发明专利)[P]．2017-06-27．

[129] 李子璐，陈浚彬．一种基于深度学习算法的无盲区扫地机器人及其清扫控制方法(发明专利)[P]．2018-11-23．

[130] 梁阁亭，惠俊军，李玉平．陀螺仪的发展及应用[J]．飞航导弹，2006(04)：38-40．

[131] 梁文莉．中国工业机器人市场统计数据分析[J]．机器人技术与应用，2019(03)：47-48．

[132] 梁文莉，编译．快速增长的中国机器人市场[J]．机器人技术与应用，2014(03)：2-7．

[133] 林俊潼，成慧，杨旭韵，郑培炜．一种基于深度强化学习的端到端分布式多机器人编队导航方法(发明专利)[P]．2019-08-20．

[134] 刘辉，李燕飞，黄家豪，段超，王孝楠．一种智能环境下机器人运动路径深度学习控制规划方法

（发明专利）[P]. 2017-11-21.

[135] 刘惠义，袁雯，陶莹，刘晓芸. 基于深度 Q 网络的仿人机器人步态优化控制方法（发明专利）[P]. 2020-02-07.

[136] 刘吉颖，刘华. 人工智能崛起时代所面临的法律问题[EB/OL]. 法考路上不孤单. [2019-10-07], https：//mp. weixin. qq. com/s? src＝11&timestamp＝1573111511&ver＝1959&signature＝z9T9d-UK4nzSEic＊x8bBHBN＊X-esXHTReKRQttiK64t1wSwc2xQwPRO3JvpMpqP8WCgswuq1X40iiin9-VVwW9iOsV409dZrVCGu-9w2RGx094zYmukyNjBEnh6P0fM0-o&new＝1.

[137] 刘极峰，易际明，主编. 机器人技术基础[M]. 北京：高等教育出版社，2006.

[138] 柳洪义，宋伟刚. 机器人技术基础[M]. 北京：冶金工业出版社，2002.

[139] 鲁棒. 全球机器人市场统计数据分析[J]. 机器人技术与应用，2012(1)：3-4.

[140] 马琼雄，余润笙，石振宇，等. 基于深度强化学习的水下机器人轨迹控制方法及控制系统（发明专利）[P]. 2017-08-29.

[141] 马琼雄，余润笙，石振宇，等. 基于深度强化学习的水下机器人最优轨迹控制[J]. 华南师范大学学报（自然科学版），2018，50(1)：118-123.

[142] 孟庆鑫，王晓东. 机器人技术基础[M]. 哈尔滨：哈尔滨工业大学出版社，2006.

[143] 彭学伦. 水下机器人的研究现状与发展趋势[J]. 机器人技术与应用，2004，(4)：43-47.

[144] 钱乐旦. 一种基于深度学习的机器人控制系统（发明专利）[P]. 2019-05-17.

[145] 全球机器人市场统计数据分析[EB/OL]. [2012-06-29]. http://www. robot-china. com/news/201206/29/1790. html.

[146] 全球机器人市场最新统计数据分析[EB/OL]. [2020-02-24]. https://www. sohu. com/a/375391513_320333.

[147] 芮延年. 机器人技术及其应用[M]. 北京：化学工业出版社，2008.

[148] 沈海青，郭晨，李铁山，等. 考虑航行经验规则的无人船舶智能避碰导航方法[J]. 哈尔滨工程大学学报，2018，39(6)：998-1005.

[149] 史蒂芬·霍金. 人工智能可能使人类灭绝[J]. 走向世界，2013(1)：13.

[150] 世界各国机器人发展战略（2017）[EB/OL]. 搜狐网，[2017-03-10]. https://www. sohu. com/a/128431918_411922.

[151] 世界各国机器人发展战略（2019）[EB/OL]. 文秘网，[2019-10-17]. https://www. wenmi. com/article/pzhj7s03vm24. html.

[152] 宋光明，何淼，韦中，宋爱国. 一种基于深度强化学习的四足机器人跌倒自复位控制方法（发明专利）[P]. 2020-03-06.

[153] 宋健. 智能控制：超越世纪的目标（Intelligent Control：A Goal Exceeding the Century）[J]. 中国工程科学，1999，1(1)：1-5. IFAC 第 14 届世界大会报告. 1999 年 7 月 5 日，北京.

[154] 宋士吉，武辉，游科友. 一种基于强化学习的水下自主机器人固定深度控制方法（发明专利）[P]. 2018-03-02.

[155] 宋雨. 基于 HPSO 与强化学习的巡查机器人路径规划研究[D]. 广东工业大学硕士学位论文，2019.

[156] 速加科技. 浅谈服务机器人的技术发展趋势：智能化、网络化、人性化、多元化[EB/OL]. [2019-01-28]. http://k. sina. com. cn/article_6422869303_17ed53537001003h9d. html.

[157] 唐朝阳，陈宇，段鑫，等. 一种基于深度学习的机器人避障控制方法及装置（发明专利）[P]. 2020-04-17.

[158] 王德生. 世界工业机器人产业发展前景看好，中国增长潜力最大[EB/OL]. [2013-10-31]. http://www. hyqb. sh. cn/publish/portal0/tab1023/info10466. htm.

[159] 王国庆. MEMS陀螺仪误差机理分析及测试方法研究[D]. 哈尔滨工业大学硕士学位论文，2019.

[160] 王洪光，赵明扬，房立金，等. 一种Stewart结构六维力/力矩传感器参数辨识研究[J]. 机器人，2008，30(6)：548-353.

[161] 王立强，吴健荣，刘于珑，等. 核电站蒸汽发生器检修机器人设计及运动学分析[J]. 机器人，2009，31(1)：61-66.

[162] 王田苗，张韬懿，梁建宏，等. 踏上南极的机器人[J]. 机器人技术与应用，2013(4)：1-8.

[163] 王田苗. 走向产业化的先进机器人技术[J]. 中国制造业信息化，2005，(10)：24-25.

[164] 王伟. 全球机器人市场统计数据分析[J]. 机器人技术与应用，2009(1)：7-10.

[165] 王伟，编译. 2006年机器人市场统计数据[J]. 机器人技术与应用，2008(1)：18-22.

[166] 王云凯，陈泽希，黄哲远，等. 基于深度强化学习的小型足球机器人主动控制吸球方法（发明专利）[P]. 2019-10-25.

[167] 未来智库. 人工智能莫名恐惧[EB/OL]. [2018-07-05]. https://www. 7428. cn/vipzj21113/.

[168] 未名. 中国工业机器人市场统计数据[J]. 机器人技术与应用，2013(2)：8-12.

[169] 温欣，编译. 2007年服务机器人市场统计数据[J]. 机器人技术与应用，2008(5)：39-40.

[170] 吴贺俊，林小强. 一种基于深度强化学习的六足机器人复杂地形自适应运动控制方法（发明专利）[P]. 2018-09-14.

[171] 吴运雄，曾碧. 基于深度强化学习的移动机器人轨迹跟踪和动态避障[J]. 广东工业大学学报，2019，36(1)：42-50.

[172] 谢斌，蔡自兴. 基于MATLAB Robotics Toolbox的机器人学仿真实验教学[J]. 计算机教育，2010(19)：140-143.

[173] 谢光汉，任朝晖，符曦，蔡自兴. 附加力外环的机器人力/位置自适应模糊控制[J]. 控制与决策，1999，14(2)：161-164.

[174] 熊有伦，李文龙，陈文斌，等. 机器人学建模、控制与视觉[M]. 武汉：华中科技大学出版社，2017.

[175] 熊有伦，主编. 机器人技术基础[M]. 武汉：华中科技大学出版社，1996.

[176] 徐继宁，曾杰. 基于深度强化算法的机器人动态目标点跟随研究[J]. 计算机科学，2019，46(2)：94-97.

[177] 颜观潮. 中国成为全球第一大工业机器人市场[EB/OL]. [2014-06-17]. http://gb. cri. cn/42071/2014/06/17/6891s4580547. htm.

[178] 杨淑珍，韩建宇，梁盼，等. 基于深度强化学习的机器人手臂控制[J]. 福建电脑，2019，35(1)：28-29.

[179] 佚名. 世界各国机器人的发展格局和趋势分析[EB]. 中国机器人网，[2020-03-29]，

[180] 游科友，董斐，宋士吉. 一种基于深度强化学习的飞行器航线跟踪方法（发明专利）[P]. 2020-02-18.

[181] 余伶俐，邵玄雅，龙子威，等. 智能车辆深度强化学习的模型迁移轨迹规划方法[P]. 控制理论与应用，2019，36(9)：1409-1422.

[182] 玉兔探月[EB/OL].［2013-11-27］. http://news.163.com/13/1127/02/9ELDPSLQ00014AED.html.

[183] John J Craig. 机器人学导论[M]. 负超，王伟，译. 4版. 北京：机械工业出版社，2019.

[184] 岳明桥，王天泉. 激光陀螺仪的分析及发展方向[J]. 飞航导弹，2005(12)：46-48.

[185] 张浩杰，苏治宝，苏波. 基于深度Q网络学习的机器人端到端控制方法[J]. 仪器仪表学报，2018，39(10)：6-43.

[186] 张建伟，张立伟，胡颖，等. 开源机器人操作系统：ROS[M]. 北京：科学出版社，2012.

[187] 张立勋，王克义，徐生林. 绳索牵引康复机器人控制及仿真研究[J]. 智能系统学报，2008，3(1)：51-56.

[188] 张奇志，周亚丽. 机器人简明教程[M]. 西安：西安电子科技大学出版社，2013.

[189] 张松林. 基于卷积神经网络算法的机器人系统控制[J]. 长春大学学报（自然科学版），2019，29(2)：14-17.

[190] 张炜. 环境智能化与机器人技术的发展[J]. 机器人技术与应用，2008(2)：13-16.

[191] 张云洲，王帅，庞琳卓，等. 一种基于深度强化学习的移动机器人视觉跟随方法（发明专利）[P]. 2019-08-02.

[192] 张钟俊，蔡自兴. 机器人化——自动化的新趋势[P]. 自动化，1986(6)：2-3.

[193] 章韵，余静，李超，刘启航. 基于深度学习的智能机器人视觉跟踪方法（发明专利）[P]. 2018-11-06.

[194] 中国成最大工业机器人市场[EB/OL].［2014-06-18］. http://tech.sina.com.cn/it/2014-06-18/10439443835.shtml.

[195] 中国引领全球机器人市场[EB/OL].［2014-07-04］. http://www.ciqol.com/news/economy/809405.html.

[196] 周亮. 目前各国机器人产业的发展现状分析[EB/OL]. 电子发烧友网，［2019-07-13］. http://www.elecfans.com/jiqiren/992424.html.

[197] 周志华. 机器学习[M]. 北京：清华大学出版社，2016.

[198] 朱世强，王宣银. 机器人技术及其应用[M]. 2版. 杭州：浙江大学出版社，2019.

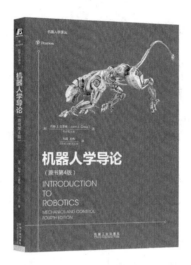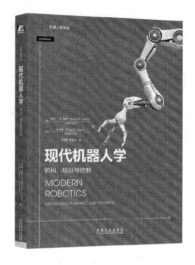

机器人学导论（原书第4版）

作者：[美] 约翰 J. 克雷格（John J. Craig）　译者：负超 王伟
ISBN：978-7-111-59031-6 定价：79.00元

本书是美国斯坦福大学John J.Craig教授在机器人学和机器人技术方面多年的研究和教学工作的积累，根据斯坦福大学教授"机器人学导论"课程讲义不断修订完成，是当今机器人学领域的经典之作，国内外众多高校机器人相关专业推荐用作教材。作者根据机器人学的特点，将数学、力学和控制理论等与机器人应用实践密切结合，按照刚体力学、分析力学、机构学和控制理论中的原理和定义对机器人运动学、动力学、控制和编程中的原理进行了严谨的阐述，并使用典型例题解释原理。

现代机器人学：机构、规划与控制

作者：[美] 凯文·M. 林奇（Kevin M. Lynch）[韩] 朴钟宇（Frank C.Park）译者：于靖军 贾振中
ISBN：978-7-111-63984-8 定价：139.00元

机器人领域两位享誉世界资深学者和知名专家撰写。以旋量理论为工具，重构现代机器人学知识体系，既直观反映机器人本质特性，又抓住学科前沿。名校教授鼎力推荐！
"弗兰克和凯文对现代机器人学做了非常清晰和详尽的诠释。"

-------哈佛大学罗杰·布罗克特教授

"现代机器人学传授了机器人学重要的见解…以一种清晰的方式让大学生们容易理解它。"

-------卡内基·梅隆大学马修·梅森教授

推荐阅读

移动机器人学：数学基础、模型构建及实现方法

作者：[美] 阿朗佐·凯利（Alonzo Kelly） 译者：王巍 崔维娜 等
ISBN: 978-7-111-63349-5 定价: 159.00元

卡内基梅隆大学国家机器人工程中心(NREC)研究主任、机器人研究所阿朗佐·凯利教授力作。集合众多领域的核心领域于一体，全面讨论移动机器人领域的基本知识和关键技术。全书按照构建移动机器人的步骤来组织章节，每一章探讨一个新的主题或一项新的功能，包括数值方法、信号处理、估计和控制理论、计算机视觉和人工智能。

工业机器人系统及应用

作者：[美] 马克·R. 米勒（Mark R. Miller），雷克斯·米勒（Rex Miller） 译者：张永德 路明月 代雪松
ISBN: 978-7-111-63141-5 定价: 89.00元

由机器人领域的两位技术专家和资深教授联袂撰写，聚焦于工业机器人，涵盖其组成结构、电气控制及实践应用，为机器人的设计、生产、布置、操作和维护提供全流程的详细指南。

机器人建模和控制

作者: [美] 马克·W. 斯庞（Mark W. Spong）赛斯·哈钦森（Seth Hutchinson）M. 维德雅萨加（M. Vidyasagar）
译者: 贾振中 徐静 付成龙 伊强 ISBN: 978-7-111-54275-9 定价: 79.00元

　　本书由Mark W. Spong、Seth Hutchinson和M. Vidyasagar三位机器人领域顶级专家联合编写，全面且深入地讲解了机器人的控制和力学原理。全书结构合理、推理严谨、语言精练，习题丰富，已被国外很多名校（包括伊利诺伊大学、约翰霍普金斯大学、密歇根大学、卡内基-梅隆大学、华盛顿大学、西北大学等）选作机器人方向的教材。

机器人操作中的力学原理

作者: [美]马修·T. 梅森（Matthew T. Mason）　译者: 贾振中 万伟伟
ISBN: 978-7-111-58461-2 定价: 59.00元

　　本书是机器人领域知名专家、卡内基梅隆大学机器人研究所所长梅森教授的经典教材，卡内基梅隆大学机器人研究所（CMU-RI）核心课程的指定教材。主要讲解机器人操作的力学原理，紧抓机器人操作中的核心问题——如何移动物体，而非如何移动机械臂，使用图形化方法对带有摩擦和接触的系统进行分析，深入理解基本原理。